JN059618

世界の水産資源管理

地球環境 陸・海の生態系と人の将来

小松正之 *Masayuki Komatsu*
望月賢二 *Kenji Mochiduki*
寳多康弘 *Yasuhiro Takarada*
有薗眞琴 *Makoto Arizono*

地球環境　陸・海の生態系と人の将来　世界の水産資源管理

第Ⅳ部　日本の漁業政策

はじめに

日本では現在、漁業資源が悪化し、漁獲量の減少は止まらない。日本の漁獲量は、二〇〇海里の排他的経済水域から締め出された遠洋漁業だけでなく、二〇〇海里水域内で操業する沖合漁業と沿岸漁業、海面養殖業と陸上の内水面漁業・養殖業も急速に衰退している。

日本の漁業資源枯渇の原因は、「共有地の悲劇」と日本の河川と沿岸・海岸線の「環境変化・劣化」である。本書の目的は、このことを明らかにした上で、対策を提起することである。

本書の第Ⅱ部は、「共有地の悲劇」（規制がなければ共有の天然資源を食い尽くすことによって産業活動が崩壊すること：後述）対策を分析する。漁業における「共有地の悲劇」とは、自由な競争に任せれば、個々の漁船は、稚魚を含めて、社会的・生物学的に過大な漁獲を行い、資源を枯渇させてしまうことである。この理由で世界的に魚食が広まるにつれて、多くの国の周辺海域での資源量が激減した。

しかし、米、アイスランド、ノルウェー、豪とニュージーランドなどの諸国は、一九九〇年代前半以降、合理的・科学的な「共有地の悲劇」対策を行った。その結果、劇的に資源が回復した。これら諸国が導入した個別譲渡性漁獲割当（ＩＴＱ）は、科学的根拠に基づいて、設定された漁獲可能量（ＡＢＣ）をさらに、これを下回るように政府が設定するそう漁獲可能量（ＴＡＣ）を漁業者に過去の漁獲実績などに基づき配分し、それが一定の条件下で、漁業者間に譲渡を可能とするものである。ＩＴＱは漁獲量と資源量のモニターを必須としており、資源の維持と安定ないしは増加、マーケットに対応した販売を通じて収入の増加、経営組織の統合や無駄な操業を控えるコストの削減、そしてさらには、燃油消費量の削減による地球温暖化の緩和にも効果がある。

欧米諸国の経験では、ＩＴＱは、資源の回復に貢献したが、その一方で、予期しなかった新たな問題も生んだ。例えば、漁獲割当の配分が、資金力のある特定の漁業者や投資者に集中した結果、ＩＴＱを販売してしまい地方社会の減退や、ＩＴＱ価格の高騰が新規参入者や若年漁業者層に対する参入障壁として見られるようになってきた。これらに対する問題の解決が各国・各地で取り組まれている。

本書では、現地調査に基づいて各国のＩＴＱへの取り組みを類書にはない具体的な外国のＩＴＱ例を提示している。

これらを比較検討することによって、日本が取るべき資源管理対策に関する貴重な提案をしている。日本は、科学的資源管理とＩＴＱの導入後の問題に学んでこれを改善・修復した上で採り入れることが可能な非常に有利な位置にいると解釈すべきである。

第Ⅲ部では、日本の漁業資源枯渇の原因の第二である河川沿岸、「環境劣化」を分析する。これには、防災目的の堤防建設での湿地帯・砂州・河口域などの喪失、地球温暖化や、針葉樹林の植林と放置、都市・農業用水、ダム建設と農・畜産業による土壌流失・肥料・農薬使用・糞尿処理など多様な要因がある。中でも沿岸における土木工事は、海洋生態系、沿岸景観と土地利用を著しく変化させた。例えば、日本のサケマスの漁獲は、海水温上昇とともに震災後の土木工事によって人為的に生態系が改変された本州の岩手県での減少・減退が、北海道に比べて進んでいるのでこれらの検証が重要である。。

「生態系・環境劣化」の問題を分析する。この点についても海外から学ぶべきことがある。米国やオランダでは、コンクリートに依存する防災の事業（グレープロジェクト）から、自然の治癒力を利用した防災事業（グリーンプロジェクト）が年々普及している。

本書では、「環境劣化」を和らげる諸施策を論じる。例えば、津波対策として、コンクリートの高い堤防を作る代わりに、防波林と避難用の高い塔の建設とを組み合わせる施策は、防災、環境と農業・漁業生産と観光にも役に立つと考えられている。

第Ⅳ部は、日本で、漁業資源の枯渇が放置されてきた根本的な理由である、漁業法制度の欠陥を論じる。日本では、現在でも明治時代の漁業法制度の内容を継承している。このため、科学的根拠に基づく資源評価を必要とする規制を導入しなかった。小型漁業では基本的な漁獲データの記録を漁業許可の要件としなかったことから、資源の評価を行える体制にない。二〇一八年一二月に衆参両院で成立した「改正漁業法」でも、沿岸漁業を中心として漁業に対して、詳細に漁獲データの提出を、具体的に法的に拘束力と罰則をもって義務づけていない、またデジタル化も全く進んでないことから、その根本的な問題点は是正されていない。漁獲データは基本中の基本である

日本の漁業法が抱える問題点は、次の四つにまとめられよう。

① 明治三四年以来の「人間関係の調整・紛争解決」を基本とした漁業権制度を未だに維持していること。この制度は科学的管理とは全く無関係である。

② 沿岸漁業からの漁獲データを全く記録・徴収していないこと。漁獲データの蓄積は科学的資源管理の基本である。これがなくては、資源管理も漁業経営の安定化も何も達成できない。

③ 経営体の縮減と整理統合に最も有効な手段であるＩＴＱを採用しなかったこと。これでは水産業界の赤字体質は、その過剰な投資により改善されない。

④ 「水産資源は無主物である」との思想を変えていないこと。世界では、水産資源が国民共有の財産であり、

その管理は、国民の信託によって、行政府に委ねられる。しかしその思想が、二〇一八年一二月の法改正には全く盛り込まれなかった。

ところで、第Ⅰ部は、本書の読者が、第Ⅱ部以降の若干専門的な内容を理解できるように、なぜ本書が執筆される必要があったか、本書で取り上げられ、提言がなぜ必要であったかを説明するいわば解説部分である。そのための日本の漁業の現状と課題を概観する。なお、この部の最後には、本書で用いる専門用語のリストと解説を与えている。

本書では、主要な先進国の政策と漁業の現状とを、日本国の現状に照らしつつ、日本にとっての適切な資源管理・漁業管理並びに海洋生態系の管理の在り方を、俯瞰かつ各論視点の双方に立って調査・評価し、具体的な提案を行う。

執筆の分担

編者であり筆者である小松正之は、日本と世界の漁業の最新現状と各国の法制度・資源管理が総論的にどのような経済・経営的な効果を上げげたか、日本の制度と資源管理政策がどのような効果を持ったかの分析評価を行った。また、豪州漁業と制度についての最新情報を提供した。さらに最近の国連機関のＳＤＧｓの動きと対応を分析した。また結びでは全体を総括している。

寳多康弘は、「共有地の悲劇」について、米国における最初のＩＦＱ（個別漁獲割当）の導入の対象となった中部大西洋ハマグリ漁業の経済・経営的分析評価を紹介した。さらにＯＥＣＤ加盟国の漁業制度と経済評価に関して分析した。

有薗眞琴は、日本の大臣許可漁業では事例の少ないIQ（個別漁獲割当制度）を試行的に実施している北部太平洋大中型まき網漁業の二社の経済・経営的分析と評価を行い、IQの導入による経営の改善効果について紹介した。我が国のIQとその経済分析は、基本的な経済・経営情報が少ない中で、北部太平洋まき網漁業を営む代表的な経営者二社に協力をいただき実現した。

望月賢二は、今後ますます重要となる陸・海洋生態系の関係とその改変を総合的包括的に、かつ具体的な事例と各論を盛り込みながら、海洋水産資源への影響を分析・評価し、いろいろな観点から将来の在り方を展望した。

目的と展望

1. 主要先進国で日本の漁業のみ衰退

主要な漁業先進国のうちで、漁業と養殖業の漁獲量・生産量が急激にかつ一九八〇年代半ばから継続して減少している国は、日本のみである。一九八四年をピークにして一〇年間は、マイワシとマサバの浮き魚の漁獲が急減した。一九九二年からの減少は、これらの二種に加えて、沿岸と沖合域の定着性の魚種を含めて全魚種に及んでいる。二〇〇一年には水産基本法が制定され、それに基づいて二〇〇二年から五年ごとに「水産基本計画」が定められて、五年後の漁業・養殖業の生産目標が定められた。この計画では、過去の趨勢値に期待値を加味して、漁獲増を期待していた。しかし、二〇〇二年から三期にわたる水産基本計画の期間中の一五年間に、漁獲量が上昇に転じたことはなかった。二〇一九年の漁獲量は、さらに前年から五・八％も減少し四一六・三万トンになった。

日本では、漁業制度上の問題も改善されてこなかった。日本の漁業制度は、明治時代の漁業法制度の内容を継承して、科学的根拠に基づく資源評価を必要とする規制を導入しなかった。小型の沿岸漁業では基本的な漁獲データの記録を漁業許可の要件としなかったことから、資源の評価を行える体制にない。二〇一八年一二月に衆参両院で成立した「改正漁業法」でも、沿岸漁業を中心として漁業に対して、詳細に漁獲データの提出を義務づけていないことから、その根本的な問題点は是正されていない。

一九九七年からはＴＡＣ（総漁獲可能量）制度を導入しているものの、ＴＡＣ対象魚種が極端に少なく、また、生物学的な系統群が異なる太平洋と日本海の系統群を一緒にしてＴＡＣを設定（例えば、冷水系マサバと暖水系ゴマサバの全く異なる魚種を一緒に設定）するなど、その括り方が非科学的で不適当である。また公的な制度としてのIQ（Individual Quota）及びＩＴＱ（Individual Transferable Quota）の設定がなく、先取りの「オリンピック方式」で、監視取締りも十分でない。それゆえ過当な投資と先取競争を煽り、漁業生産量の減少に歯止めがきかない。

2. 欧米の先進国の成功例に学べ

我が国は一九一〇（明治四三）年に制定した明治漁業法にしがみついた政策を一一〇年後の現在でも続けている。水産政策が科学的根拠ではなく、旧態とした人間関係に基づくインプットコントロールを中心とした水産資源管理政策を採用し続け、これらを十分にかつ多くの魚種に適用するまで変更していない。二〇一八年一二月には政府が「漁業法の改正」を行ったが、漁業権制度の維持とＩＴＱの否定が盛り込まれ、IQの実施は法律改正以降一件も進まず、かつ漁業権の優先順位の廃止も、五月の自民党の水産部会で骨抜きとなり、現状と変わらない可能性も危惧される。すなわち、現状の問題の所在地である漁業協同組合に養殖業の許可を引き続き優先して与えることになった。このように我が国の漁業・水産業を衰退から回復に転じるには程遠く、むしろ減少・衰退が継続することが懸念される

このような国内が漁業の回復、成長産業化や科学的管理へ変遷に関心が全く見られない、だからこそなおさら、

我が国に新しい効果的な漁業資源管理の導入と適用のための基本的な条件を整備する必要がある。我が国の漁業管理法制度とシステムを、科学的根拠に基づくアウトプットコントロールの制度に変更しなければならない。また、欧米各地の成功例（若干の我が国の例）を集積し分析評価して、経済的な効果や資源・漁獲量の回復などの成功例を学ぶことが喫緊に必要である。

漁業の先進国は、水産資源の持続的利用のための管理等に関する政策を、積極的かつ拘束力を持った形で進めてきた。科学的根拠に基づく漁獲総量の設定と個別の漁業者への割り当て（譲渡性を含む）を徹底し、資源の保護並びに持続性、産業としての生産性を達成し、消費者の嗜好に応えている。更に、制度の頑健性・持続性と透明性の向上を目指す、改革の第二段階の国（ノルウェーとニュージランド）が出現している。米国もキャッチシェア・ＩＦＱの導入から七年以上を経過し、十分なデータが蓄積されたとの判断に基づき、二〇一七年四月にガイドラインを定め、ＩＦＱの導入と実施に伴う経済的な効果も含めたレビューが開始された。

3．外国のＩＴＱの成功と予想外の問題

欧米諸国では、ＩＴＱが資源の回復とマクロ経済の安定には貢献した一方で、予期しなかった新たな問題も生じた。ＩＴＱが成功すると資源が回復し、経済的な価値を持つ。資源全体が価値を持てば当然にその割り当てのＩＴＱが経済的価値を持つ。だから、これらの価値であるＩＴＱの売買と貸与・移譲が行われ、そこでは、経済力が強い者にＩＴＱが集中する。経済力のない漁業者は短期的誘惑で資金欲しさにＩＴＱを売り放ち、これを経済的強者が購入する。また、一度売り払ったものの漁業者で再度漁業を営みたい者や新規参入者は、ＩＴＱを高額で購入しなければならない局面が生じている。ＩＴＱを保持できない漁業者の多い地方社会の減退や、新規参入者や若年漁

業者層の参入が経済的・資金面で阻害されるようにもなってきた。ＩＴＱを無償でもらった第一世代とこれを第二世代か保有者から購入、貸与を受けなければならない第二世代の不公平感など、これらに対する問題の解決が各地で取り組まれているが、有効で万能な解決策は簡単ではないが、上記の問題の解決策を模索する試みは、ＩＴＱの保持上限の設定、地域グループに保持を認める、実際の漁業者のみにＩＴＱの保有を認めるなどの条件設定が世界の各地で検討ないし決定されている。ところで、ノルウェー、アイスランドと豪の諸外国では海洋水産資源を「国民共有の財産と位置付けること」により資源利用税（リソースレント）の考えが登場し、これの目的と枠組みと徴収後の使用目的を検討している。またアイスランドでは漁業会社から徴収を開始する例がみられる。

日本では、ＩＴＱ制度を正確にかつ詳細にまで理解している者はほとんどいないとみられる。これらの者の要求にこたえて、著者も将来はＩＴＱの基礎編を執筆する必要性を痛感する。それは、ＩＴＱも理解をせずに、知っていると語る人と、知らずにＩＴＱ反対をする人が日本では多すぎる。非常に寒々しい。ＩＴＱを導入する前にＡＢＣとＴＡＣの導入が必須である。それはＩＴＱがＴＡＣを配分するシステムだからである。また、ＡＢＣを導入するには漁業者からの漁獲データや科学データが必要である。これがなければＩＴＱはどうやっても導入はできないのである。すなわち日本ではＩＴＱの導入はできない。しかし例えば沿岸漁業のアワビやナマコなどの定着性の資源は移動性もなく、漁獲と資源が地先で完結するのでやる気があれば、簡単に算定できる。ＩＴＱ制度を導入するにあたって、その仕組みと実施の方策についてはこれら海外の諸問題から学んで、日本の沿岸漁業にマッチした方法を取り入れることができる。また、著者が関与した新潟県のホッコク赤エビのIQは事実上ＩＴＱの枠組みをすでに導入しており、このシステムを著者は将来紹介することもできる。すなわち、日本はＩＴＱ後進国であるからこそ、先進国に学んでこれを採り入れることが可能な非常に有利な位置にいると解釈すべきである。

4．世界のＩＴＱ効果

本書では、計量分析・経営分析並びに社会経済学等の知見をベースとして、ＩＴＱを導入した各国のマクロベースによる漁獲総量、漁獲金額とＩＴＱと新漁業管理政策の導入の関係を分析・評価した。また、個別には、米国の中西部大西洋ハマグリ漁業とオーストラリア南部のアワビ漁業でのＩＴＱ導入とその経済効果について分析・評価した。加えて、農林水産大臣許可漁業の北部太平洋まき網漁業での、業界の自主的取り組みとしてのIQ導入とその経済効果を経済・経営データを提供された二社について分析評価し、IQやＩＴＱの制度が実際に資源管理上、経済・経営上かつ環境上のメリットをもたらしているのかを分析した。この分析は二つの経営体にとどまるものの、我が国のIQ導入例ではじめての経済・経営的分析である。

5．陸・海の生態系劣化への対応

日本では、海洋と陸上の生態系の変化や劣化が著しい。海岸線を見ていると、東日本大震災による被害の後の復興工事によって防災機能の向上と自然環境の破壊が確実に進行した。堤防が建設された土台とその周辺の地面と海面はコンクリート化強化された土石で固められた。これによって、その土台の場所の生態系を失った。併せて、堤防前面の生物の多様性と生物量を失っている。（米国ＮＯＡＡ報告書、米国スミソニアン環境研究所報告書と米バージニア大学海洋研究所報告書ほか）米国やオランダなどの海外では、コンクリートに依存する防災の事業（Grey Project）から、自然の治癒力を利用した防災事業（Green Project）が年々普及している。他方、大気中への二酸化炭素、フロンガスや代替フロンガス（ＨＦＣやＣＦＣなど）の排出により、地球温暖化現象が進んでいる。海水温も、一〇〇年間で平均一度程度の上昇であるが、冬の最低水温の上昇はわずか一年では、二～三度に及んでいる。現に著者が二〇一五年から調査している岩手県陸前高田市広田湾では二〇一八〜二〇年の二ヵ年で夏冬とも二〜三度程度（暫定値）上昇している。

これらの複合的な要因の変化で、漁業資源の量が減少し、質が低下したと考えられる。代表的な例がサケマス漁業である。ピークには日本に二八万トンの回帰量を誇ったものが、二〇一九年では五・六万トンまで落ち込んだ。二〇一九年ではロシアを下回っただけでなく、近年初めて米国の回帰量を下回った。日本のサケマスの回帰は南方に属し、人為的に沿岸域の海洋生態系の劣化と産卵に適する河川床の喪失などで本州の岩手県での減少・減退が、北海道に比べて進んでいる。また、自然の生態系で本来生活期を終えるサケが、人工ふ化に頼り、同種類のサケの遺伝子が継代的に継承されて、劣化し自然・海洋生態系の変化にも弱いサケが出来上がったとの推定もある。

海洋生態系は、陸上の人間の活動、都市化による人類が排出する糞尿と下水、熱風や二酸化炭素と代替フロン並びにメタンガスの排出、農業と畜産業による土壌流出、肥料・農薬の使用と汚染水の流出などが、海洋の生態系の劣化に結び付いている。そのほかにも埋め立てや鉱物資源の採取などにより、海洋を喪失・汚染が進行し、海洋水産資源と生物の多様性を減少させる。地球温暖化の影響を受けて、海洋の温暖化と海洋酸性化と海面の上昇がみられる（二〇一九年九月ＩＰＣＣ海洋・氷雪界報告書）。その結果、海洋における生物資源量や生物多様性にも影響を及ぼし、それが、漁業資源の減少や養殖業の生産量の減少と、質の劣化にも影響を及ぼしている。

二〇一五年国連サミットで一七項目にわたる「持続的開発目標（ＳＤＧｓ）*」が採択された。そのうち〝ＳＤＧｓ14〟は海洋生態系に関し、〝ＳＤＧｓ15〟が陸の生態系に関する目標である。国連とＦＡＯやＵＮＥＳＣＯを含む国連の専門機関と各国政府にとっても、生態系と生物多様性の維持と回復に取り組みが重要な課題となったが、目標年である二〇二〇年、二〇二五年や二〇三〇年にＳＤＧｓの目標の達成と逆行する傾向

*ＳＤＧｓはSustainable Development Goalsの略である。「持続可能な開発目標」とも呼ばれる。

に海洋の生態系の劣化と温暖化が進んでいると懸念される。

6．海洋水産資源と海洋生態系の管理は一体で

これら海洋生態系の劣化の現状とその要因を分析し、可能な限りその対策を特定することが本書の使命と考えた。このような海洋生態系は、海洋水産資源を抱擁し生産するゆりかごである。そのゆりかごの環境劣化を把握・研究分析し、その対策を提言することが、本書の前段で述べた第一の目的である水産資源管理の方策の改革による漁業と水産業の回復である。海洋生態系が回復して初めて、水産資源管理対策も大いに実効を発揮すると推量される。日本の海洋水産政策の喫緊で重要なかつ、密接不可分の一体としてのこれら二つの挑戦的な課題に取り組み、将来の我が国の海洋・水産政策の礎を提供することが本書の目的である。

第Ⅰ部　本書の背景

本書では、日本の漁業と水産政策の現状と問題点と諸外国の漁業の現状と水産資源政策を調査した上で、日本が今後取り組むべき方向を明らかにする。

我が国における漁獲量は、外国と比較して顕著な傾向的な減少を示している。

このことは、日本の漁業法制度と資源管理制度がうまく機能していないことを意味する。

日本における水産資源管理の手段には、小規模な沿岸漁業・養殖業並びに定置網漁業など、漁船を利用しない漁業に対して適用される漁業権制度と、沖合・遠洋漁業など、漁船を利用する漁業に対して適用される漁業許可制度がある。


私たちが焦点を当てた漁業許可制度の最大の問題は、オリンピック方式（総漁獲量の上限を設定しないかまたは総漁獲可能量に達した時点で漁獲を制限する方式）を採用してきたことである。さらに科学的根拠の薄い最大漁獲可能量設定の方式にも改善すべき点が多い。水産業の振興の一つの鍵は、資源管理の徹底がかぎである。このためには漁獲量管理制度の改善が必要である。

また国際比較によって日本の水産業の特徴を示す。

そのあと、それにつづく二つの節で漁業許可制度を論じる。

すなわちオリンピック方式やＩＴＱ方式の方式を論じよう。

これによって、漁獲量の配分を公平かつ公正にし、許可漁業を透明化する改革の概略を披露したい。

その前に、本書を理解するために日本の漁業と養殖業の現状と問題点に触れたい。

本書の目的を理解するための「衰退する日本の漁業・養殖業の現状と問題」

日本漁業の衰退の経緯と背景

日本では現在、漁業資源が悪化し、漁業が衰退している。東日本大震災の後も、漁獲量の減少は止まらない。日本の漁獲量は、ピーク時（一九八四年）からこれまでの間には、二〇〇海里の排他的経済水域から締め出された遠洋漁業だけでなく、二〇〇海里水域内で操業する沖合漁業と沿岸漁業も急速に衰退している。原因は、資源の管理が不十分なことである。

多く漁獲されるマイワシ、マサバ、スルメイカは最近は少し横ばいと漸増傾向がみられるが、基本的には急速に減少してきた。これらの魚種を漁獲する沖合漁業が約七〇〇万トンから一九三・八万トン(二〇一九年)まで大幅に減少した。、サンマ、スルメイカとサケはさらに大幅に急減した魚種の典型であった。ピーク時の一〇分の一から二〇分の一まで急減している。クロマグロの漁獲量も減少している。回復する兆しが見えない、底引き漁業で漁獲するスケトウダラやホッケなども大幅に漁獲量を落とした。最近の二〇年間は沖合底引き網の漁獲量はゆっくりと減少を続け、操業海域では漁獲するものがすべて減少している。また沿岸漁業も、オホーツク海のホタテガイも大幅に漁獲が減少したらようやく二〇二〇年では回復傾向がみられる。サケ漁業は漁獲量が急減しただけではなく、魚体と魚卵の大きさが縮小化するなど、個々の漁獲物の生物学的能力と経済価値も急減している。二〇一九年では日本全体でわずかピークの二八万トンに対して五・八万トンの漁獲しかなく、三陸沿岸では会期終了がわずかに前年の二〇％程度しかなかった

ホタテガイ漁業でさえも、台風や大型の低気圧の影響から二〇一七年と二〇一八年では漁獲量を減少させた。しかし、二〇二〇年のオホーツク海では若干漁獲量が回復した。二〇一九年の全体では三三・九万トンである。

このような漁獲の急激なしかも長期間にわたる現象は日本以外の他の先進国には見られない。ここには、日本特有の問題があると考えられる。それらの原因を諸外国とも比較しなら、探っていきたい。

一九七〇年代から本格的に、諸外国による二〇〇海里の設定時に、日本の二〇〇海里水域の見直しと生産性の向上の掛け声は、実際の政策とはかけ離れたものとなっていた。日本の漁業は、戦後、「沿岸から沖合へ、沖合から遠洋へ」のかけ声の下、より遠方への拡大を果たしてきた。しかしそれは、自国の沿岸漁業の狭隘性と資源悪化とを放置したままだった。すなわち、根本的な自国の沿岸漁業の漁業・資源の管理政策並びに再生策を取らず、大型の遠洋漁業漁船を外国水域に逃避して、一見沿岸域や日本の二〇〇海里水域内の漁業の過剰な問題を漁獲努力量を削除することによって解決したと思いこんだのであった。しかし、沿岸と二〇〇海里内でも、漁船・エンジンの性能が向上したり、大型化して、漁獲能力が増大し、また過剰な漁獲状態になったが、有効な手立てが取られなかった。本来では一九七〇年代からの国連海洋法の交渉と一九八二年の国連海洋法の成立は日本にとっても自国の海洋水産資源を科学的に管理する上では非常なる好

機であったが。日本政府はこの機に国連海洋法の条約の精神と目的である科学に基づく持続的利用及び総漁獲量管理の方策を、すなわち、アウトプット・コントロールを導入して、目に見える管理を実践しなかった。それには大きく二つの理由があると考える。

まず第一に、我が国の中心の漁業には、長い間、漁業者間の話し合いが漁業の管理でそれこそが漁業の資源管理にもつながるとの誤解があったことである。明治四三年に制定された明治漁業法で漁業権が設定され、漁業者と漁業者の話し合いがすべてに優先した。行政の取り決めも漁業者の話し合いが、その内容にかかわらず優先し、それを漁業協定・合意や漁業調整規則に盛り込んだ。そこには科学的根拠もなければ、持続的利用の概念もなかった。ただ漁業者間の紛争の解決と調停の考に反映された。これを行政では「漁業調整」といった。また、漁業協同組合もその漁業調整の機関として設立され、民間機関ではあるが、行政の代弁者と行政執行の代弁者として機能して、現在に至っている。

第二には沿岸漁業の振興と政策に力を注ぐ余裕が水産庁にはなかったことである。当時の日本漁業の生産量一〇〇〇万トンの三〇〜四〇%を占める遠洋漁業の重要性から、政府は遠洋漁業の既得権の維持に全力を投入した。しかしながら、六〇〜七〇年代に台頭したアジア、アフリカと中南米諸国の海洋と海底資源の囲い込みを読み切れなかったことである。また遠洋漁業国である旧ソ連邦やポーランドないしスペインなどに十分な力がなかったころである。また、日本漁船の主たる操業海域であったアラスカ州を抱える米国も戦前から日本漁船を締め出したいと考えていたが、安全保障上日本の漁業を容認していたが、日本の経済が活況を呈し、かならずしも漁業に日本経済が頼らなくてもよい状態となり、米国から次第に漁業は見放されるようになったと理解するべきである。そして、漁業資源が自国の沿岸域や経済振興にも重要であると理解した米国も国連海洋法を活用して、日本漁業の排斥と自国水産業の振興を目指した。その結果一九七七年から始まった米国や旧ソ連邦ないし世界各国二〇〇海里水域の設定で、そこから日本の遠洋漁業が次第に締め出された。ピークには約四〇〇万トンに達した日本の遠洋漁業の漁獲量は現在は約三二・九万トン（二〇一九年）である。これを見ても我が国も他の国同様に自国の二〇〇海里内の資源の適切な資源の管理を実行することが唯一の方策である。

日本の沿岸・沖合及び遠洋漁業の衰退の現状

日本では、沿岸漁業と沖合漁業の双方が大きく衰退している。

・沿岸漁業

沿岸漁業は小型の漁船漁業で主として一〇トン未満の小型漁船で営まれると定義されていたが、現在では漁船の大型化が進みその定義も当てはまらない。従って各都道府県知事の許可の種類で沿岸漁業とするものと漁業協同組合が漁業権漁業として許可しているものが沿岸漁業となる。これらは二三〇万トン（一九八九

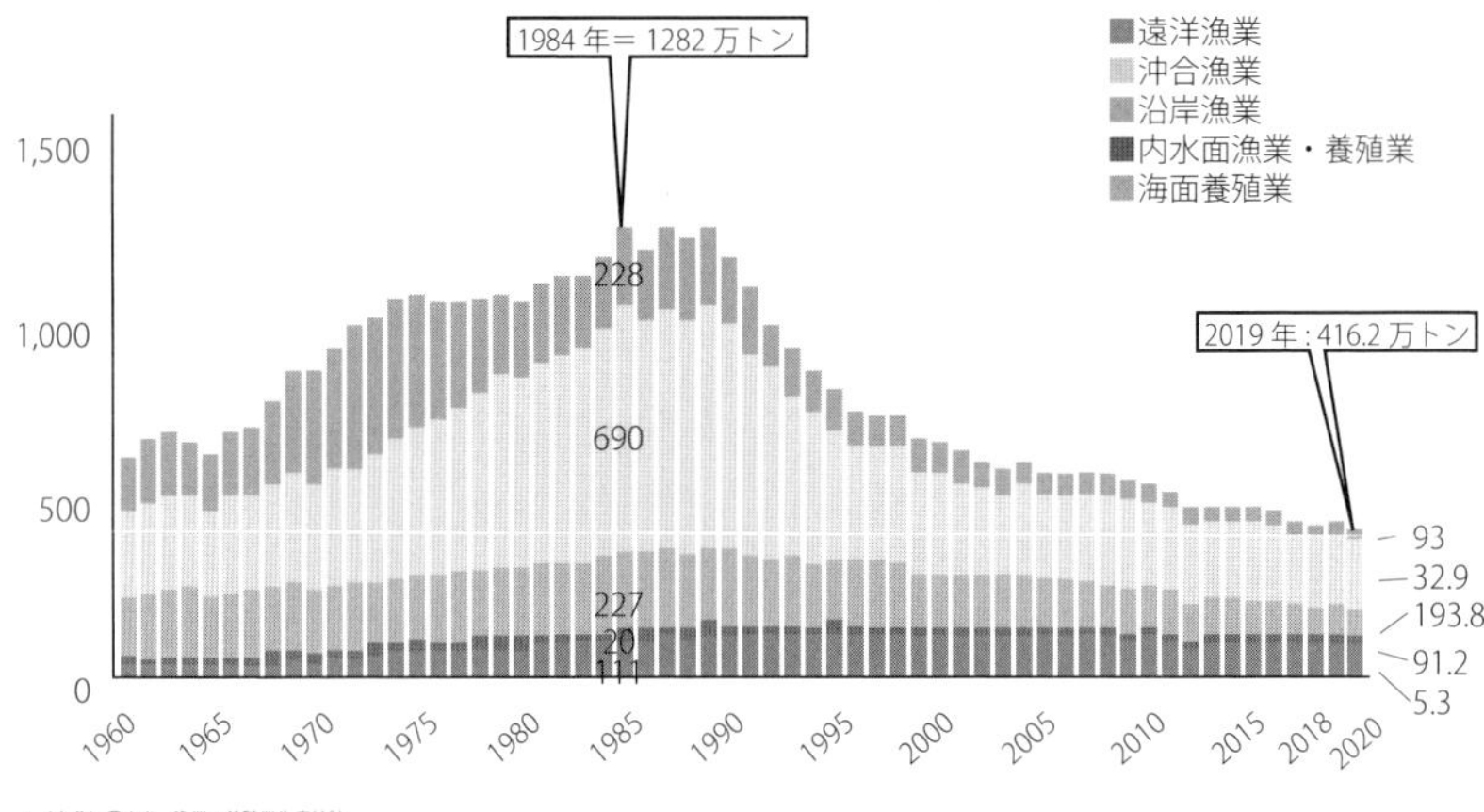

【1】　日本の漁業・養殖業生産量の推移（万トン）

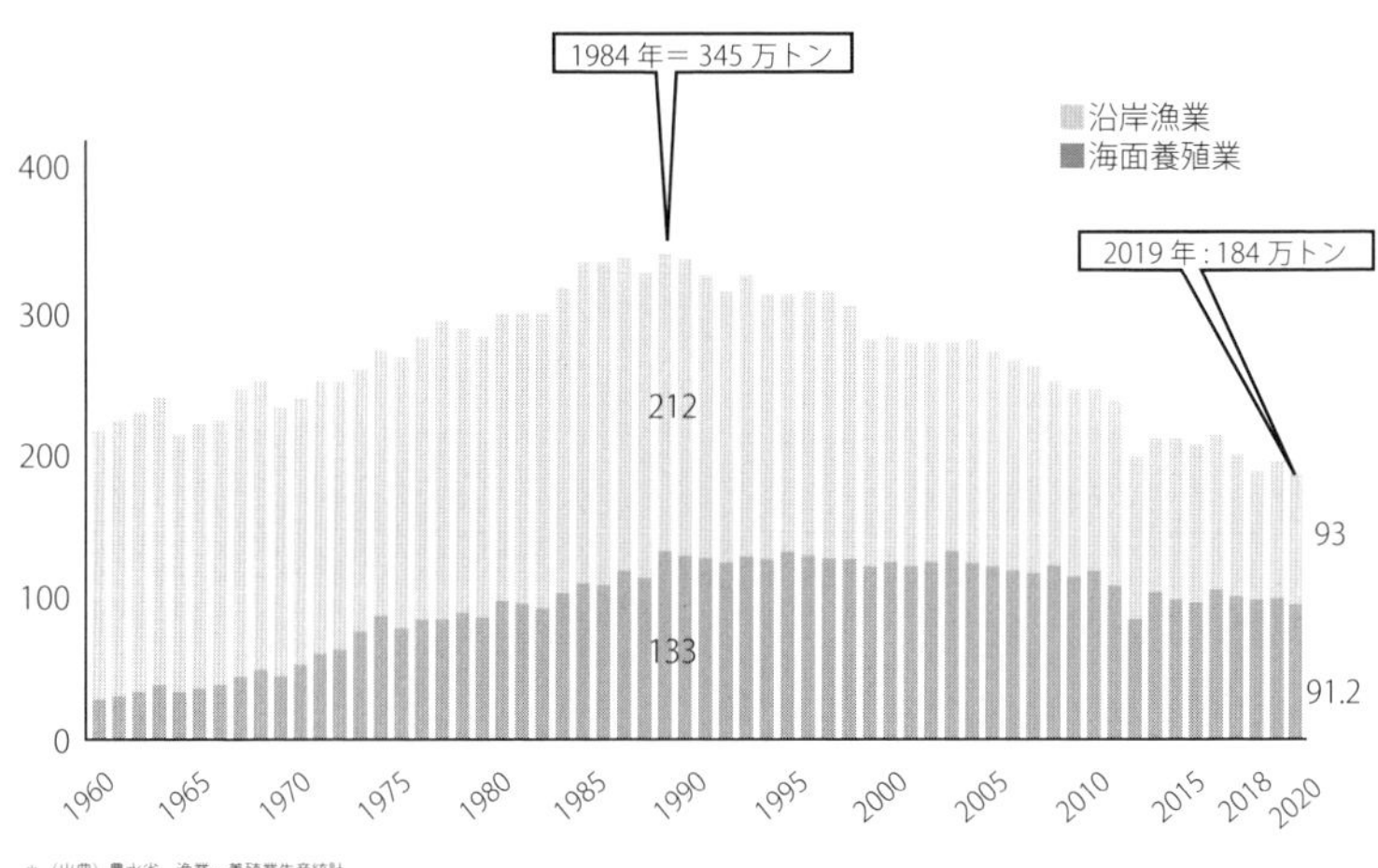

【2】　沿岸漁業と海面養殖業の生産量（万トン）

年）の漁獲があげられたが現在では約九三万トン（二〇一九年）に減少した。これらは沿岸で釣り漁業は刺し網漁業に従事する者が多く、これらの漁業者が特に厳しい規制も数量規制もなく、単に漁業の許可と漁船の登録で営んでいる例が多い。漁具や漁船の大きさに関する規制、ましてや漁獲量の規制はなく、漁獲報告の義務もなく、漁協での売り上げ伝票で処理されており、中にはその伝票の信ぴょう性も疑われる。これらではっきりしていることは資源の管理は何も行われていない。沿岸魚種でＴＡＣが決定された魚種は皆無に近い。新潟県でのホッコク赤エビのＴＡＣの設定のみであろう。

新潟県でのホッコク赤エビのIQは二〇一一年からその導入が開始された。また、その推進とモニター並びに改善を目的とした新潟県IQ管理委員会も泉田裕彦知事の下で強力に推進されたが、二〇一八年の知事の辞任で委員会が終了し、現在はIQ制度は存続しても、改善も他地区への普及への意欲も新潟県には見られない。相変わらず、漁業調整に寄った政策を継続し、漁業の衰退が進んでいる。新潟漁港に水揚げされる漁獲量は過去一〇年で大幅に減少した。

また、沿岸域に定置網を敷設して行う定置網漁業は他の漁船漁業の凋落とともにその重要性は増しているが、漁獲量の減少で他の漁業同様の経営の困難さを持っている。

我が国も一〇トン未満の漁船数が九〇％を占めているが、その経営状況は非常に苦しい。しかし、他の兼業や家族の兼業で漁家経営は成り立っているケースは多い。

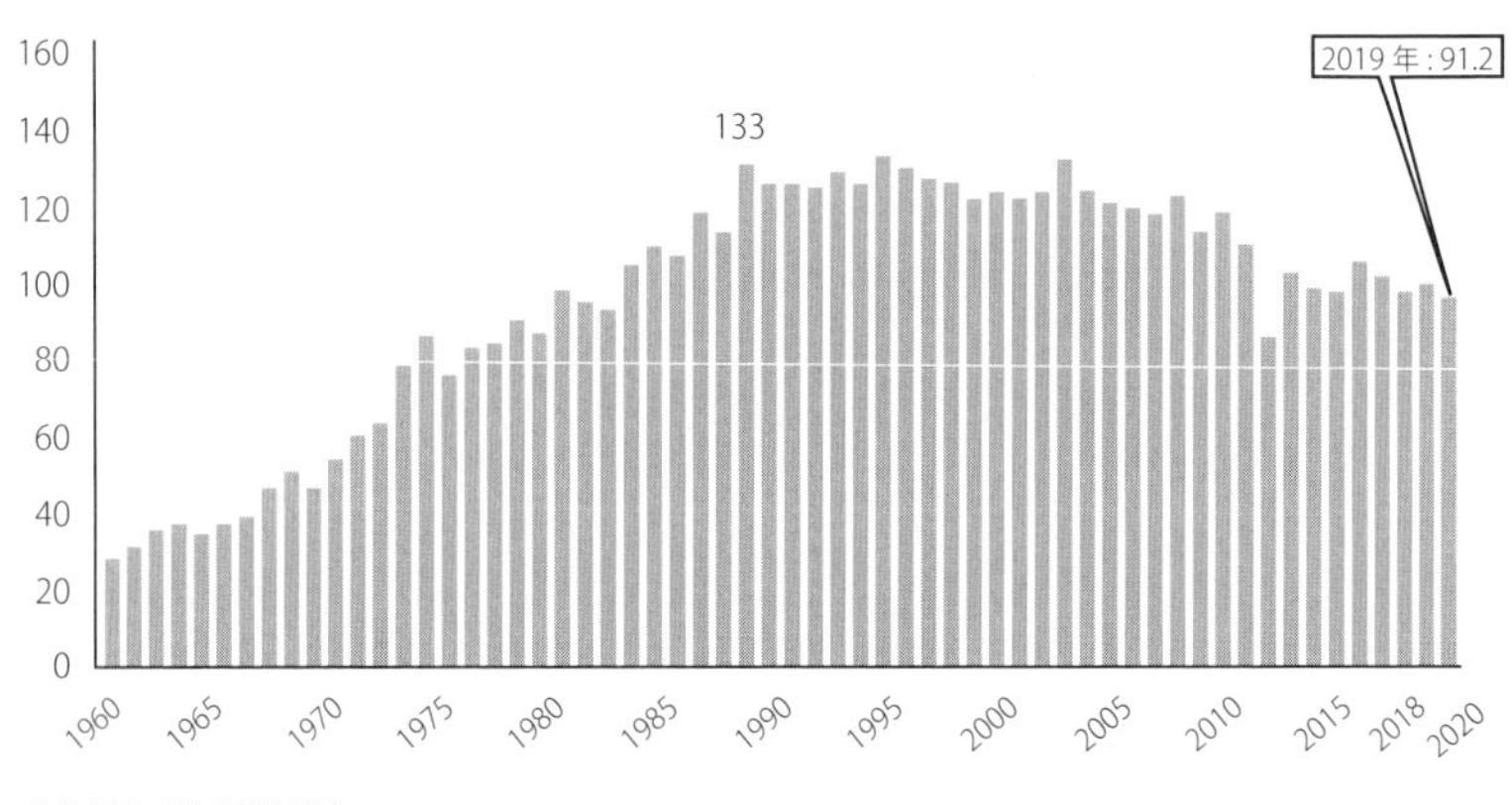

＊（出典）農水省　漁業・養殖業生産統計

【3】日本の海面養殖業の生産量（万トン）

・沖合漁業

沖合漁業は一〇トン以上一〇〇トンから四〇〇トン程度の漁船で営む漁業である。主として、大中型まき網漁業、沖合底引き網漁業、サンマ棒受け網漁業、イカ釣り漁業やズワイカニかご漁業などがある。その経営は苦しく、漁獲の減少が最近では著しい。沖合漁業はピークに六九九万トン（一九八四年）の漁獲があったが現在では一九三・八万トン（二〇一九年）でその主たる漁獲物は大中型まき網漁業によるマサバとマイワシであり、スルメイカやサンマならびにホッケの漁獲量の減少が著しい。収益性も悪化しているが、民間の自主的な取り組みとして平成二二年から実施中の北部太平洋の巻き網漁船のサバ類のIQ（個別漁獲割り当て）がその経営状況を分析すると、効果を上げている。しかしこのIQ及び最もその導入に経済的・資源管理効果があるとされるＩＴＱの導入には広がりをみせない。また、水産庁にもまき網業界にもＩＴＱの導入に関して意欲が見えない。

・養殖業

養殖業の生産も減少の一途をたどっている。ピーク時には一三六万トン（一九八八年）の生産量があったが、現在では九一・二万トン（二〇一九年）と、ピークを過ぎてから生産量が減少している。魚類養殖でハマチとタイが横ばいである他は、貝類、海藻類も含め生産量の減少が見られる。

このような養殖生産量の減少は、世界の先進国では見られない現象である。原因としては、経営規模が小さく、現代的な技術が導入されていないといった、技術的・経営的理由が挙げられる。さらに、養殖業を規制する漁業法に基づく漁業権などが、民主化・小規模な平等主義によって経営の近代化を妨げているなど、時代のニーズに合っていないことも大きい。例えば、漁協が管理する特定区画漁業権の制度（後述【補足】参照）は、その平等主義の弊害で、経済的な利益が出にくいものになっている。技術的な革新もなく、漁協が新しい養殖業者の新規参入の審査をするために、年配の漁協の組合長と理事が多い組合では結果的に新規参入もなく、新規参入が現行制度によって妨げられている。しかし、ニッスイが境港で始めた養殖業や岩手県の大槌町で大槌漁業協同組合と共同経営で銀サケとトラウト海面養殖に取り組みだしたことは、制度に少しずつ穴が開いてきたことを示す。これらは、日経調の「水産業改革委員会」、「内閣府規制改革委員会」と「第二次水産業改革委員会」の成果ではあるが、あまりにもペースと改革の規模が遅くて、小さすぎる。しかしながら、農林水産業のような長い歴史がある産業の改革は時間が長くかかり、改革にも多大なエネルギーを要する側面がある。

【補足】

共同漁業権のほか、漁業権には定置網を敷設する漁業権である定置漁業権と、区画を占有して養殖をする区画漁業権がある。後者のうち、規模が大きく、経営者に免許されるものが真珠養殖業であり、特定区画漁業権は日本の養殖業では一般的なものに免許される。小割式、垂下式や筏式の養殖業で、ブリやタイ魚類、昆布やワカメ海藻類やカキやホタテの貝類を養殖する。これらは一九六三（昭和三八）年の漁業法の改正で制度化された。養殖業の経営規模の拡大と近代化を目的に、それまで漁業者個人に与えられていた漁業権を、共同漁業権のようにいったん漁業協同組合に与え、その上で、組合員が漁獲するための漁業権行使規則を漁協が定め、当該規則に基づき養殖する日本独特の制度である。諸外国では、養殖業者に直接許可をしている。諸外国の養殖業が近代化と規模の拡大が進むが、日本は高齢化と縮小が進む。

世界と日本の漁業制度との比較から見える日本の問題

日本漁業衰退の漁業法制度の三つの問題点

我が国の漁業と漁業資源管理制度の問題点は大きく三点に分けることができる。

①　まず第一に、海洋水産資源を国民共有の財産と明示した政策を、法律で示していないことである。諸外国の場合は、国連海洋法条約の批准の前後でこれを明示するか、または国民から委託されて国家（行政規則）ないし州政府（州憲法）が管理の義務を明確に示していることである。これによって、海洋水産資源のステークホルダーが漁業者だけでなく、消費者やＮＧＯまで加わる根拠となる。また、国家や州政府・都道府県が住民・市民にわかりやすく、漁業政策と資源管理について説明する義務を負う。その説明は漁業者間の話し合いが規則化では、住民と市民には理解ができない。したがって科学的根拠が共通の言語となる。

②　第二に、日本の漁業が衰退の一途であることは、漁業法と資源管理制度が機能していないことを意味する。資源管理制度は沿岸と沖合漁業では漁業の許可制度である。これは、漁業者と漁船に対して、許可を与えるだけで、個別の漁獲割り当てを配分していない。魚種によると全く漁獲量の規制もなく、漁場や漁船の大きさの制限のみである。また漁獲総量（ＴＡＣ）の規制があっても、個別の漁獲配分がないと漁獲競争となり、Race for Fish ないしオリンピック制といわれ、漁獲のモニター

ができずに、漁業資源の悪化につながる。また、この制度では市場を無視して漁獲が行われるので、経済的にも漁業の持続性が維持できないし、経済資源として無駄な利用となる。競争しコストが大きくマーケット価格なので収入が小さくなる。すなわち、共有資源の不効率な利用を日本の漁業資源管理制度は内包している。

③ 第三に沿岸漁業と養殖業に対して、漁業権は、排他的に作用して、不効率な参入制限を引き起こしてきた。外部からの資本、技術、労働とマーケットをもった企業の参入を阻止して、健全な定置網漁業や養殖業の発展を妨げてきたのである。これに対して、現行制度は、漁業協同組合と地域漁業者を囲い込み、他からの参入を基本的に排除しているが、しかし二〇一八年の漁業法の改正で漁業権を免許される際のだれに免許するかの「漁業権の優先順位」が廃止されて、現在は参入がこれまでよりは可能な状態になった。しかし、優先順位に代わる規則「適切かつ有効」が現在の漁業者を優遇して、新規参入が期待できない可能性を残した。

このように我が国も漁業の許可制度と漁業権制度は「国連海洋法条約」が定める科学的根拠に基づく「アウトプット・コントロール」とは全く異なる漁獲努力量の規制や漁業者間の関係と契約にもとづく「インプット・コントロール」を採用してきた。これでは、過剰な漁獲が起こり資源の管理方策としては機能しないので、諸外国は「アウトプット・コントロール」に移行した。しかし現在でも日本は上述①～③のインプット・コントロール」を主体とした漁業管理・資源管理を行って、漁業資源を悪化させ、漁業を衰退させてきました。

国連海洋法条約と世界の改革への迅速対応

しかしながら、世界の主要国では、日本とは異なり、長年における漁業の自由な参入と規制をインプット・コントロールから、一九八〇年代中盤～一九九〇年頃から漁獲の総量を規制するアウトプット規制を導入実施している。これらは、インプット・コントロールが経験的に、資源の管理と保護には役立たないとの判断からである。漁船の隻数や大きさを規制しても、エンジンの馬力を拡大して、漁獲能力を増大させることがしばしば起こった。そして漁獲量のコントロールができない。そこで、一九八二年国連海洋法条約と一九九三年国連公海漁業条約（国連海洋法条約実施協定）で定められた科学的根拠に基づく資源管理を導入した。一九九六年の国連海洋法条約の発効に前後して、世界各国は、その法の重要な内容である自国の二〇〇海里排他的経済水域内（ＥＥＺ）での海洋水産資源の管理に関する、アウトプット・コントロールを開始した。そのため、それらの国では、我が国と異なり、漁業生産量が横ばいあるいは増加した。

明治漁業法に固執する日本の対応の遅れ

一方、「日本の漁業法」や「海洋生物資源の保存と管理に関する法律」などの漁業制度は、漁船の数や大きさなどインプット・コントロールが中心である。すなわち、機器類・漁具等の性能の向上によって、すでに参入している漁業者の漁船の漁獲能力が過大となっても、行政には適切な規制手段が取れないことを意味する。そのため過剰漁獲が野放しとなって、資源を悪化させている。このため、一般にインプットコントロールは諸外国からは、これは単独では使用できない規制であるとの評価である。

先述したように、日本の漁業法は一九六二（昭和三七）年の改正を最後に、実質的な法律の改正はされていない。一九九六年に発効した国連海洋法条約を受けて、諸外国は、漁業規制の根幹法としての漁業法を制定・改正した。一方、時代から遅れた漁業法を手つかずのままにして、日本は一九九六（平成八）年に「海洋生物資源の保存と管理に関する管理法」を、漁業法から別の法律として分離し成立させた。しかし、仮に漁業法から分離するにせよ漁業法が許可のための基本法で、こちらにも、国連海洋法条約の目的と精神を入れて改正しなければならなかったが、これを怠った。したがって、日本の漁業の基本法は「国連海洋法条約」の目的、精神と内容を反映しないまま、残された。また、今回二〇一八年の漁業法改正でも、条約の主たる主旨「海洋水産資源は国民共有の財産」を明記せず、科学的根拠に基づく資源管理も諸外国に大幅に遅れ、また漁業の効果的管理手法のＩＴＱ（個別譲渡性漁獲割り当て）には全く言及がない。そして科学管理と無関係の「漁業権制度」がそのまま残存した。

このように我が国の漁業管理と水産政策は、漁業の衰退をもたらす要因をまだたくさん内包している。

日本の漁業・水産業の改革のために何をすべきか

筆者（小松）らは二〇〇六年から水産業の改革に着手した。これは、日本の二〇〇海里内の沖合漁業、沿

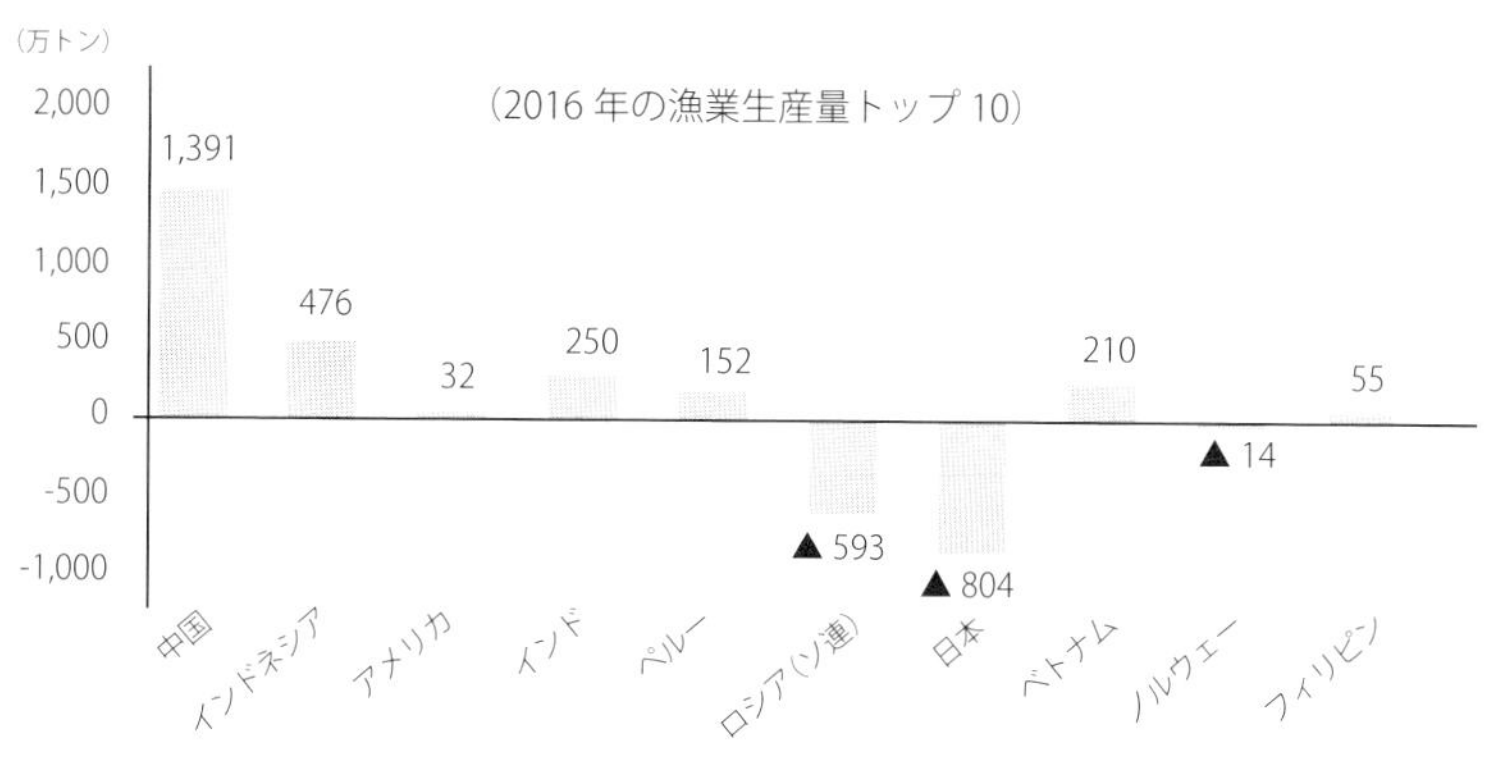

【4】漁業生産量の変化量（1984～2016年）

岸漁業と養殖業の衰退が著しかったためである。

二〇〇六年と二〇〇七年から日本経済調査協議会「水産業改革委員会」が高木勇樹（元農林水産事務次官）を委員長として発足し、二〇〇六年に中間提言を二〇〇七年に最終提言をまとめた。この会合と提言が我が国初の漁業・水産業改革に関する提言であり、漁業と水産行政の内情を知るもの（本書の著者）からの提言であったので、その提言内容は具体性と実行可能性があった。このために全国漁業協同組合連合会や漁業者団体並びに一部の漁業者からの反発は大きかった。一方で、原料の入手難に悩む加工業者や流通業者からの賛成と学者からの賛意も大きかった。しかし、水産行政と結びついた漁業界や学者からの反対もあり、二〇〇七年は日本の水産業界は、漁業・水産業改革議論で大変に白熱した。

二〇一〇年七月からは新潟県においてホッコク赤エビを対象として、日本初の個別漁獲割り当制度（IQ）の検討が開始され、二〇一一年に「新潟県新資源制度導入検討委員会」が発足した。

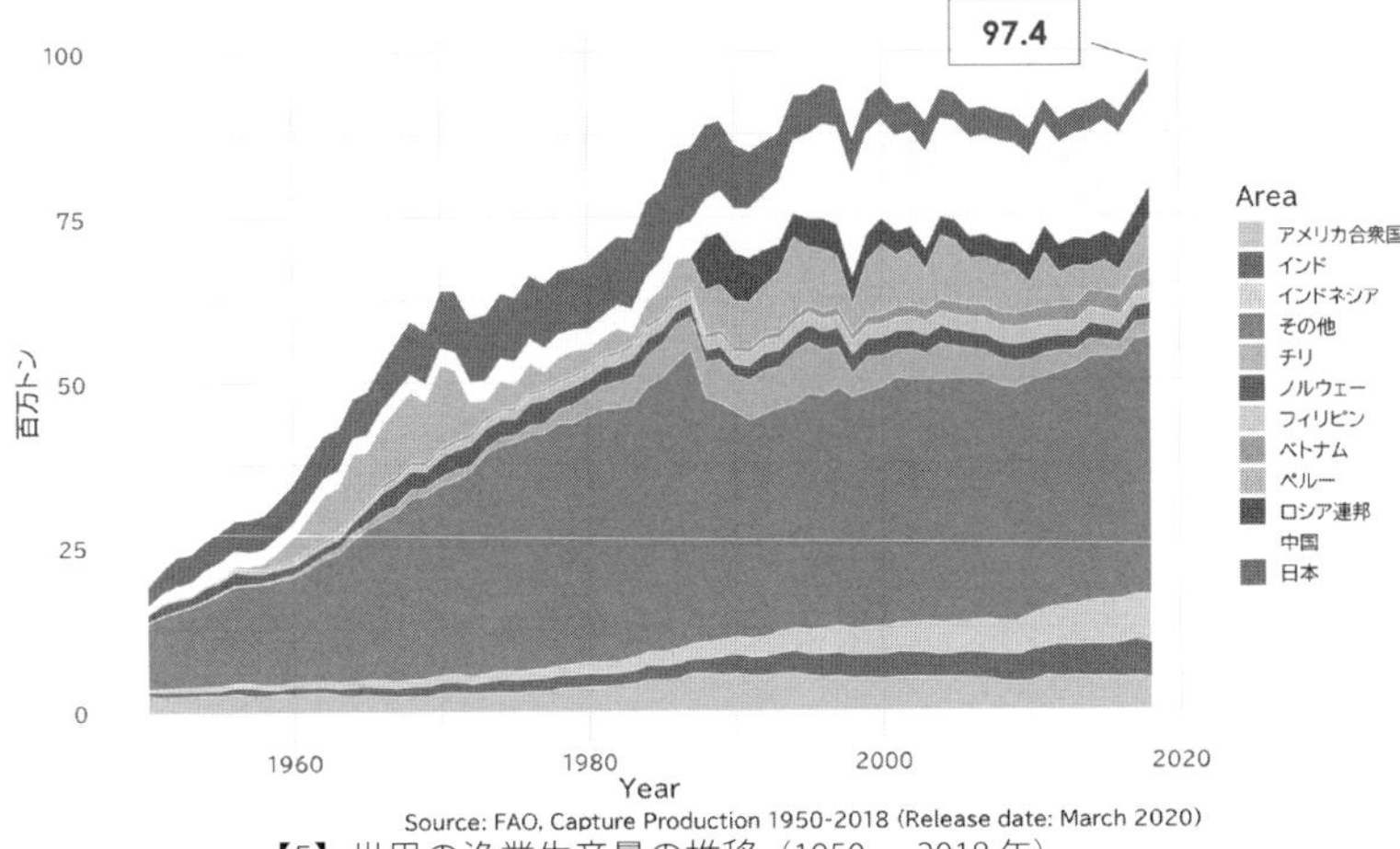

【5】世界の漁業生産量の推移（1950〜2018年）

二〇一一年九月からIQ制度の導入を開始し、これが現在まで続いている。漁業者は二隻の漁船を一隻に減船して、経費の節減を図った。無駄な競争がなくなり、マーケット価格に対応した魚価により収益が大きく改善した。

このような動きを受けて、ようやく水産庁と自民党が動き出した。二〇一四年三月に水産資源管理に関する「有識者からなる検討会」が設置され、IQの実施について提言した。その後もIQについては、業界の自主的取り組みの北部まき網漁業のサバ類のIQが二〇一四年一〇月から実施しているものと漁業省令に基づくベニズワイガニのIQはある、漁業法改正に基づいた本格的な制度設計による実施例はない。

二〇一七年には第四次水産基本計画が策定され、IQについて言及があったが、IQについての導入は無し。二〇一八年一二月に漁業法の改正が行われるが、その内容はIQの導入と漁業権の優先順位の廃止が主たるもので、これは二〇〇七年の日経調「水産業改革：魚食を守る水産業の改革」の提言を基にしたものである。

二〇一七～一九年には、日経調「第二次水産業改革員会」が再開されて、二〇一九年五月の提言をまとめ、六月に日本政府等に対して提言を提出した。

このように、国際的な各国の取組も、漁業の改革に動き、国内での改革への動きも、活発になってはいるが、水産庁と漁業界の動きは非常に鈍い。その間も漁業の衰退は継続している。かかる状況に対して、外部助言者として役割を果たすべく、取り組んだのが本書である。漁業・水産業の改革の理論的・実践的な支柱としての役割を果たすことを目的として、本書の著者らが研究会を結成して二〇一五～一九年にかけて、各地を調査し、その結果をまとめ、意見交換して作成して執筆したのが本書である。

しかし、本書では上記に加えて以下の点がさらに重要である。

①　まず第一にＩＴＱの資源の回復と利益の向上への貢献については、世界各国のＩＴＱの実例をもって示すことができたことである。マクロでみると、ＩＴＱを採用している国は総じて国家として、漁業生産量は増加しているか横ばいではあるが、漁業の生産金額が増大している。これは、ＩＴＱの導入によって、資源状態の安定化とマーケットに反応した漁業生産が行えているからであって、これらの国々の漁業法制度と水産政策が成功したことを、マクロ経済的に示している。

②しかし、本書ではＩＴＱの導入が、その二大目的である資源の安定と収益の向上には貢献したが、諸問題が、その二つの面での成功のために顕在化した。すなわち資源が安定し、その安定した資源から利益が上がると、その資源の価値が上がる。すなわち、漁獲割り当て枠（IQないしＩＴＱ）を保持した漁業者のＩＴＱの価値が向上することによって、彼がそれを販売すれば、彼のもとに価値が入ってくる。また、ＩＴＱを購入し、漁業を始めようとする人は、ＩＴＱ導入以前には必要とされなかった、ＩＴＱの購入の資金が必要となる。

つまり、不労所得、購入資金の問題や、もともと海洋水産資源が国民共有の財産としたら、ＩＴＱの売却益は誰に属するのか、資金力がある会社が買い集めたら、漁村社会はどうなるのかが次期の問題として、浮上してきた。それらに対して、米や豪などの諸外国は、その対応を検討し始めた。本書でその検討と議論について、紹介している。このことはＩＴＱが成功したことによる第二段階の課題であり、日本のようにＩＴＱを導入してもいない国の問題と課題とは異なる。むしろ日本にとってはＩＴＱの導入の後発国として、ＩＴＱの基本柱は維持しつつ、どのような修正が適切なのかの、モデル事例や、検討素材を検討することにつながれば幸いである。世界ではＩＴＱが第二段階に突入したと捉えられている。

③

第三には海洋生態系の変化の問題である。最近の漁業生産量の激減・急減の原因は資源管理の失敗・漁業法制度が古すぎて時代に対応できない理由も大きな問題であることは明らかであるが、資源管理制度と漁業権制度を改革しても、三〇年間に日本の二〇〇海里排他的経済水域での漁獲をすべて回復させることは困難・不可能あると考えられる。二〇〇海里内で失った漁獲量は約六五〇万トン（計算の仕方で若干変動しよう）をすべては回復はできない。問題は陸上の人間活動の活発化で、良好な漁場を埋め立てたこと、陸上から運ばれる水の量と質が大きく変化したこと。防災のために瞬時に河川水を海に放出することにより栄養がない水であること。陸上の工場、住居と駐車場からの汚染水が流れ込むことがあげられる。これらは貧栄養と汚染水の原因となる。

また、人類の活動により、石油を消費し、発熱のために温暖化が進行し、海洋の水温も上がり、二酸化炭素が海洋に溶けこみ海洋酸性化が進行していることである。これが海洋生物資源の再生産に影響を及ぼす。沿岸域では貝毒や大型くらげの異常発生を引き起こす。サケマス、イカ、ホッケ、カツオの漁獲の減少や沿岸域のウニ、アワビの漁獲減少とホヤ、カキとホタテ貝などの出荷の停止や貧栄養での実入りの低下で商品価値と出荷のタイミングを失っている。これらの原因とその原因に対応した対策として、資源の管理の改善や漁業権制度を含めた漁業法制度の改正では、とても対応ができないと考えられる。すなわち、海洋生態系の変化を引き起こした原因を突き止め、中長期間にわたって、その原因の解明と対応を探り、対処することである。本書ではその点について触れ、そのことの重要性を指摘したところである。このような視点からの問題提起と論述は我が国の書としては類書がない。ますます、包括的、総合的に問題をとらえる時代に入った。そのことをぜひ読み取っていただければ幸いである。

読者のための資源管理の方策の解説

・概論

ところで、読者が本書の主要な論点である資源管理の方策について理解を深めるために、インプットコントロールやアウトプットコントロールをはじめとする資源管理の方策について、解説を試みたい。また、日本特有の「漁業権」についても解説したい。

自由な経済活動を前提とする社会においては、いかなる産業においても、その参入や活動に制限は加えられない。しかし、漁業の場合、その対象となる水産資源は、多くを天然資源が占めており、漁獲による影響を受ける。過剰に漁獲すると消滅ないし減少する。また、生物の多様性の保全、さらには気候変動や環境汚染による影響を考えれば、その持続可能性を踏まえるのは当然の配慮と言えよう。

資源管理の方策としては、その参入、つまり漁船の数や大きさ（トン数）、出漁回数に関する規制である「インプット・コントロール」と漁獲総量そのものを規制する「アウトプット・コントロール」がある。

インプット・コントロールは、日本では、漁船の建造や購入に関する補助金と組み合わせて展開されてきたが、漁船の数や大きさを規制したとしても、エンジンの馬力を強大にして、漁獲能力を増大させてしまうことがしばしばあり、資源保全の観点から考えれば、規制として効果が薄いことが批判されてきた。これは水産政策に限らず、日本の政策においてみられる欠陥であり、供給側に対する補助金しか政策手段を持たず、目的に対する手段の因果関係に関する分析が十分に行われず、また、政策評価プロセスが十分に機能していないため、政策によって変化したインプットと目指すべき政策目標（アウトプットやアウトカムひいてはソーシャルインパクト）がつながらないことがしばしば見られる。本件もその事例の一つとして挙げられよう。

アウトプット・コントロールは、文字通り、政策目標である漁獲量や資源量を計測しながら、その達成状況を踏まえて政策手段を修正改善しながら進める政策手法である。具体的には、一九九三年には国連公海漁業条約において「科学的根拠に基づく資源管理」が定められ、その導入が進んだ。また、一九九六年の国連海洋法の発効後は、多くの国々においてＥＥＺ（自国排他的経済水域）内での様々な形での規制が進んだ。

このように、水産資源保全を巡っては、長年の自由な参入と漁獲からインプット・コントロールにシフトし、近年はアウトプット・コントロールを選択する国・地域が増えてきている。

また、アウトプット・コントロールにおいては、科学的な実態把握が重要である。政策目標である水産資源にどのような影響を与えたのか、それが当該海域の資源の持続可能性にどのような効果をもたらしたのか、また、漁業者の持続可能性から見れば経営への影響はどうであったのか、さらには、消費者にどのような影響をもたらしたのか、そうしたマルチ・ステークホルダーの様々な視点からの政策の効果検証が行われて初めてアウトプット・コントロールと言えるものとなる。

近年、日本では、「海洋生物資源の保存及び管理に関する法律」（一九九六年）に基づき、ＴＡＣは定めるものの、漁獲努力量規制というインプットコントロールを認め、また、ＡＢＣを超えて、無視してＴＡＣを定める行政が長年慣行化した。これでは、本来の政策目標である資源量の科学的な検証や評価は手つかずで、アウトプット・コントロールへの道のりは遠い。

以下、各節において、世界および日本における漁業資源管理に関する諸制度や用語を概観したい。

・ＡＢＣ（生物学的許容漁獲量：Allowable Biological Catch）

水産資源の減少、悪化を踏まえ、インプット・コントロールからアウトプット・コントロールにシフトするに際し、水産資源の保全を目指す先進国がまず取り組んだのは、ＡＢＣの決定だった。

ＡＢＣとは、漁業資源量が枯渇しないよう、資源の持続的維持、さらには悪化した資源が回復する水準に漁獲量を規制するための、科学的評価に基づいた資源評価による漁獲量上限である。ＡＢＣは、純粋に生物資源の持続性を目的に、その観点から決定されるもので、漁業の経済性や漁業者の経営の観点はまったく入っていない。

例えば、アメリカでは、約五〇〇種系統群について、国家レベル・海域レベルで、科学的根拠に基づくABCを定めている。その上でABCを下回るレベルの総漁獲可能量（TAC:Total Allowable Catch）を設定している。

・TAC（総漁獲高可能量：Total Allowable Catch）制度

TACとは「総漁獲可能量」のことである。国連海洋法条約と国連公海漁業協定では、科学的根拠に基づくレファレンス・ポイント（漁獲の目標値）の設定を推奨しており、この条約に基づいて世界の主要水産国で導入されている。

TACは、科学者が科学的根拠に基づいて設定したABCを踏まえたうえで、社会・経済学的要因に配慮して、行政が設定する。国連公海漁業協定で規定されている予防アプローチの原則に基づけば、TACはABC以下でなければならない。

日本でも、TACは一九九八年から導入された。同法では、TACは科学的根拠を基礎に定めるとされているが、水産庁は、長年、科学的な根拠であるABCを超えたTACを設定してきた。この背景としては、資源保全よりも事業者の経営、操業の維持を目的にしたためと考えられる。しかし、最近では逆に、ABCを相当程度下回ったTACを設定しても（サンマやマサバの場合）それを漁獲できないで、漁獲が大幅にＴＡＣを下回る。これはそもそも資源を過大に評価しＡＢＣやＴＡＣの設定に誤りがある可能性がある。資源評価の情報が遅く不適切である可能性がある。米国が約五〇〇種系統群、その他の国々でも数十種以上のＡＢＣを定め、これに基づきＴＡＣを定めているが、日本では、わずか八種だけ[*1]がＴＡＣ制度の対象である。加えてＴＡＣ超過の罰則規定があるのは二種[*2]だけである。[*3]

・ＴＡＥ（総漁獲努力量、総漁獲努力可能量：Total Allowable Effort）制度

日本のＴＡＥは、「海洋生物資源の保存及び管理に関する法」の第三条第五号の規定によって定められるものである。

用語としてはアウトプット・コントロールのように見えるが、実際のところ、その要件を満たすものではなく、インプット・コントロールの範疇にある。

操業日隻数や採捕の日数による規制であり、すなわち、漁獲努力量に上限（ＴＡＥ）を設定し、その範囲内に収めるよう漁業の操業を管理するものである。この規制は、インプット・コントロールの一種であり、単独では効果が薄いという見解が世界では一般的である。しかし、降雨量などの季節変動の要因の影響を受けやすいとされる豪北部地方（Northern Territory）のエビ漁業は、ＴＡＥを設定し漁獲管理して成功している例である。

＊1　マアジ、サバ類、マイワシ、スケトウダラ、サンマ、ズワイガニ、スルメイカ
＊2　サンマ、スケトウダラとクロマグロのみ
＊3　サバ類と一括りだが、その中には暖海性のゴマサバと冷水性のマサバが入っており、ここでも科学的な検証、評価不在が窺われる。

・オリンピック方式

オリンピック方式とは、ＴＡＣが設定されていない場合のインプット・コントロールにおいて、または、ＴＡＣが設定されていても、漁業者や漁船ごとの割当が無い場合、漁業者が始める「早いもの勝ち」競争のことを言う。諸外国ではRace for Fish（漁獲競争）と呼ばれる。

つまり、規制が中途半端な場合、その海域や魚種に関する全体のＴＡＣに達する前に、他の漁業者よりも早く、多くの魚を獲ってしまおう、自分さえたくさん獲れればよいという考えから、漁船の大型化、複数化、エンジン強化によるスピード化等により乱獲が起きてしまいがちということである。

これは、資源の持続性にも悪い作用をもたらすし、過剰投資による維持・管理費や燃料費の増加、さらには、同時期に大量の魚が出回るため、価格も下がり、漁業者の収入も悪くなり、事業者にとっては厳しい競争の温床ともなる。

日本では、オリンピック制のもとでも、一斉休業などのさまざまな漁業者の自主規制があるが、その内容も明文化されたものは皆無に近く、明らかではないし、肝心の自主規制の結果については、公的な「モニター」と「評価」がなされず漁獲規制が守られたかどうかわからないという問題がある。しかし日本では、例えば休漁すれば、その効果いかんにかかわらず休漁補助金が支給される。

・IQ（個別割当：Individual Quota）方式

IQ方式は、ＡＢＣに基づいて決められたＴＡＣを、その範囲内において、個々の漁業者ないしグループに、漁獲実績などをもとに個別の漁獲量を割り当てる制度のことであり、個別に割り当てた個別漁獲量をIQと呼ぶ。*

IQ方式のメリットとしては次の三点がある。

① 年間の割当量が決まっている（各人に割り当てられたIQを獲ってしまえばその年の漁は終わり）ので、ＡＢＣおよびＴＡＣに基づいて設定できれば、資源の回復と持続的維持が期待できる。（資源保全への効果）

② 他人の漁獲行動に左右されないため、年間の操業計画が立てられ、漁期中はマイペースで漁獲できる。ゆえに各漁業者が漁獲競争に費やす労力が減り、資材とコストが漁獲枠水準に合わせられ、無駄を削減できるので、総経費削減が図られる。（漁業者の投資およびコストへの効果）

③ 各漁業者は、市場の動向をにらんで、魚価が高い時に選択的に漁獲することで、収入増につながられる。（漁業者の売上への効果）

魚価（③で挙げたメリット）については、消費者から見れば、価格の上昇なのでデメリットのように見

* デラウエア大学のアンダーソン教授等が理論的支柱。ＣＯ２の排出権割当制度にも似る。

えるが、魚の出荷が一時期に集中せず、幅広く安定的に供給されることは消費者の選択の多様性にも応えるメリットとも考えられよう。

その一方、IQ方式にもデメリットはある。それは各漁業者の経営戦略に合わせた経営規模の拡大などの融通を利かせるのが難しいことだ。自分の割当枠がなくなれば操業をストップせざるを得ず、また、漁獲能力のない漁業者は割当枠を取り残してしまう。したがって、過剰な漁業者が存在するなど各漁業者及び全体としての投下資本が有効に活用されないという意味での非効率が発生する。

また、IQ制度の運用においては、各漁船の漁獲量のモニタリングおよび違反の取り締りが必須であることも忘れてはならない。

・ＩＴＱ（譲渡可能個別割当：Individual Transferable Quota）方式

IQ方式のデメリットを克服すべく登場してきたのがＩＴＱ方式だ。ＩＴＱ方式のもとでは、個別のIQを売買り譲渡できるようになった。[*] 漁業者の漁獲する権利に所有権（漁獲する海洋水産資源の所有権ではなく、漁獲の権利である。海洋水産資源は国民共有の財産である）を与えることで、各漁業者の経営の自由度が高まるのが大きな変化だ。

資源保全の観点からは、ＡＢＣに基づいて決められたＴＡＣ、それに基づくIQとの流れは確保しているので、乱獲競争や過剰投資を招くことはない。ただし、IQ制度と同じく、モニタリングと取り締まりはきわ

＊ 譲渡の場合、実務上は漁船の売買とセットでIQの譲渡が行われることが多い。

めて重要である。

ＩＴＱ方式のもとでは、それぞれのIQを、漁業者同士で売買や貸借できる方法なので、経営を拡大したい漁業者は、他の漁業者やIQの保有者から漁獲枠の融通や譲渡を受ければよい。また、漁業から撤退した人は、拡大したい人や残存者に漁獲枠を販売することによって、その資金を元手に廃業をすることも可能になる。

ところでＩＴＱは基本的に漁業者間の売買・移譲であるが、ニュージーランドやカナダないしは米国では、ＩＴＱの導入からの時間の経過とともに、銀行や投資家の手にわたっている。また、米では漁業者がＩＴＱを所有しても、その漁業者が別の漁業者に貸し与え、自らはリース料を得て、漁に出ないで不労所得を得る例が増大している。また、リース料が高額であることの問題も顕在化している。

ところで、漁獲枠は毎年の貸与・譲渡を受ける方法（前述のリース）と、漁獲枠の期間全部に渡って譲渡や売買を受ける方法とがある。集積と経営統合を促進し、投資規模の適正化と管理コストの削減などが進み収益が向上する。

これを避けるために、ノルウェーでは、漁獲枠は漁船と一体でなければ、保持できない制度を導入した。また、漁獲枠を売買し、譲渡する場合も漁船と一体でなければならない。そして大型漁船漁獲枠を譲渡するときは、譲渡された漁船は廃船しなければならない。また、漁船の大きさ毎に漁獲枠を売買と譲渡できる相手が限定される。これを個別漁船割り当て（ＩＶＱ：Individual Vessel Quota:）と呼んでいる。これはＩＴＱ

ではないとノルウェー政府は強調する。

オランダでは、ＩＴＱ方式の導入に合わせて、市場でのIT情報化（漁獲の日時・位置と品質）にも努め、情報が漁獲物に付加価値をもたらしており、漁業者と地上との連携の可能性も高まっている。こうした動きは、国を問わず、漁業者の今後を考えれば不可欠な流れであり、自らの経営の方向性を踏まえた積極的な投資を促すきっかけともなっている。

先駆的にＩＴＱ方式を導入したニュージーランドやアイスランドに続き、現在では、オーストラリア、カナダ、チリ、グリーンランド、オランダ、アイスランド、ロシア、モロッコでは、ほぼ完全に近い形での制度が運用されている。また、ノルウェーでは、ほぼ同じ趣旨の漁船割当制度、アメリカでは地域ごとに異なる制度（キャッチ・シェア）、そして、デンマーク、メキシコ、ナミビア、南アフリカ、モザンビークも、それぞれの環境や事情を加味した制度を定め、運用が進められている。

一方、漁業者の経営の自由度を高めるＩＴＱは寡占化を促進させてしまうとの指摘もある。寡占に伴う不当な価格上昇は消費者にも影響を与えるわけで、資源保全は当然としても、事業者にとっての利益ばかりを見ていてはならないのが政策である。先進事例を見れば、積まれる漁獲枠の総量に上限が設定されることで、寡占度を上げない工夫を見ることができる。また、IQと同様、その効果的な実行のためには、モニターや取り締まりが不可欠であることは言うまでもない。

・米国のキャッチ・シェア（Catch Share）

米国でのＩＦＱ（諸外国でのＩＴＱのこと）を導入したのは一九九〇年の中部大西洋でのハマグリ類が初めてであり、その後一九九五年のアラスカ州のオヒョウとギンダラと一九九九年のベーリング海のスケトウダラの協同操業方式などに拡大したが、三〇〇～四〇〇年の歴史を誇るニューイングランドの漁業者がＩＦＱの導入に反対し、政府の姿勢が強固であると批判し、訴訟まで起こした。そのため一九九六年から二〇〇二まで連邦議会はＩＦＱの導入を一時停止した。しかし、ＩＦＱを支持するアラスカ州とシアトルの漁業者は、この間も米国漁業振興法（American Fisheries Act）を成立させ、ベーリング海でのＩＦＱの導入を推進させた。

二〇〇六年の漁業法の再承認では、過剰漁獲能力の削減、ＩＦＱを含む（LAPP:Limted Access Privilege Program：限定的アクセス特権計画）が実施されることが決定された。しかしＩＦＱの反対が強かったニューイングランド地方では、ＩＦＱを導入するためにはレファレンダムで三分の二以上、また、同様に反対色が強かったメキシコ湾地方でも二分の一以上の賛成が必要との条件付きで二〇〇六年米国漁業法が再承認された。米国行政府ＮＯＡＡ（国家海洋大気庁）は、ＩＦＱは個別の漁業者への漁獲枠の配分であるので、ＩＦＱへの反対の理由が大規模漁業者の寡占化が進行するとの懸念であったので、グループでも漁獲枠が保持できる制度と法律を拡大解釈で、ＩＦＱの導入を事実上推進した。すなわち。二〇名程度のマダラなどを漁獲する漁業者などのセクターに対して、これらのグループに対して漁獲枠を配分し、個別の漁業者間の配分は漁業者に任せるものである。これは二〇一〇年五月のニューイングランド沖のジョージス礁のマダラ漁業から導入された。この拡大解釈を米国政府はキャッチシェアと名付けた。

キャッチ・シェアは、それ以前の一九九八年に実施されていたベーリング海のスケトウダラ漁業の協同操業方式にも適用され、現在では、一般的に米国の漁獲割当制度の個別の漁獲配分であろうとグループに対する配分であろうと、漁獲割当制度全般に対して言及される。米政府はグループに対する配分は法で定める個別漁業者に対する配分である。ＩＦＱではなく、したがってレファレンダムを行う必要がないとの解釈である。

・日本の漁業制度

我が国の漁業制度は、古く江戸時代に遡る。記録によれば、徳川吉宗の時代の「山野入会の規則」が文書で見える最初の公式規則である。奈良時代の大宝律令（七〇一年）は規則というよりは政府の認識を示したものであろう。江戸時代には賦役に対して労力を提供した。

明治時代には、政府が中央集権の力を地方に普及させようとの試みをして地主、庄屋と網元連中の反発を買った明治八（一八七五）年の「海面官有化宣言」から始まる。これは、江戸時代からの慣行を真っ向から覆すもので、政府は撤回した。その後陸奥宗光が「漁業に関する一考察」を発表し、明治一九（一八八六）年には政府は「漁業組合準則」を定め、中央集権の権力によってではなく、地方の有力者の集合力を通じて、漁業の紛争解決と沿岸漁業の管理を図ろうとした。現実的な路線に変更したのである。明治政府は産業や殖産と国家建設分野が、近代的な法制度を導入して、法治国家のもとの秩序に組み入れられたが、依然として、漁業は慣行に基づく行政であった。近代法も制定されないようでは近代国家とは言えなかった。そして近代産業への転換・振興もおぼつかなかった。

そこで村田保貴族院議員が、近代法としての法整備を目指して漁業法案を議会に上程したが、内容は、江戸時代の慣行を盛り込んだものであった。

しかし、これを受け入れがたかった明治政府が、明治三四年に漁業法をようやく制定した。この法律は、沿岸域の漁業やその周辺で行われてきた慣行的な漁業には漁業権の考え方を設定し、それを根拠に紛争の解決や調停を図ろうとし、また、沖合と遠洋の漁業には漁業許可の制度が導入された。

更に九年後には取り締まりや、漁業法を物権とみなす考えを導入し漁業権に資産価値を持たせる改正をした。これが明治四三（一九一〇）年の漁業法で、明治漁業法と呼ばれ、我が国の漁業法制度の始まりと位置付けられる。

さて、欧米諸国に比べ、長い歴史を有する日本の漁業法制度であるが、一方で、この歴史がしがらみになっている。明治漁業法は戦後民主化の概念と目的を入れて、昭和漁業法（現行漁業法）に改正されたが、基本的な内容は明治漁業法と変わらない。漁業権の制度などがそれである。すなわち江戸時代の漁業の慣行を漁業権という形で、そのまま残している。

日本の漁業生産に関する基本的な法律は、一九四九年に制定された「漁業法」である。この法律は、「漁業の民主化」が目的で、「明確に優先順位を決めて、漁場を漁業者に優先的に使わせる」という漁場利用関係を定めることにあり、同法では基本的に、「漁業を営む者」は漁業者に限られる。漁業者が沿岸地域で漁業を行なうためには、定置網漁業や真珠養殖業のように個別の「漁業権」を有するか、漁業協同組合の組合員となり、組合管理型の漁業権を使う権利（漁場行使権）を持つことが必要である。漁船を使い、釣り漁業や網漁業を行なうときには、漁業の許可が必要になる。*

＊　ただし漁船は利用しない漁業に対しても、知事許可漁業がある。知事許可漁業の代表的なものは、刺し網漁業である。本書では、これについては触れない。

第Ⅱ部　共有地の悲劇を克服する漁業政策

まず、「共有地の悲劇」の問題と漁業資源管理を例とともに解説をする。

『世界の漁業・養殖業と管理』で「漁業養殖業の現状」と「各国の漁業法制度とＩＴＱ導入の経済効果」をまとめた。ここでＩＴＱの効果について、マクロ経済分析を通じて、ＩＴＱと新政策の導入によって米、ノルウェーとアイスランド並びにニュージーランドなどで漁業生産量が安定化し、漁業生産額が増大していることをデータや図表でもってを示した。

『オーストラリアの漁業制度』『韓国の漁業の歴史、現状と将来』並びに『米国のキャッチ・シェア計画』では、これらの国々における、現在の漁業政策について、解説を加えた。

ただし韓国については、日本の明治漁業制度を導入した国であることから、日本との比較が有用であるとの考えから、歴史的な分析も加え、現在まで解説した。豪と米国については最新の漁業政策についてである。特に米国はその中でも最近のキャッチシェア計画で入手した資料に基づく最新分析である。

『各国のＩＴＱ導入と効果の事例』は『世界の漁業・養殖業と管理』と対をなし、各国のＩＴＱのうち個別の事例を取り上げた。米国と豪並びに日本のそれである。詳しくは各章の冒頭に要約がある。これらの分析によってＩＴＱが経済的並びに資源管理上の効果をもたらしていることがご理解いただける。

『経済的手法を用いた資源管理』はＯＥＣＤの執筆による経済的な手法を用いた資源管理のハンドブックの解説であり、今後政策決定者や資源管理の実務者がＩＴＱを導入する際の参考となることを目的として執筆された。

共有地の悲劇と漁業資源問題

寳田康弘

漁業資源の問題を考える際には、ハーディン（Garrett Hardin）による一九六八年のサイエンス誌の論文「共有地の悲劇」（"The Tragedy of the Commons" Science 一六二（三八五九）pp．一二四三～一二四八）の議論が参考になる。誰もが利用できる牧草地は、自由に人々が利用できるようにすると、家畜を過剰に飼育してしまい、家畜のエサである牧草が過剰に利用されて牧草地は枯れ果て、その結果として人々の生活が窮地に陥るということを彼は論じている。論文タイトルの共有地とは牧草地のことで、過剰な利用をしてしまうと持続的に利用できなくなる資源（再生可能資源）である。各個人は自らの利益を最大にするように飼育頭数を調整し、個人レベルでは最適な行動をとっているものの、人々全体としては牧草地の荒廃という悲劇的な結果を生じさせるのである。

牧草地が荒廃するのは、牧草地の再生を上回るような家畜による牧草地の利用があるからで、いつも共有地の悲劇が起きるわけではない。誰もが自由に資源を利用できることを「オープンアクセス」といい、牧草地がオープンアクセスの場合、各個人は飼育頭数を利潤がもうこれ以上増えないような頭数まで増やす。個人レベルでは利潤の最大化が行われている。牧草地を利用する人々の飼育頭数を足し合わせることで、牧草地の総利用量が決まる。この総利用量が牧草地の再生を上回るような場合、牧草地は枯れ果ててしまう。しかし、総利用量が牧草地の再生よりも少ない場合、持続的な利用ができる。飼育頭数がどのくらいになるかは、個人の利潤最大化行動を決めるいろいろな変数に依存している。例えば、他の事情を一定とすると、羊毛価格が高いときの羊の飼育頭数は、羊毛価格が低いときよりも多いので、羊毛価格が高騰するような場合は牧草地に強い利用圧力がかかることになり、牧草地は荒廃する傾向にある。

共有地とは、複数の人で共同利用される資源のことで、牧草地だけでなく、いろいろな資源に当てはまり、「漁業資源」もその典型例である。共有地を複数の人が共同利用する資源とみなすと、共同利用の資源には、誰もが自由に利用できるオープンアクセスの場合もあるが、特定のメンバーだけが利用できる「コモン・プール・リソース」(common pool resource) の場合もある。オープンアクセス資源では、資源利用の無資格者の利用が容易で（排除にはコストがかかりすぎて事実上できない）、これに対して、コモン・プール・リソース（日本語では共有資源ともいわれる）では、無資格者の利用を排除できる。

コモン・プール・リソースの場合、個々人が過剰に資源利用をしてしまい、資源枯渇に陥ってしまう結果と、資源が保全されて持続的に利用できる結果が生じうる。なぜ相反する結果が生じうるかというと、資源を利用する特定メンバーの間での駆け引き（戦略的相互依存）が重要となる。他の人が資源を過剰に利用しているときに、自分だけ資源を保全することはその人にとって望ましくない。これに対して、他の人が資源を保全するように資源利用を抑制しているときは、自らも資源を保全することが望ましい可能性が出てくる。

このため、資源が保全される可能性が出てくるのである。

資源がオープンアクセスの場合には資源の枯渇が進みやすいが、コモン・プール・リソースの場合には必ずしも資源が枯渇に陥らないことが知られている。オストロム（Elinor Ostrom：二〇〇九年ノーベル経済学賞）は、資源利用者が互いに協調的な行動をとって、コモン・プール・リソースを保全していることが世界中で散見され（無資格者の利用を排除できる共同所有される日本の入会地（いちあいち）など）、それが社会基盤として重要であることを指摘している（彼女の主著"Governing the Commons"（一九九〇）Cambridge University Press）。このことは、漁業資源についても、漁業者が限定されている場合、地域の漁業者による自主的な資源管理が機能する場合もあることを示唆している。

漁業資源は共同利用される資源の典型例である。共同利用の資源は、オープンアクセス資源（公海の漁業資源など）か、それともコモン・プール・リソース（沿岸の漁業資源など）かで異なる点もあるが、いずれの場合も、資源利用者の私的利益追求と整合的で、実効性のある資源管理が、資源の持続的利用にとって不可欠であることに変わりはない。

世界の漁業・養殖業と管理

小松正之

漁業・養殖業の現状

日本の漁業・養殖業生産量は世界第七位である。養殖業は、二三四万トン（二〇一七年）の韓国に水をあけられた。主要国で養殖業の生産が減少しているのは、日本のみである。二〇一九年の漁業生産量は四一六・三万トン、養殖業生産量は九二万トンとなった。[*]

現在の世界の天然漁業生産量は、水産物需要の伸びに対して応える体制になっているとは言いがたい。一九九〇年頃から約九〇〇〇万トン台で、現在まで横ばいである。この間に主要先進国は資源管理の体制を確立したものの、発展途上国は、漁業法制度自体も未熟で、漁業が悪化している国が多い。その結果、世界の水産物の需要の増大を満たしているのは養殖業で、養殖業の生産に力点が移行した。

多くの主要漁業生産国では、乱獲や資源悪化の問題を克服し、新しい制度の下で、資源を科学的かつ持続的に管理する政策を導入してきた。この政策の柱となる手法は、科学的根拠に基づいた具体的な数値目標の設定と管理である。漁業先進各国は、科学的根拠に基づき、資源を維持・回復する水準の生物学的漁獲可能量（ABC）を定め、これをもとに総漁獲可能量（TAC）を設定、それ以下に漁獲量をコントロールするというアウトプッ

＊農林水産省「平成30年漁業・養殖業生産統計」

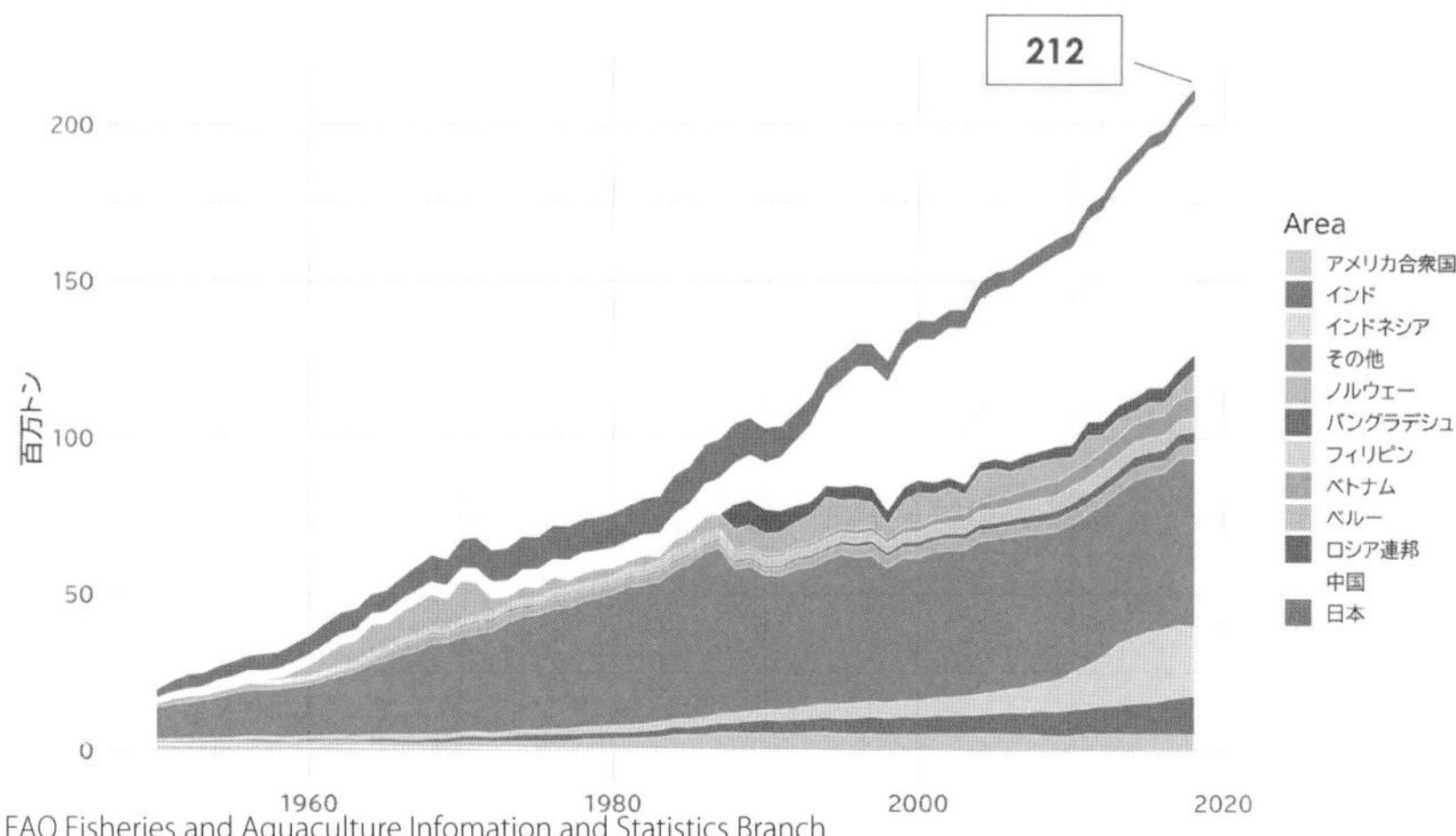

【1】世界の漁業・養殖業生産量の推移　1950-2018 年

トコントロール（総量規制）の手法、並びに個別漁獲枠の譲渡制（ＩＴＱ方式）を導入・実施したのである。アメリカ合衆国やニュージーランドなどでは、科学的知識の発展と漁業操業の変化と共に、数次にわたり漁業法の目的と内容を改正して、それぞれの時代の環境と将来に適合するものにしてきた。そしてレビューを継続している。

各国の漁業法制度とＩＴＱ導入の経済効果

米国は一九七七年に漁業法を成立させた後、一九九〇年には初めてＩＴＱを導入した一九九六〜二〇〇二年のＩＴＱのモラトリアムの後に二〇一〇年以降ＩＴＱか、キャッチアップシェアと名前を変えて導入をしている。

豪州も一九八四年にミナミマグロ漁業で初めてＩＴＱを導入し、二〇〇六年農林水産大臣省令によりＩＴＱ以外の方策を各国政府が示さない限りＩＴＱを導入する政策を実施した。韓国は、一九九九年にＴＡＣ制度の導入に併せてIQ制度を導入した。

これらの各国は、ＩＴＱ／IQ制度の導入で、漁獲量ないし漁獲金額が増大し、資源と経営の安定に成果を出している。

我が国は、IQ制度導入も遅れＩＴＱは全く導入されていない。そして漁業が衰退している。ここでは、ノルウェー、アイスランドと米国のマクロ経済分析を紹介する。

二〇〇一年一二月に発効した一九九五年国連公海漁業協定は、第六条と第七条で沿岸国ＥＥＺ内資源の保存と管理を求める。具体的には、

① 予防的アプローチをとり資源を悪化させない。

② 保存の限界となる基準値及び管理の目標となる基準値の二種類の基準値を用い、目標となる基準値に漁獲可能量を設定し、限界基準値を下回ってはならない。

③ 科学データを収集し資源管理の実施を規定する。

主要各国は、海洋法の国内実施法として根幹法である漁業法を制定・改正し、多くの国でＴＡＣとＩＴＱを導入した。

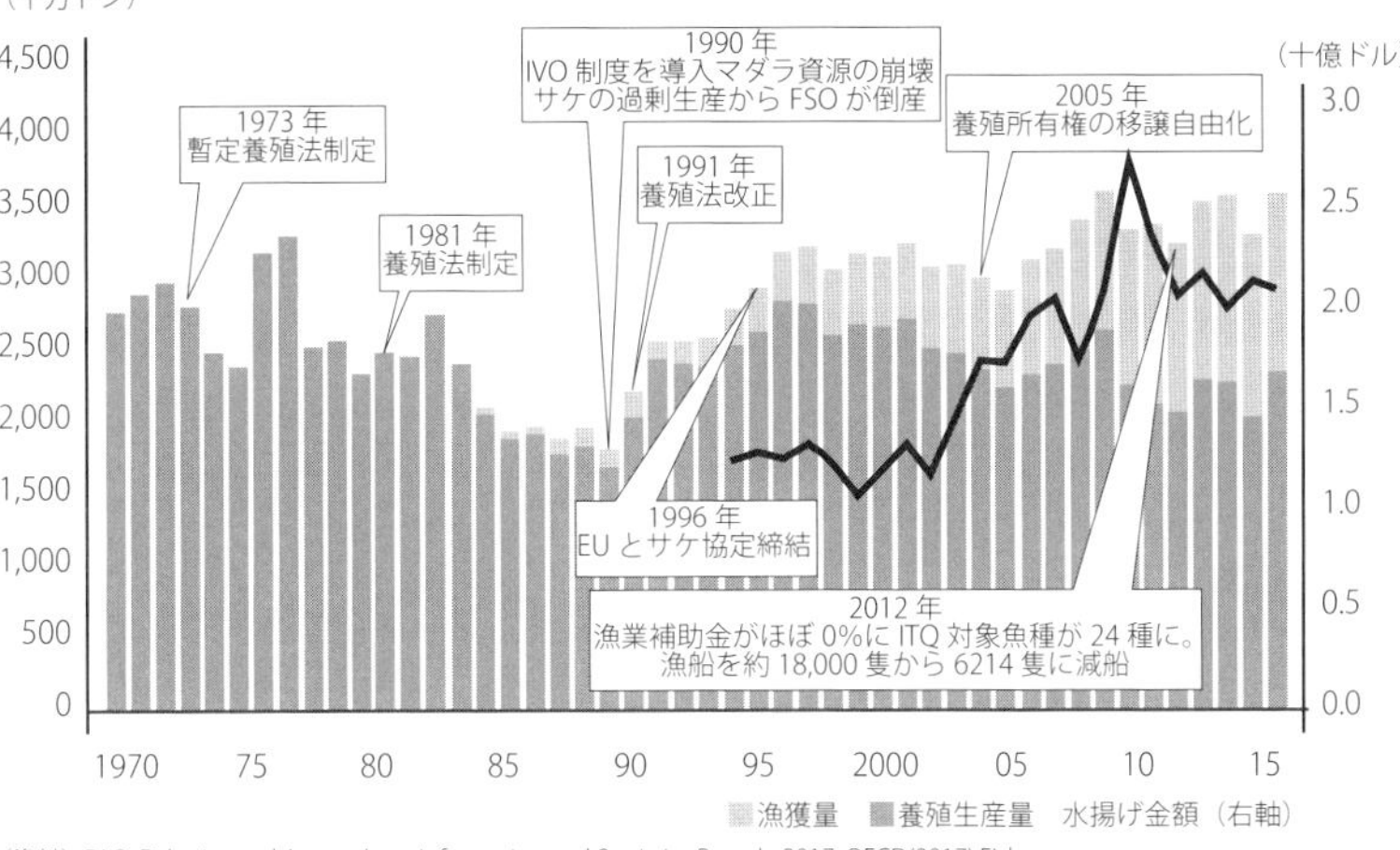

（資料）FAO, Fisheries and Aquaculture Information and Statistics Branch, 2017. OECD(2017),Fish landings(indicator). doi:10.1787/93a69a82-en

【2】ノルウェーの漁獲量・養殖業生産量

■ノルウェー：個別漁船割当制度（ＩＶＱ）の導入と収益の向上

ノルウェーは、一九七〇年代のニシンの乱獲と一九八〇年代のマダラの崩壊を受けて、一九九〇年からマダラにＩＶＱを導入した。ＩＶＱ

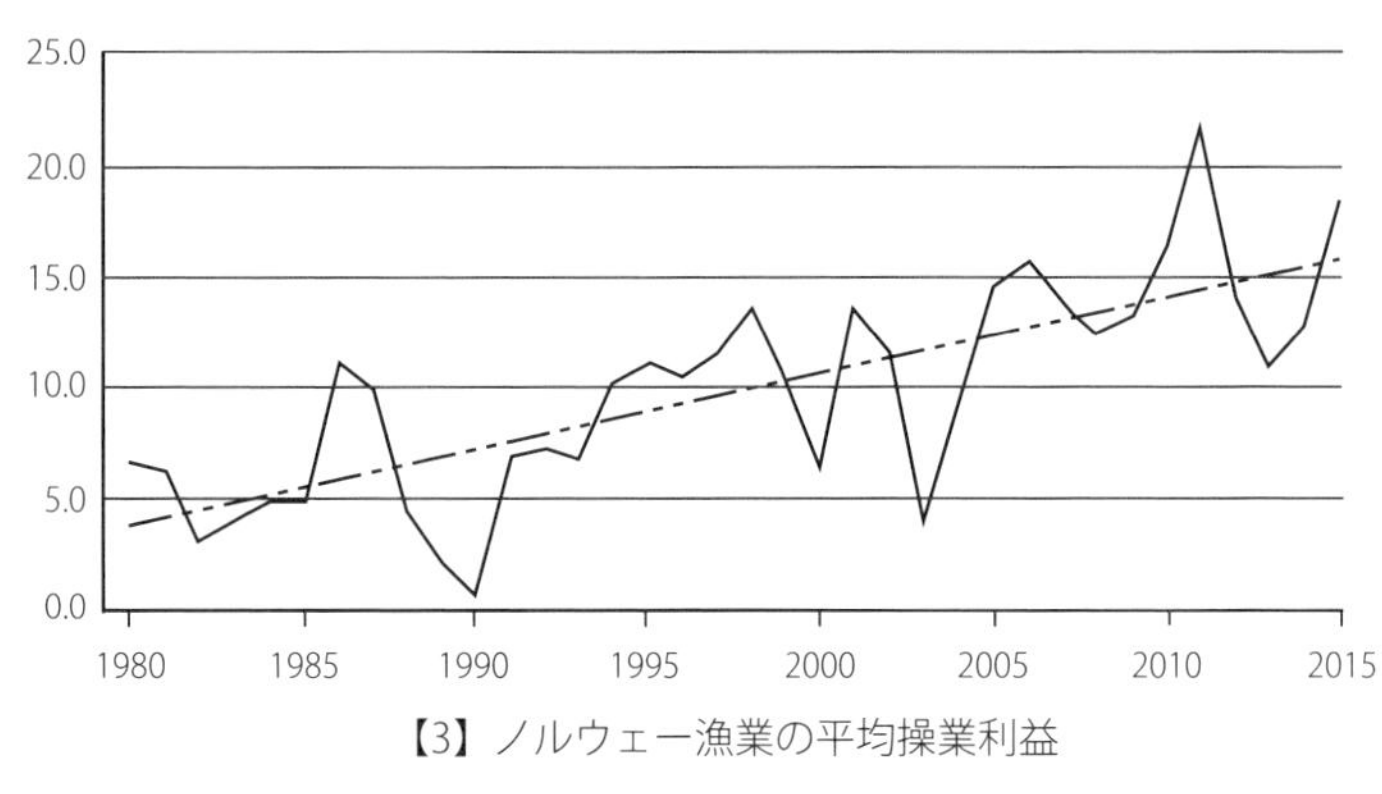

【3】ノルウェー漁業の平均操業利益

とは、漁船（vessel）に漁獲枠を一体として割り当てる方法であり、ＩＴＱと異なり漁業を営まない者はＩＶＱを保持できない。

その後、ノルウェー政府は、残存漁業者の経営の安定のために減船政策を組み合わせ、残存漁船の収益向上を図った。ノルウェーの漁業生産量は、一九九〇年のＩＶＱの導入以降非常に安定した。ノルウェーは意図的に漁業生産量を増大していないように見える。金額の重視である。漁業生産金額は養殖業の伸びと相まって飛躍的に増大した。

ノルウェー漁業管理の目的は持続性、収益性と効率の向上である。加えて沿岸地域の漁業の定着と、大型漁船と小型漁船の所有構造を多様化するという相対立する目的の実現である。すなわち、①公平な方法による貴重な資源の分配、②漁船過剰漁獲能力削減と③種々の漁船団の構成（沿岸小型漁船から大型まき網漁船とトロール漁船）の維持である。その意味では、漁業の収益性は飛躍的に増大し、水産政策の目的を果たしていることがわかる。

二〇一五年六月から、経済学者、法律家と漁業者等を構成員とするＩＶＱレビューを開始した。①現行のＩＶＱに変えてどのような代替制度があるか。その際には新たな制度は、(1)柔軟性があり、(2)収益性が上がり、(3)資源利用税（リソースレント）の実現、②漁獲割当制度・システムの評価のありかた、

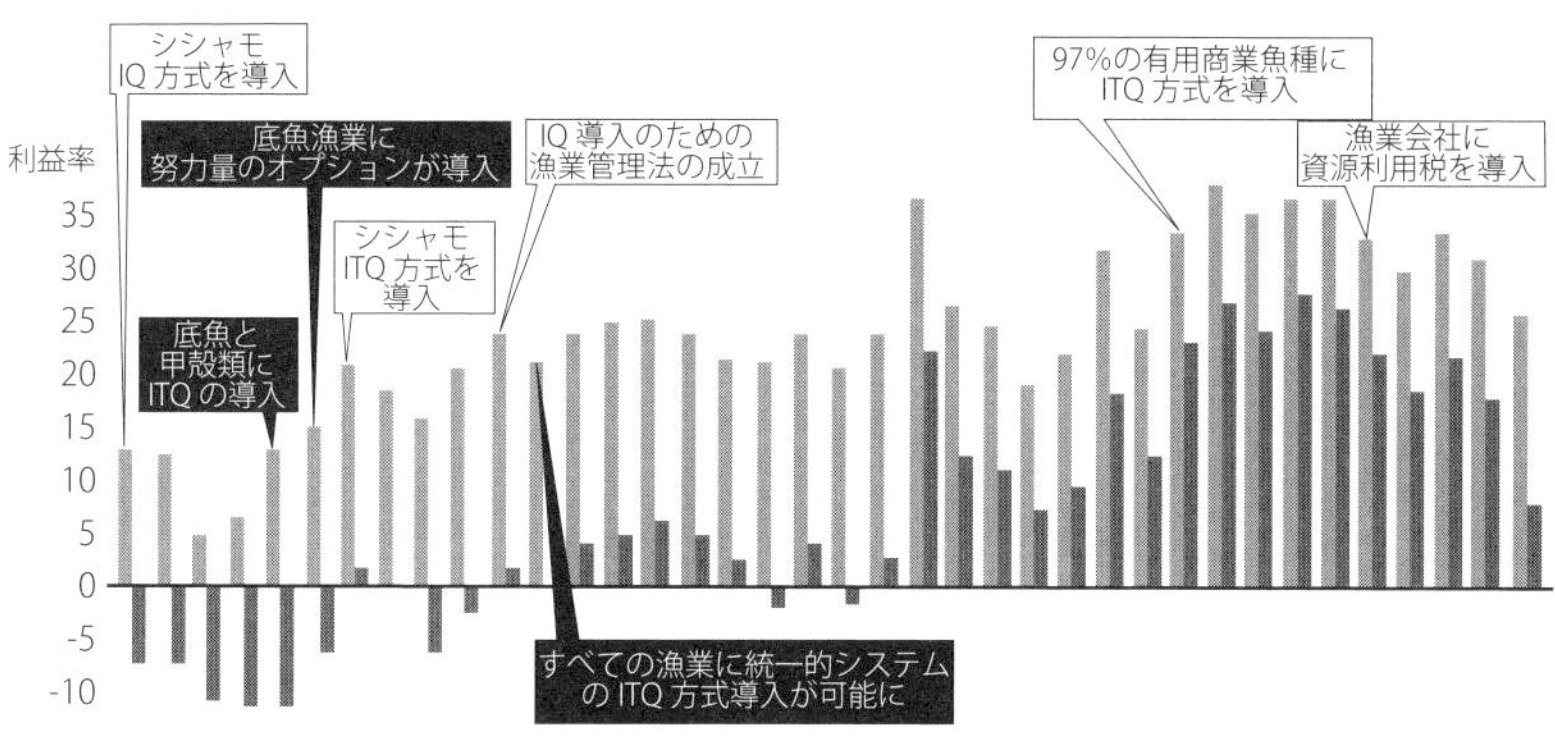

（出所）アイスランド水産協会

【4】アイスランド大型漁船のEBITDA(税・償却前利益)と損益の推移

③資源利用税使用の目的の検討であった。二〇一九年二月現在においてもノルウェー政府は、漁業者や関係業界からのヒアリングを丁寧に進めた。①資源利用税について漁業と養殖業の双方が議論の対象に挙がったが、二〇二〇年三月現在では、利益が上がっている養殖業が、その対象になり養殖業からの徴収は、ほぼ決定した。漁業についてはは先送りされそうである。②最も小型の漁業もＩＶＱは認められないが、その階層に属する漁業者であって、一一メートル以上の多少大きめの漁船に限ってＩＶＱの譲渡等認めることで決定する予定である。

■アイスランド：ＩＴＱ導入とＥＢＩＴＤＡと純利益の大幅向上

アイスランドは一九六九年にＴＡＣ（総漁獲量）制度を設定し、一九七五年にニシンへIQ（個別割当制度）を導入した。最重要魚種のマダラのＴＡＣは一九七六年に導入された。ＩＴＱの導入は、ニシンが一九七九年、マダラ他底魚が一九八四年からである。一九九〇年にはＩＴＱ導入のための漁業管理法が成立し、翌年からはすべての魚種に統一したＩＴＱが適用されている。現在ＩＴＱの対象魚種は二四種で、総漁獲量の九七％を占め、アイスランドでは一九六〇年代に比べて漁船数も漁業者数も半減した。一隻当たりの乗組員も三〇名が一四～一五名に、さらに現在では八名程度に減少した。

漁船も水産加工場も年々集約化されている。漁船や工場施設が近代化・自動化、高性能化、合理化し大型化しているが、船齢が二〇年以上に達したので、今後さらにＩＴＱの下で大型化、合理化と高性能化が進行する。漁船乗組員も減少するが、良質な人材を確保する。

賃金は非常に高い。船長は年平均五〇〇〇万円で、乗組員が二五〇〇万円から一五〇〇万円である。会社数も合併を繰り返して減少するだろう。アイスランド漁船協会は「ＩＴＱ制度を導入してアイスランドの漁業は成功した」と評価している。

二〇一七年にアイスランド漁業の純利益が大幅に低下したが、これは漁船乗組員が賃金の上昇をめざして船主側と交渉したが決裂してストライキに入り、操業日数が減少したためであり、二〇一八年及び二〇一九年には平常に戻っている。

一九九〇年以前にはＥＢＩＴＤＡ（金利・税金・償却前利益）が黒字であっても利益は赤字であったが、二〇〇〇年代に入りＩＴＱが効果を上げてきている。二〇〇八年のリーマン・ショック以降には、アイスランド・クローネが切り下げられて、水産物の輸出が好調になったことから、ＩＴＱによる資源管理が実を結んだ。輸出の好調と相まって、ＥＢＩＴＤＡと利益が共に好調に推移し、利益は二〇％にも及んだ。

■米国：漁業制度とキャッチシェア（ＣＳＰ）[*1]

＊1米国ではＩＦＱと呼び、個別漁業割当量（ＩＴＱ）と同じ概念である。

一九七六年、漁業資源保存管理法（ＭＳＡ）は外国漁業の排斥と排他的経済水域（ＥＥＺ）の設定を目的に成立した。一九九六年には持続的漁業の推進のために漁業法改正（再承認）を行った。一九九〇年から導入が開始されたＩＦＱ[*2]を一九九六年から二〇〇二年までは一時停止することを決定した。

二〇〇六年漁業法改正（再承認）では、①過剰漁獲をなくす、②悪化した資源の回復、③ＩＦＱを法的な制度として認知した。その後二〇一七年には、再承認法案として四～五つの法案が提出された。法案の大半は本質的なものではなく特定の漁業の問題を取り上げている。しかし、全国問題を包括する本質的な再承認法案は出ていない。ところで、ＩＦＱは個別漁業者に対する漁獲割当量のことであるが、ニューイングランドでのＩＦＱの導入反対を契機に個別漁業者に限らず集団やグループへの漁獲割当制度を創設した。これらやアラスカ州での漁船グループ間での漁獲枠の融通：協同方式（ｃｏｏｐｅｒａｔｉｖｅ）もいれてＣＳＰと呼ぶ。米国のＣＳＰ（ＩＦＱ）が漁業資源管理の手法として資源の持続性と経営の安定化のための成果を挙げている。漁業保存管理法の再承認は時代に即した内容への更新と予算支出の再承認の目的がある。

①二〇〇六年のＣＳＰ（二〇人程度のグループへのＩＦＱ配分）

二〇〇七年に創設されたＣＳＰは導入後五年経過時点で、その後は七年経過時にレビューが義務付けられた。二〇〇七年以前のものはそれに準ずる。全てのＣＳＰが五～七年の間隔でレビューされる。レビュー終了は、ベーリング海・アリューシャン列島のカニの減船計画、アラスカ湾の底魚漁業計画、メキシコ湾マ

＊2 Catch Share Program。

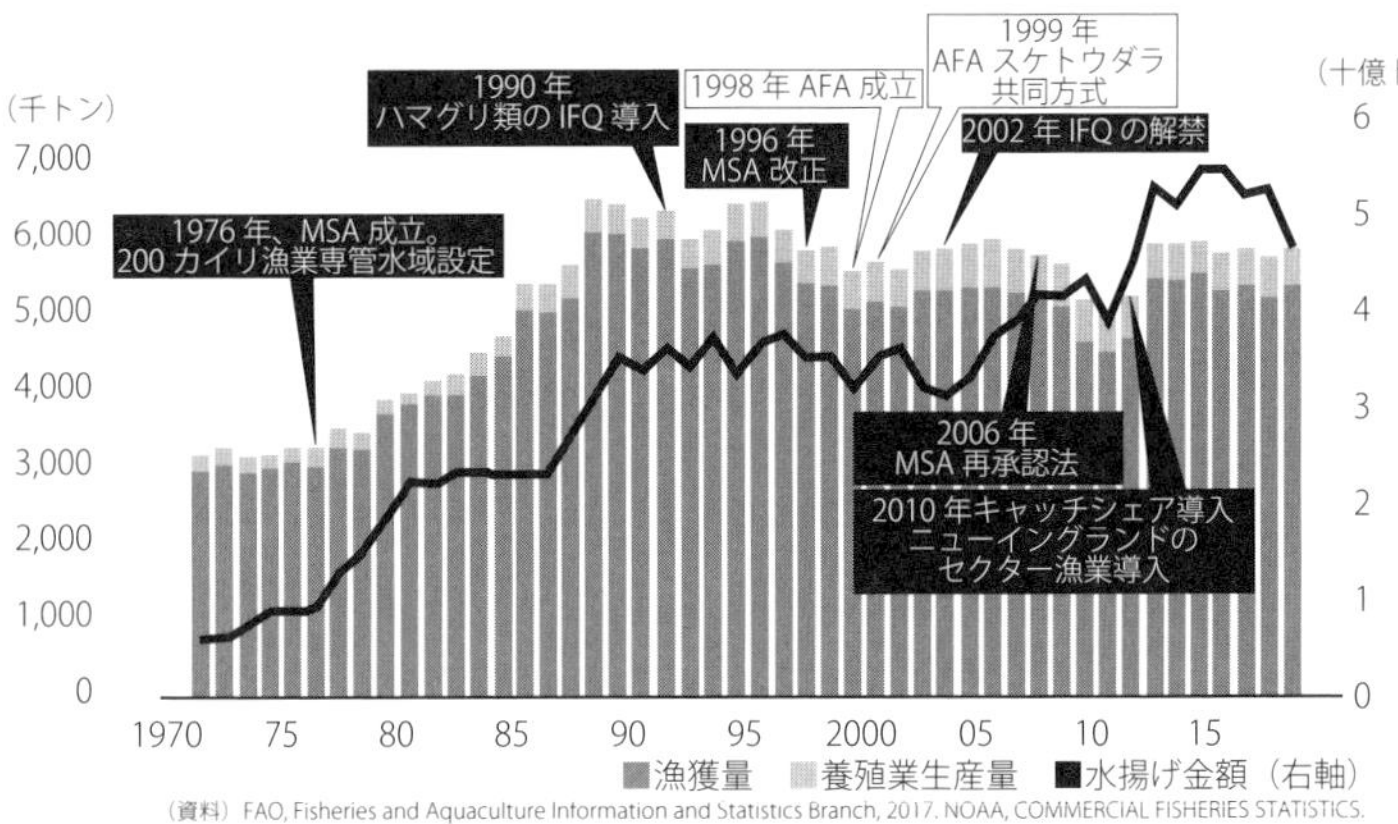

【5】米国の漁獲量・養殖業生産量

ダイ漁業計画、太平洋ギンダラの許可蓄積計画がある。＊ ＣＳＰの全体数は、二〇一六年高度回遊性種クロマグロの個別漁獲割当を最後にして一六のままで、大方の漁業がＣＳＰ下に取り込まれた。そして、二〇一七年四月からＣＳＰの全面的レビューを行っている。

しかし【5】が示すように、米国でも一九九〇年におけるハマグリのＩＦＱ以降、一九九九年におけるベーリング海でのスケトウダラでの協同漁業方式（キャッチシェアプログラムの一部）が導入されて以来、生産金額が増大している。漁業生産量が頭打ちなのは、ベーリング海で総漁獲量を二〇〇万トンに制限しているからである。

②米国の沿岸小型漁業

沿岸漁業者が多い海域を対象として、大西洋州海洋漁業委員会（ＡＳＭＦＣ）が一九四一年に設立された。本委員会は、米大西洋岸の北はメイン州から南はフロリダ州までの一五州をメンバーとする沿岸の海洋水産資源に関する情報の共有、調査研究を目的とする機関として設立された。現在は二七魚種を対象とする。シマスズキ(Striped Bass)には、現在では個別譲渡性漁獲割当(ＩＴＱ)が定置網漁業も含めて適用され、資源が大幅に改善した成功例である。

＊二〇一九年五月八日の米国ＮＯＡＡの七年後のレビューより。

一九九三年には「大西洋沿岸漁業協力管理法」が成立し、ブルーフィッシュ、メンヘーデン、大西洋ニシンやロブスターに関する調査資金を拠出し、資源管理の実効を上げげた。分布が広いものについては、連邦地域漁業事務所と地域漁業委員会とも協議する。このような沿岸の魚種には大西洋ニシン、サマー・フラウンダー、ブラック・バスやロブスターがある。ロブスターを除き厳格な総漁獲量（ＴＡＣ）やＩＦＱで管理される。

③「地域漁業管理委員会」

ＭＳＡに基づき、漁業資源の管理は連邦政府の役人の手から離れ独立して行うとの意図で、「地域漁業管理委員会」が設立された。この委員会は、州知事が任命する各州の漁業者代表、州政府の役人、連邦政府の役人、有識者など、十数名で構成され、各人に投票権が付与される。

④水産科学評価の体制

ＮＯＡＡ（米国海洋大気庁）水産科学センターは、科学的評価の最新状況について情報を提供する。キャッチシェアの制度について、関係者へのワークショップ・セミナーを行う場を随時提供している。各方面のそれぞれのニーズや、環境要因・海洋生態系など新しいニーズにも応えている。

全米五地区に、ＮＯＡＡに所属する水産科学センターがある。これら研究センターの科学者と州研究機関と大学とが協力して、科学調査や資源評価を行う。これらの結果をもとにして、八地区に設置された「地域漁業管理委員会」の統計・科学委員会（SSC）が、年間漁獲水準（ACL：Annual Catch Level）を検討・勧告する。また、同委員会に設置された諮問委員会（AP：Advisory Panel）は、社会経済学的観点を考慮して、ＡＣＬ以下にＴＡＣを設定するよう勧告する。委員会が最終的にＴＡＣを設定した上で、商務長官の承認を得る。

ＮＯＡＡは、マグナソン・スティーブンス法に基づいて漁業管理計画（Fishery Management Plan：FMP）の作成のための一〇の「国家基準（National Standard）」を作成している。米国のＦＭＰは、必ずこの国家基準に沿って作成されなければならない。国家基準では、水産資源の持続的要素の中に必ず過剰漁獲を防止し、最適な漁獲を達成しなければならないと明記されている。

これによって二〇〇〇年以降連邦政府が管理する三九の魚種・系統群の資源状態が回復し、経済的な利益がもたらされている。そして、マグナソン法は毎年資源の状態、状況に関して議会に報告することを義務付けている。（過剰漁獲かどうか、資源が回復したのかどうかなどについて報告することとされている）

⑤米国の資源評価と資源状況の把握

アメリカは毎年一三〇魚種・系統群を対象にして、資源評価の更新をしている。この結果をもとにＴＡＣの設定がなされ、「地域漁業管理委員会」は漁業管理計画（ＦＭＰ）を作成する。計画は、資源の持続的利用と回復が可能であるよう義務付けられている。資源評価にとって重要なデータは、「漁獲」、「資源量の豊度（Abundance）」、ならびに「年齢、成熟、体長など」である。

オーストラリアの漁業政策

小松正之

漁業法制度の制定

オーストラリア政府は、海洋の利用と保全を定めた海の憲法である「一九八二年 国連海洋法」の発効（一九九四年）に先立ち、一九九一年に漁業管理の基本を定めた漁業管理法（Fisheries Management Act）、翌一九九二年に漁業管理の運営を本省とは切り離した漁業管轄法（Fisheries Administration Act）を制定し、その実施機関としてオーストラリア漁業管理局（ＡＦＭＡ：Australian Fisheries Management Authority）を設置した。

一九八四年、オーストラリア初のＩＴＱをミナミマグロで導入したが、その後、連邦政府管轄下のほぼ全漁業にＩＴＱを導入している。

ＩＴＱの導入には、従前のオーストラリア政府の漁業政策が多額の税金を投入しながら、経済的な成果を全く上げていないのとの批判があった中、経済学者が率先してＩＴＱ導入を主張したこと、ケリン農業漁業大臣（当時）が導入促進のリーダーシップを発揮したこと等が背景にある。

ところで、オーストラリアは九四魚種・系統群の資源の状況を評価（二〇一六年）しており、その結果を毎年発表している。最近約一〇年間評価対象となっている漁業資源の漁獲状況（漁獲量が資源に対して獲り過ぎていないか）と資源状況（海中の資源量が過剰漁獲水準以下かどうか）の指標に対して、それぞれ回復が進んでいる。政府は「科学的根拠を尊重し、ＩＴＱを政策として導入した漁業政策は成功である」（オーストラリア漁業管理総局）と断定している。

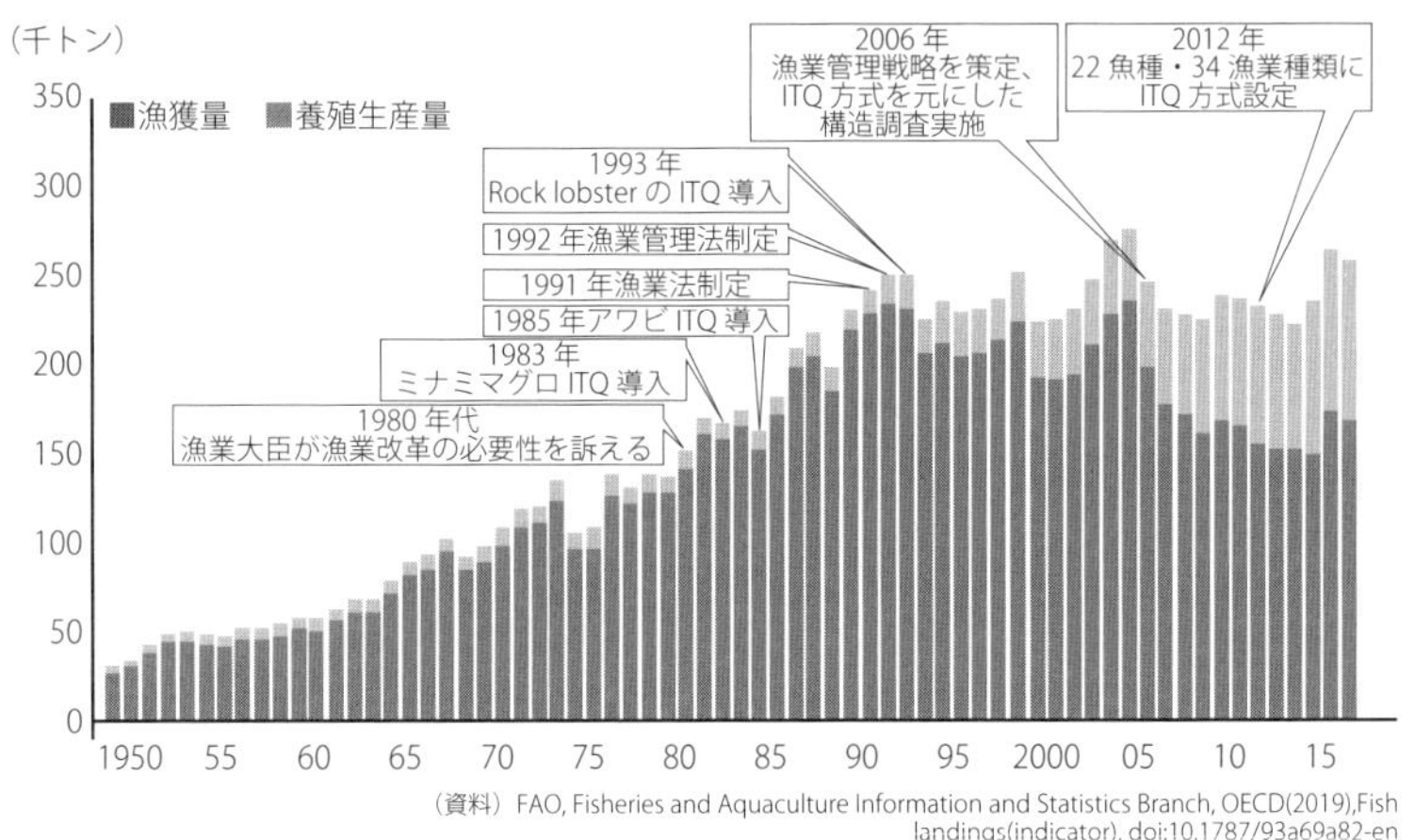

【1】オーストラリアの漁獲量・養殖業生産量

漁業政策

オーストラリアでは、水産資源が国民共有の財産であると定められる。連邦法に加え、ＮＳＷ州、ビクトリア州や南オーストラリア州法、西オーストラリア州法にも州民共同の財産との記載がある。無主物ではだれも管理しないので乱獲になる。国民共有の財産であれば、国家（政府）が、国民ないし州民から負託を受けて管理するのが当然になる。この差は大きいとオーストラリア連邦政府は強調している。

■国民共有の財産から経済的効率を最大限に

連邦政府の法律と政策に反映される管理政策の目的は次の３つである。

① 漁業資源の保存とこれらの資源を維持する環境の保護を確実にすること。
② これらの資源を利用するに際しては経済的な効率を最大限にすること。
③ 公共の資源を利用する漁業者から必要な課徴金（Charge）を徴収すること。

すなわち、これらの意味することは、資源の利用に際して、資源の持続性とそれを利用する漁業者の経営の持続性の双方を達成することが求められる。経営が悪いものに対して、補助金でその経営を支える政策をオーストラリアは採用しなかった。

このような政策の先鞭をつけたのはミナミマグロ漁業であった。一九八三年に政府主導で、大幅な漁獲枠削減に際して、その産業を経営持続可能にするべく、一九八四年一〇月から初のＩＴＱを導入した。

さらに、従前の漁業政策では多額の税金を投入しながら資源管理の成果と経済的成功を上げていないとの批判があり、新たな手法としてＩＴＱの導入を経済学者が率先して主張した。現在は、ほとんどの連邦政府の許可漁業にＩＴＱが導入されている。ＩＴＱの導入とともに重要な漁獲戦略（Harvest Strategy）は、各魚種・系統群ごとにその資源量と資源状態を判断し、漁獲量を決定することである。

■海域管轄とＡＦＭＡの独立

連邦管轄権の漁業生産量は全漁業の約二五％で、養殖を入れると一五％である。

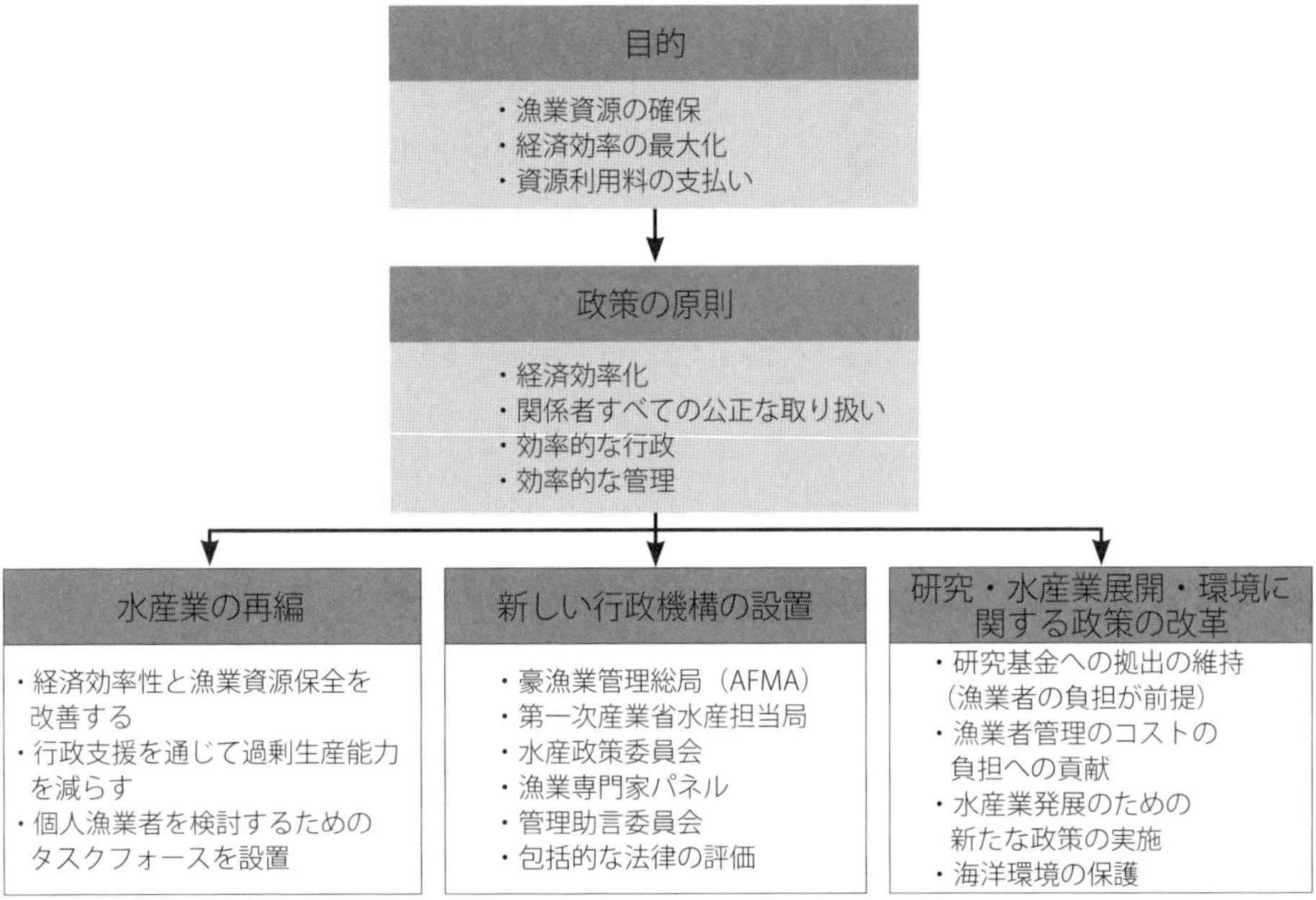

目的
・漁業資源の確保 ・経済効率の最大化 ・資源利用料の支払い

↓

政策の原則
・経済効率化 ・関係者すべての公正な取り扱い ・効率的な行政 ・効率的な管理

↓

水産業の再編	新しい行政機構の設置	研究・水産業展開・環境に関する政策の改革
・経済効率性と漁業資源保全を改善する ・行政支援を通じて過剰生産能力を減らす ・個人漁業者を検討するためのタスクフォースを設置	・豪漁業管理総局（AFMA） ・第一次産業省水産担当局 ・水産政策委員会 ・漁業専門家パネル ・管理助言委員会 ・包括的な法律の評価	・研究基金への拠出の維持（漁業者の負担が前提） ・漁業者管理のコストの負担への貢献 ・水産業発展のための新たな政策の実施 ・海洋環境の保護

【2】オーストラリアの漁業行政機構＊

＊オーストラリア政府 "New Direction For Commonwealth Fisheries Management In 1990" より。

連邦政府の漁業は北部地方のエビ漁業を除いて、すべてＩＴＱ漁業で行われているが、州のＩＴＱ管理下にある魚種は、西オーストラリア州、南オーストラリア州及びタスマニア州の各州におけるロブスター（イセエビ）、アワビと、南オーストラリア州のイワシである。また、ニューサウスウェールズ州では、エビ類や貝類をはじめ多くの種がＩＴＱの対象である。

連邦政府と州海域内で同一の魚種を漁獲する場合、双方の協力が必須である。オーストラリアでは、領海は一二マイルであるが、州政府と連邦政府との取り決めで、沿岸域の三マイルまでは州政府の管轄権となっており、その内での漁業は州政府の管轄である。連邦管理漁業がＩＴＱを実施し、州管理漁業にも、連邦政府が適切に介入をする。

漁業管理法での重要点は、「二〇〇カイリ内の資源利用から漁業者は利益を最大にすることと、投入する経費削減を定めたこと」である。またＡＦＭＡの設置は正しい選択で、ＡＦＭＡが独立していなければ、漁業者からの本省への政治的圧力で、農漁業行政が影響を受けて、その結果漁業行政の現場が、混乱を受ける場合があり、ＡＦＭＡの設置で、これを回避することが目的の一つである。

ミナミマグロ漁業とＩＴＱの導入

■豪最初のＩＴＱ

豪で最初のＩＴＱの導入はミナミマグロ漁業への導入である。ＩＴＱの導入は政府の主導の下で一九八四年から実施された。これは一九八三年に二万千トンあった豪の漁獲割当量は翌一九八四年一四五〇〇トンに、これをさらに一九八九年には五二六五トンに削減された。これではミナミマグロ漁業は到底生き残れないので、ＩＴＱを配分された漁業者がその間で枠の売買をして、残る漁業者とやめる漁業者を経済原則で決めていった。ＩＴＱの導入は、当時は反対も大きかったが、豪政府は、国民共有の財産である公共物を漁業者に配分するのだから、漁業者が利益を上げて自立するべきであり、その後は業界が、自ら何があっても対応するようにと厳命を下した。

ＩＴＱを推進したのは「自国の海洋水産資源からは利益を上げる体質にする水産政策に転換するべき」

との豪経済学者であったが、当時のケリン農漁業大臣がＩＴＱを政治的に熱心に推進した。

■ ＩＴＱ効果と合理化

ＩＴＱの導入後の九一年に一五隻の養殖・まき網漁業者がいた。現在は八隻の養殖漁業者まで合理化を果たした。まき網漁業で一五キロ程度の小型魚を漁獲し、それを三〇キロ程度に成長させる畜養技術の確立が大きい。最初の配分のＩＴＱは五・三百万ユニット（漁獲割当量は変化するので、持ち分を割当）とされた。この総ユニットを、まき網、延縄漁船と遊漁（当初は一％）に配分した。ＩＴＱによって、以下のように一連の合理化を果たしていく。すなわち、

① 漁業者数をＩＴＱの譲渡・売買を通じて、減少させた。漁業退出者も退出金を受け取ることができた。

② まき網漁業者がその養殖漁業を兼業した。それにより、中間コストを削減した。

③ また、餌の安全性とその確保の安定性が重要であり、それまで、欧州や日本から冷凍の魚類を輸入していたが餌を豪大彎内のイワシ資源に求め、これを漁獲し直接餌として投入する。外国からの冷凍イワシ購入経費を削減した。また、ミナミマグロ漁業・養殖業者がイワシまき網漁業の許可を南オーストラリア州政府から取得した。現在イワシまき網漁業は一四隻の許可がある。これを一四〇〇〇ユニットのＩＴＱに配分し、一許可当たり一〇〇〇ユニットを与えられた。

④　イワシＩＴＱは譲渡可能であったが、二〇一七年からは、一〇〇〇ユニットを一度に売買・委譲しなくてもよく、細分化した譲渡でも良いことになった。

■ミナミマグロの出荷戦略

ミナミマグロの漁獲は一五kgサイズが適切で三〇kgで出荷するのが経済的にも最も効率が良い。これは成長のための餌の消費量とも関係する。二〇kgを超えて漁獲すると成長のスピードが落ちる。出荷サイズ四〇kgは日本市場で好まれるが、餌効率の問題や、養殖期間の問題が生じる。海中に長く生息すると、マグロは高速回遊する性質があり、生け簀では成長が阻害される。病気に罹病する可能性も高まり、効率的ではない。目の周りのシラミがたかる病気で現在これの対応策を研究中である。

タスマニア

■タスマニア州ロブスターの温暖化による減少

豪大陸本土南側のニューサウスウェールズ（ＮＳＷ）州やビクトリア州のロブスター漁業は、すでに温暖化による大きな影響を受け、漁獲量が大幅に減少した。

タスマニア州は豪州では寒冷地帯に属し、これまで温暖化はプラスに作用しているが、程度を超えるとマイナスに作用し、豪本土州のようになりかねない。

米メイン州とカナダのノバスコシア州ではロブスターが温暖化の影響で漁獲が増加したが、一方で、南に位置する、米コネチカット州とニューヨーク州ではロブスターが漁獲されなくなった。

南極海から流入するタスマニア東西両岸を北上する亜寒帯海流は栄養も豊富であるが、この海流がタスマニア島の両岸でその流れが弱まっている。

■温暖化と漁業への影響のモデル研究

従って、タスマニア州政府は二〇〇九年から、タスマニアのロブスターをモデルとした温暖化の影響のモデル研究を行っている。これはロブスター漁業が重要漁業であるため比較的、科学・漁業のデータがそろっているからであり、最近懸念されるのは、ロブスターの幼生の量と定着量が減少している。したがって二〇三〇年と二〇七〇年にどのように海洋が変化し、ロブスターの資源量と漁業が変化するのか、また、その変化に対して、漁業者や研究者が適応する対応を取れるのか研究を行っている。四〇代前後の漁業者は温暖化が漁業に影響を与える問題であるとの認識を有している（タスマニア州政府）。

■養殖業と許可制度

タスマニア州における養殖業は、一九九五年海洋養殖計画法に基づいて、政府による許可の方針が定められている。すなわち、法に基づき養殖できる海域を設定し、その海域での具体的な大西洋サケなどの養殖業が定められている。また、天然漁業など他の活動との関連を定める。許可される海域の最大の養殖量を定める。さらに、天然資源と物理的資源の持続的開発と生態学的なプロセスと遺伝資源の多様性を維持しなければならないとされる。この点、タスマニア州以外に南オーストラリア州政府もほぼ同様の許可政策を採択している。大西洋サケ養殖場に関しては沿岸域の養殖の禁止海域を設定し、沖に漁場を設置して、住民が少ない西海岸に養殖場を移行する政策を実施している。

なお、タスマニア州政府の方針として、大西洋サケは産業としても雇用の機会としても経済に大きく貢献していることから、今後とも推進とされる。

養殖業の許可制度としては、養殖業を営む営業許可と養殖を行う海面を規制するゾーン許可制を組み合わせている。

■サケ養殖と温暖化

サケの養殖にとって温暖化は大きな問題である。水温が上がる要因でタスマニア島の東海岸の南極流が温暖化の影響で弱くなっている。温暖化による「暖水スポット」は五〇年前にＮＳＷで発生したが、現在タスマニア州で起こっている。このため、養殖場が東海岸から、温暖化の進展が弱い西海岸のマッコリア湾に移行している。

遺伝子上温暖化に強いサケの系統群を選び出すことでは十分ではないとの考えだ。

オーストラリアの養殖業の現状と政策

オーストラリアの養殖業は沿岸三マイル以内で行われており、この海域は州政府の管轄権の及ぶ海域で連邦政府は、基本的に輸出政策以外では関与しない。養殖政策は州政府が策定し、それを実行し管理する。養殖制度と政策を、南豪州政府を例にとり見ていきたい。

南オーストラリア州は、漁業の規模は大きくないが、インフラ、海洋の清浄さと漁業・養殖業の生産力に優れており、養殖業は六〇〇弱の許可を発給している。養殖総生産金額は四億ドル（三四〇億円）に達する。生産量と金額はあまり多くはないが、高い価値の生産を上げることを目的にしている。養殖業の種類は、太平洋マガキ、固有種のフラットオイスターとムール貝、キング・フィッシュとバラムンディ、ミナミマグロ、海藻類（Algae）である。陸上養殖としては、クレー・フィッシュ（ロブスターに近い）、アワビ、オイスター（孵化場）である。

養殖業の法的枠組みと規制は、

① 二〇〇一年養殖業法は、生態系への持続的な養殖を促進する。州の養殖資源から地域社会への利益を最大にすることと、養殖業の効果的で効率的な規制の確保とを目的とする。

② 二〇一六年養殖規則は、薬物の使用制限と環境基準を定める。

養殖業の許可に当たっては、二〇〇一年養殖業法に基づく許可により養殖する魚種の特定とその養殖量の上限を規定する。養殖業を営むためには許可だけではなく、養殖を行う当該海域における、養殖場リースの許可も必要とする。海洋養殖の許可は四三八許可を発給し養殖場のリースは四〇六ヶ所を許可し、また陸上養殖は一一九の許可を発給している。

養殖の許可をする海域として州政府は一四ヶ所の海域（Zone）を特定し、その限定された海域だけで養殖を営むことができるがそのほかの海域では営むことができない。そのひとつがCoffin Bayである。これらの限定海域を公的な応募海域（Public Call Area）として誰でもがそこで養殖を営む申請ができるが、養殖場配分委員会の審査を通る必要があり、かつ、運輸省にも付託される。許可の申請の競合が激しい。

また、第一次産業省は、養殖場が常に、生態系や環境への配慮を満たしているかを検査・評価している。養殖生物の健康状態や生物の安全性、使用する薬物、エスケープメント（生け簀からの逃避）に関して必要な監視と監督を行っている。

ところで、海域のリース制度は、

①　パイロット・リース制度は、養殖を試験的に既存の海域以外の海域で営業収支が上がるかを試す制度であり、基本的に一二ヶ月の許可を与え、五年間まで延長でき、それが適切であれば、一般の生

産許可に移行できる。

② 生産リース制度は一般なリースであり、最大二〇年までのリース許可を与える。またこの生産リースは第一次産業地域州大臣の許可があれば、これを他人に譲渡することが可能である。

③ 調査リースは業者ないしは研究機関が試験的に養殖を行う海域であり、五年間で、これを更新できるが調査の存続の期間を超えることはできない。

④ 緊急リースは生態系の保護や養殖種苗の保護のために必要と認められ、六ヶ月を限度（更新可能）として与えられる。

韓国漁業の歴史、現状と将来

小松正之

概要

韓国には、日露戦争後の一九〇五年に韓国統監府が設置され、一九〇八年には旧明治漁業法が導入された。一九一〇年の韓国併合で、日本と韓国は一九一一年に明治漁業法による同一の漁業法体系を保有することとなった。戦後、独立後の韓国は、朝鮮戦争の混乱で諸制度の整備が遅れ、一方日本は、GHQ（連合国連合軍総司令部司令官総司令部）の下で戦後の民主化政策が進められ、それぞれの法体系に変化が見られた。

韓国の漁業は、一九六〇年代からの国を挙げての工業化政策に則り、生産量の増加がみられた。韓国の沿近海漁業（日本でいう「沿岸・沖合漁業」）は、一九八〇年代半ばから、沿岸漁業と近海漁業の対立、主要資源の減少と漁場の遠隔地化が進んで、漁船の大型化と機械化に向かった。結局、沿岸域の漁場での資源の悪化を招くとともに、紛争が激化した。

世界では、一九八二年に国連海洋法条約が署名され、一九九四年には六〇ヶ国の批准を経て発効するに至った。日本は一九九六年六月に、韓国は日本に先立ち一九九六年一月に、条約をそれぞれ批准した。

日本はTAC（総漁獲可能量）制度を一九九七年に導入した。韓国は一九九九年からTACを導入したが、同時にIQ制度を導入した。

韓国の漁業生産量は、一九八〇年は日本の約二〇%に相当したが、現在は八〇%の水準まで追いついた。日本の漁獲量の減少と韓国の養殖業生産量の増大が主たる理由である。

何が日韓の漁業と養殖業の差をもたらしたのだろうか。

日本の進出と韓国漁業法制度の歴史

■日韓の歴史的関係

韓国と日本は日本海と東シナ海を挟み、多くの漁業資源を共有し、古くは、江戸時代以前から勇猛果敢な西日本の漁業者によって季節的に出稼ぎ漁業をする朝鮮通漁がなされた。江戸時代の鎖国政策によって一時は衰退したが、密猟の形で継続したといわれる。江戸時代から明治時代の日本の漁業は漁業権の下で、拘束があり、自由な発展が望めない状況にあった。西日本の漁業者・会社は、新天地を求めて朝鮮半島南部を中心とした朝鮮海域に出漁して、その漁獲物を国内に持ち込み、国内の水産物需要を満たした。特に短期間で漁獲物を日本に運んだ林兼産業(現在のマルハニチロ)や日本水産は、当該海域での漁業によって収益を上げて、資本を蓄積し、北洋漁業や南極海の捕鯨業に進出し、戦前と戦後の日本の漁業・水産業の発展に貢献した。

日本漁業の進出の後押しをしたのが、一八七六年二月に調印された「日朝修好条約(条規)」である。ここから日本漁業の韓国への進出が本格的に始まり、一九〇五年、日露戦争後に設置された韓国統監府に勤務していた法学士らによって、旧明治漁業法を基に書き上げた漁業法が制定された。これは韓国の実情を考慮したものではなかったといわれる。その後、大日本帝国の韓国併合によって韓国総督府が設置され、そこで一九一〇年に制定された明治漁業法をもとに漁業令が公布された。これが一九二九年の「朝鮮漁業令」である。これは日本から進出した資本漁業者他が韓国水域で漁業を行うには好都合な法律であったといわれる。

一九四五年に韓国は日本の統治から解放され、一九四八年に独立を迎える。日本は、ＧＨＱ（連合国軍最高司令官総司令部）の下で戦後の民主化政策がすすめられた。一九四九年に改正された漁業法には、民主化の概念が持ち込まれた。資本漁業の沿岸域からの排除を内容とするものである。韓国では、一九五一年に、日本漁船の韓国水域操業からの排除をねらった李承晩ラインが設置され、また、朝鮮戦争での国内混乱で韓国の漁業法の改正・制定は一九五三年を待つことになった。その大部分は戦前の韓国漁業令をそのまま取り入れたものだ。その後一九六三年に、工業化の方針に合わせて、個人漁業権の免許による養殖業と定置網漁業の振興を図った。一九七五年には、その反動で、水産業協同組合法を定め、沿岸漁村の自然発生的な相互扶助組織であった漁村契を、水産業協同組合法で漁業権の保有主体として法的に認める措置を創設し、それまで水産業協同組合が保有していた漁業権を漁村契が保有できることとした。

このように韓国は、日本の漁業法制度を規範にしながら、その独自要素も入れて改正を行ったが、一九九〇年代に入り、日本を参考にすることから距離を置きだしたとみられる。

■国連海洋法条約と韓国漁業政策の変化

一九八二年の国連海洋法条約成立とその一九九四年の発効以降、日韓の政策と制度の差は次第に明らかとなる。これが顕著に現れるのは、漁業法制度とシステムの改革に対する姿勢である。韓国政府は、現行漁業法では変化する国際・国内への対応が困難であるとの姿勢を有し、国連海洋法条約の精神と趣旨を国内の諸制度に反映させようとした。その具体例が、一九九九年にＴＡＣ制度と合わせて導入したIQ制度であると考えられる。

IQ（個別漁獲割当制）の導入

■漁業生産量の減少

韓国の漁業は、一九六三年の漁業法改正により養殖業への参入が起こり、七〇年代に入ってからは養殖技術の発展により生産量の増大が見られた。漁業生産量は、二四一・〇万トン（一九八〇年）から増加を続け、一九九〇年半ばには三五〇万トンに達した（一九八〇年の日本の漁業生産量は一一二二万トンであるから、韓国はわずか日本の二一・六％の漁業生産量であった）。これは主として沿近海の漁業生産量が増大したためである。一九八六年の一七二・六万トンをピークに、沿近海漁業は衰退の傾向を見せる。二〇一六年以降、二〇一八年まで三年連続で一〇〇万トンを下回っている。

沿近海漁業は主要資源の減少、コストの増大と不法操業による過剰漁獲で一貫して、漁獲が減少している。現在は九二・六万トン（二〇一七年）であり、二〇一六年以降二〇一八年まで三年連続で一〇〇万トンを割っている*。

韓国政府は、一九九〇年頃からそれまで国内法制を日本の漁業法制度とシステムに倣っていたのを次第に方向転換し、欧米から学ぶ方向に転換しだした。留学生も、米国を中心とする大学に派遣するようになった。

韓国は、それまでの伝統的な漁業調整やインプットコントロールを主体とする漁業規制から国連海洋法条約の規定や一九九四年の国連公海漁業協定（海洋法実施協定）に規定されるアウトプットコントロール（漁獲総量規制）に重点を移行しつつある。そのような水産業政策の一環として、TAC／IQ制度を導入した。

■ TAC／IQの導入

① 魚種の増加

日本に遅れること二年で、一九九九年のTAC制度（総許容漁獲量）と共にIQ方式（個別漁獲割当量）制度を導入した。

サバ類・マアジ・マイワシ・ベニズワイガニの四種を対象としたが、二〇〇一

＊この間に日本の漁業生産量も一二八二万トン（一九八四年）から四三〇万トンまで約三分の二を失った。つまり、六五六万トンを二〇〇カイリ排他的経済水域内で失ったのである。

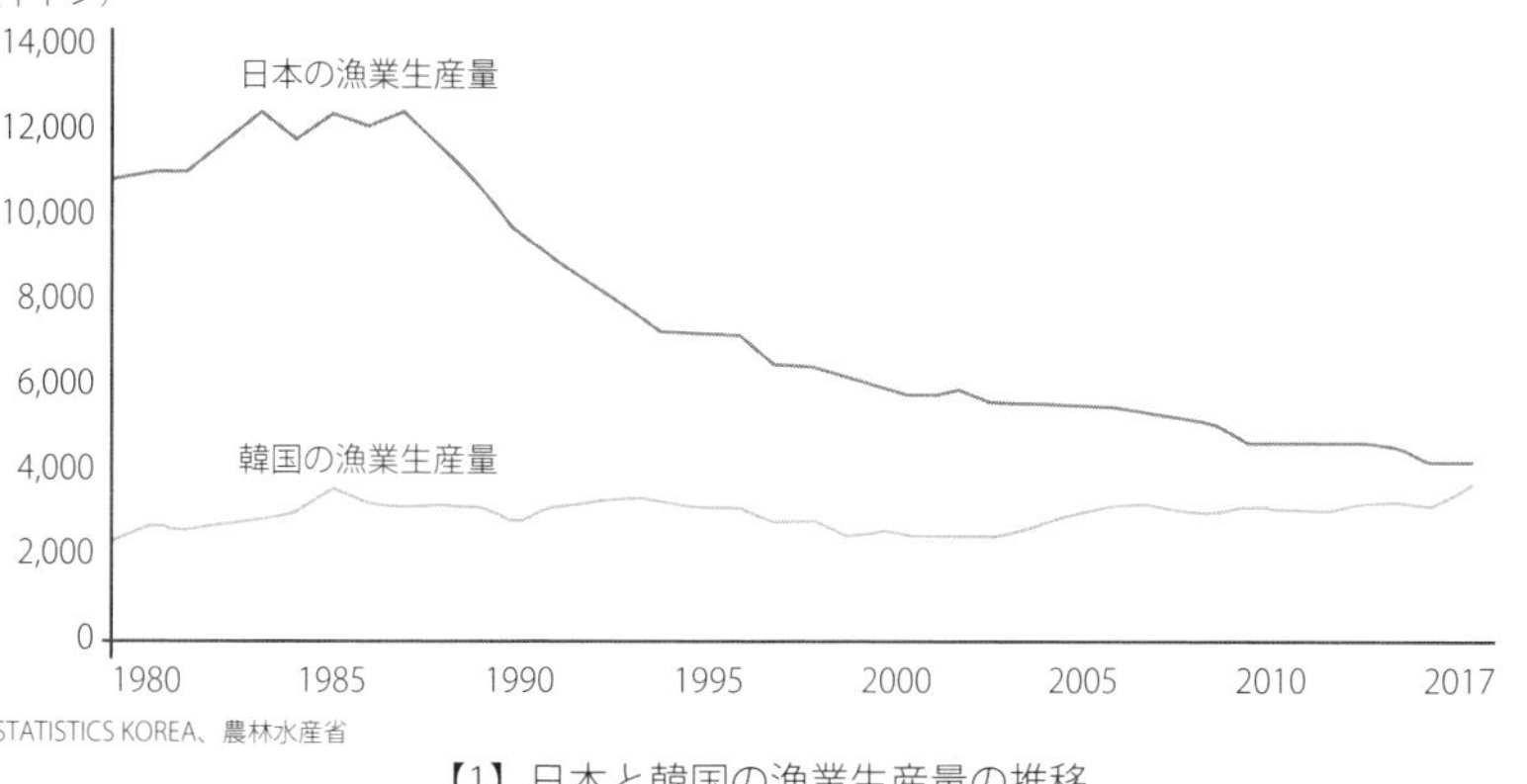

【1】日本と韓国の漁業生産量の推移

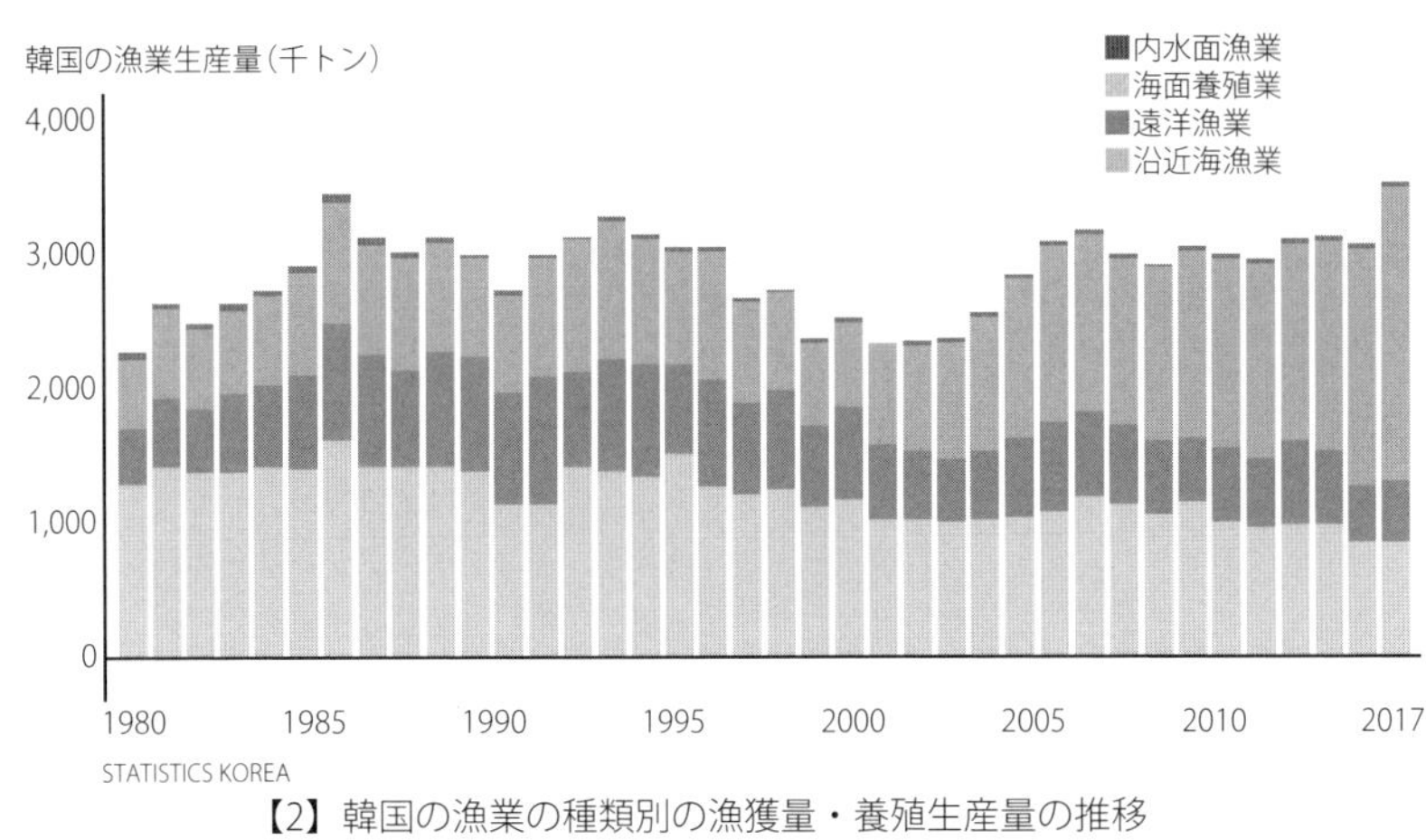

【2】韓国の漁業の種類別の漁獲量・養殖生産量の推移

年にウチムラサキガイ、サザエ、タイラギ（二枚貝の一種）にも拡大、二〇〇二年にズワイガニ、二〇〇三年にワタリガニ、二〇〇七年にスルメイカと、二〇一〇年にハタハタ、カンギエイを追加した。二〇一一年では、漁獲の少ないマイワシを削除し、ＴＡＣ制度／IQ方式の対象は一一種の魚介類である。

② 設定プロセス

ＴＡＣ／IQは、海洋水産部が国立水産調査振興院（ＮＦＲＤＩ）の科学評価に基づいて提案する。

提案は、水産業界、専門家、地方政府役人、海洋水産部専門家から構成するＴＡＣ委員会で検討・レビューする。その後中央漁業調整委員会（各地域の代表、各漁業界代表、漁業専門家）で最終決定する。

韓国のＴＡＣとIQ方式の漁獲量・漁獲枠の設定のプロセスは、日本の農林水産省水産庁に相当する海洋水産部が国立水産振興院の科学評価に基づいて提案し、それを漁業者に提示する。漁業者との協議後は、水産業界・漁業専門家・地方政府職員および農林水産食品部職員をメンバーとするＴＡＣ委員会で提案を検討し、中央漁業調整委員会（各地域の代表、各漁業界代表、漁業専門家）で最終的に決定される。

IQ（個別漁獲割当制度）は過去二〜三年の漁獲実績に基づき、大型巻網漁船などには組合を通じて個別漁船毎に配分する。イカ釣りなどの小型漁船については、慶尚南道など地方行政区を通じて、同様に漁獲実績に応じて個別漁船ごとに配分する。操業の当初に総ＴＡＣ枠の七〇〜八〇％を配分し、二〇〜三〇％は操業結果を基に配分している。

③ 監視・取締制度とデータ収集の強化

漁業者による正確な漁獲量の報告と、その検証が重要であり、漁業者が勝手に自ら選択した漁港への水揚げは禁止されている。ＴＡＣ／IQ魚種の水揚げは、政府が指定した一八〇漁港に限定され、漁業者が水揚量の報告を行なう。政府派遣オブザーバーが漁業者の漁獲量をチェックし、両者に差が生じた際にはオブザーバーの報告を採用する。

政府は月別に全体の漁獲を監視し、漁獲量が漁獲枠の八〇％に達するまでは週毎に、八〇％を超えた後は日ごとに漁獲データが報告されなければならない。

漁獲量がIQの八〇％に達した時点で政府は漁業者に通報し、IQに達した漁業者には漁業操業停止を命令する。データ収集は、漁業者の正確な義務的報告の励行と、オブザーバー制度を通じたデータ収集のダブルチェック体制を敷いている。

資源評価の信頼性が極めて重要な位置を占めている。ＴＡＣはすべてＡＢＣ（生物学的許容漁獲量）以下（資源が急速に回復したガザミを除く）に設定される。資源評価には外国人科学者も参加する。

全国一八〇ヶ所の漁港で二〇〇〇年には一〇人、二〇〇五年に一四人だったオブザーバーは、二〇一〇年は七〇人、二〇一八年現在八五名である。近々二〇〇名に増員予定である。（国立調査振興院）

沿岸漁業――漁業権と「漁村契」

■沿岸養殖業の振興

戦前の朝鮮漁業令をそのまま適用していた韓国は、一九五一年に李承晩ラインが宣言されたのでそれに合わせて急遽漁業法の制定を急いだ。韓国は、朝鮮戦争後、企業の育成策をとった。明治漁業法の流れをくむ朝鮮漁業令は好都合の部分があった。

朝鮮漁業令から分離して一九六三年には水産業協同組合法が成立し、その中で「水産業協同組合の組合員は行政区域と経済圏などを中心に漁村契を組織しうる。その業務区域は定款でこれを定める」とされた。漁村契には上部組織たる水産業協同組合の組合員の資格を得て、漁村契への加入ができる。* 漁業権は【3】のように分類された。

共同漁業を中心に漁業権は漁村契に与えられる。

■個人漁業者への漁業権の免許

＊韓国の契の起源に関しては諸説があるが、概ね高麗末（13世紀から14世紀）とみられる。契は、農漁村地帯の相互扶助を目的に自然発生的に造られた。漁村契は漁村における相互扶助組織であるが、漁業権を所有する。

漁業権の種類		漁業の内容
養殖漁業		一定の水面で区画、その他の施設をして養殖を行う漁業
定置漁業		一定の水面を区画して、大敷き網などを定置して行う漁業
共同漁業	第1種	水面を専用して定着性の魚介類を漁獲するもの
	第2種	地引網漁業や船曳網漁業などで採捕する漁業
	第3種	定置網漁業と上記第2種共同漁業以外のもの

【3】漁業権の種類と漁業の内容

一九六三年の改正後には、養殖業も個人に対して免許された。水産研究者や水産関係役人や地域の資本家でも参入できた。厳密な資格審査が行われなかった。これにより、米国や日本へのカキなど養殖水産物輸出を通じ、迅速に養殖業の進展を見た。

一方で、一九七五年の漁業法改正では共同漁業権内で、漁村契が養殖業を営むことを認めた。韓国では、養殖業が業種別組合を組織し、地区別漁業協同組合には属していない。したがって、地区別漁業協同組合の力量は大きくない。

また、韓国においては日本のような漁業権の免許を与える優先順位の基準はない。これは韓国においてはすべての養殖業（第一種共同漁場内のものを除く）が個人免許としてなされているからである。したがって、養殖の基準は①其の申請の漁業と同種の漁業に経験を持つものや②その他の沿岸漁業に経験のあるもの③その他である。

■漁村契が漁業権を保有

一九七五年、漁場計画制度を導入した。これは、上記の個人漁業権の免許が行政の思い付きで行われる傾向があったので、漁場の総合的な利用、生産力向上と民主化の達成を狙ったものであったが、一度免許したものの個人漁業権の再整理は困難であった。

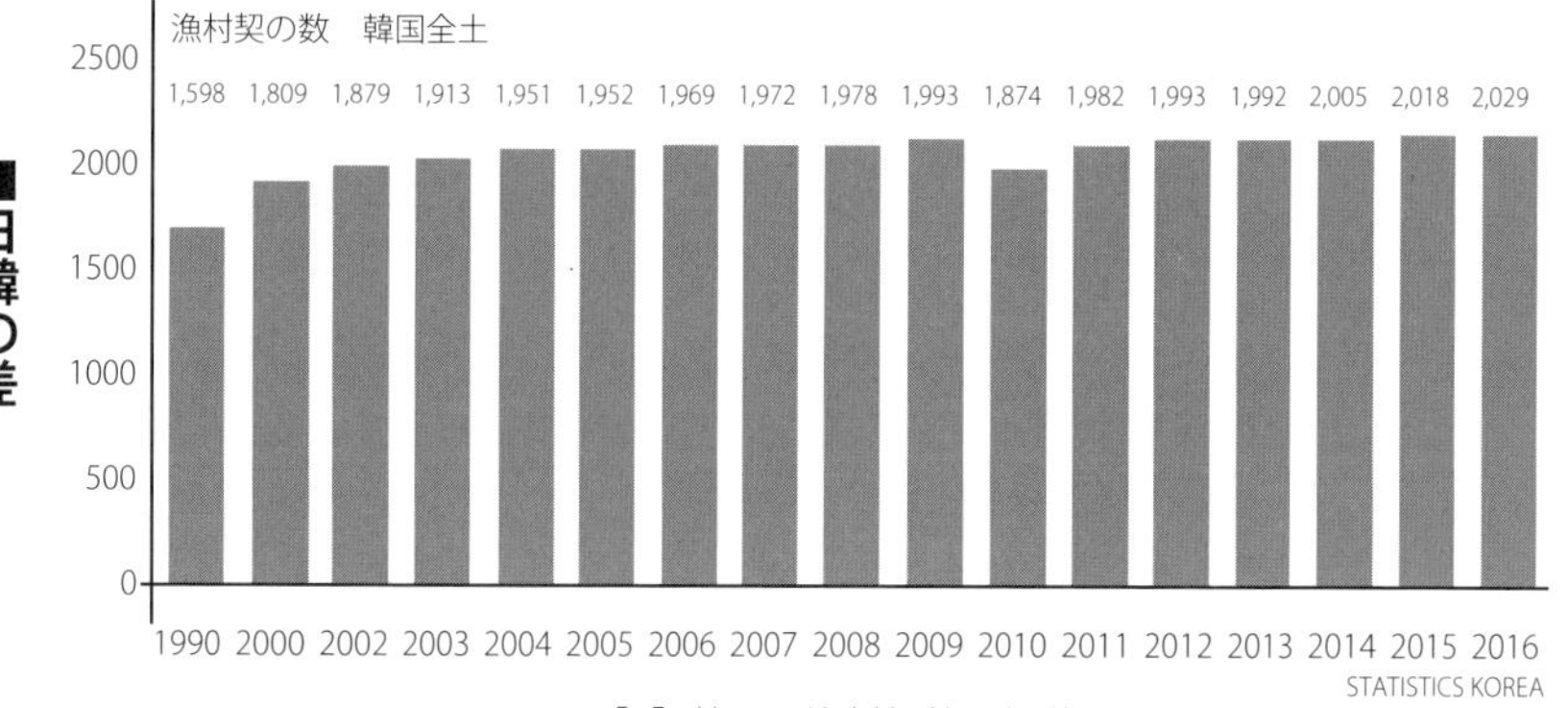

【4】韓国の漁村契数の推移

一方、一九七五年漁業法改正では、養殖漁業権と定置網漁業権の優先順位を、漁村契が一定の要件を備えた際には、漁村契に与えることになった。漁村契を活用する制度は一九六三年一二月の水産業協同組合法の改正によって創設されたものであり、漁村契（この時点で法人ではない）による漁業権の所有が可能となった。

それまで共同漁業権は漁業協同組合（全国一〇〇組合程度で地元地区とは関係が浅かった）が漁業権を保有していたが、これを地元に密着している漁村契に集中させる政策をとった。まずは定着性の資源を対象とする第一種共同漁業権から漁協から漁村契に移譲をはじめ、第二種の浮き魚（韓国は日本と異なり浮き魚も共同漁業権の内容である）と第三種の釣り漁業・集魚漁業も委譲した一九七六年一二月の水産業協同組合法改正では漁村契は水産庁長官の認可を得て法人となることが可能となった。

【4】は、漁村契数の推移である。

■日韓の差

日本は一九六二年漁業法改正で、養殖業には特定区画漁業権を、定置網漁業には組合自営を創設し漁協に第一位優先順位を与え、個人漁業権を排除した。

その後における日韓の養殖業の生産量には大きな差がみられる。韓国は引き続き増加する一方、日本は一九九六年以降（二〇〇二年を除く）、養殖業生産量が減少の一途を辿っている。二〇一一年の東日本大震災後は、東北地方の養殖業に廃業者が増加し、減少傾向が更に強まったとみられる。

今後の課題と将来展望

韓国の漁業は漸増傾向を示して発展しているように見えるが、その内容を見ると、課題を抱える。それらは沿近海漁業では、漁獲量の減少と資源の悪化である。IQは導入したもののその効果が最近では、現れていないように見える。IQが導入されなければ状況はさらに悪化したとの声が一般的である。

スケトウダラやイカなどの漁獲の減少が著しく、国民的な関心でもある。

一方、養殖業は経年的に増加傾向を示しているが、海藻養殖が増加し、その大半がアワビ養殖の餌に回っており、食用部分の増加が課題である。また、海洋汚染や海洋生態系の維持も課題としてあげられる。

■沿近海漁業

韓国の沿近海の漁業生産量は、IQの導入にもかかわらず、その減少傾向が進んでいる。しかし、大方の見方は、IQを導入していなければ、その減少はより深刻であったというものである。このような状況に対しては、国民も魚食や水産業に対する関心が高く、ＮＧＯもその動向を見守っている。また、韓国政府もＴＡＣの設定プロセスに国民や消費者の代表も入れることも検討中である。IQ魚種の追加やＩＴＱ魚種の検討もおこなわれている。この点は日本より進んでいる。

①IQ魚種増の検討

現在、カタクチイワシ、タチウオとイシモチの追加を検討中である。

これらの魚種は漁獲量も多く、伝統的に韓国の魚食には欠かせない。カタクチイワシは、加工ないしはキムチとして、タチウオもキムチやなべ物食材として、イシモチは乾燥して、藁で結わえてつるして販売し、冠婚葬祭や正月や「晴れ」の食材であり、資源と漁獲の悪化とともにその価格が高騰している。

ところで、IQを導入したもののマサバ、スルメイカやベニズワイガニ及びズワイガニの減少がみられる。スケトウダラは二〇一八年から、漁獲が禁止された。

②ＩＴＱ制度の導入へ

現在、公式にはＩＴＱ方式は採用されていないが、漁業者間では非公式に漁獲枠の譲渡があることを政府は認識している。移譲性の賦与は、漁獲の権利に価値を与え、所有権の地位を高めるためにも重要であるとの認識である。ＩＴＱ方式について、現在検討中の魚種は単一魚種を漁獲する大型まき網漁業によるマサバと、定着性の性質を有し漁獲管理のしやすい、ベニズワイガニが候補に挙がっている。双方の漁業界から早期にＩＴＱに移行するようにとの要望が上がっているが、業界の熱心さからマサバのほうが早くＩＴＱ魚種に移行するとの見方が強い。

■養殖業

①餌から食用へ

韓国の総漁獲量は、三七四・九万トン（二〇一七年）である。我が国の漁業生産量は四三八・九万トン（二〇一八年）であるから、韓国が日本の約九〇％のレベルまで迫った。これは浅海養殖業の急速な増大に起因する。

五四・〇万トン（一九八〇年）だったものが一〇〇万トンの大台に乗ったのが一九九三年（一〇三・八万トン）である。日本の養殖業生産量は一九九四年の一三四万トンをピークにして減少の一途をたどるが、韓国はその後一九九五年から二〇〇四年までの一〇年間にノリやワカメの養殖業の生産減少で一時落ちこんだものの、二〇〇五年から急速に回復し、二〇一〇年には日本の最大養殖生産量を凌ぐ一三五・五万トンを記録した。最近では二三一・六万トンを記録し、我が国の一〇〇・三万トン（二〇一八年）の二・三倍である。これらの要因の一部は韓国の漁業権の免許に関する制度と政策が日本と異なった点にあるとみられる。

韓国の課題は、これらの海藻がアワビ養殖用の餌などに約五〇％以上が向けられている現状から、食用として付加価値の高い生産に結び付けることである。

②海洋生態系の維持

莞島（ワンド）のアワビ養殖は種苗生産、餌となる海藻生産とアワビの生産まで一貫して行われる。養殖生産海域の海洋生態系と環境維持にも国際養殖認証を取得し、その配慮がみられる。今後このような動きがますます一般的になろう。

■国際社会へ打って出る韓国

最近では国連食糧農業機関（ＦＡＯ）の支援の下に釜慶（ふけい）大学内に世界水産大学を設置する構想を進めている。そこで世界から留学生を集め教育し、韓国の学位とＦＡＯの認証を卒業生に与える構想だ。その前哨戦として二〇一八年九月には韓国内で「漁業管理」に関する国際専門家シンポジウムを開催した。日本と韓国の近代化と改革への姿勢は差がついたようにも見られる。

■今後の検討課題

日韓の漁業制度は、現在でも多くの共通点を有する。国連海洋法条約の批准後から両国の水産政策に乖離がみられるようになってきたが、それぞれの比較検討から学ぶことは、他の国に比べても格段に多い。ところが、漁業地域や漁業制度に関する日韓の学者が日本の漁協の漁業権と韓国の漁村契の漁業権の研究を通して、お互いの交流があったが、一九九〇年代の前半から、これらの共同研究も下火になり、現在では、途絶えてしまった。現在、日韓とも漁業と養殖業に課題を抱えており、これらが双方の経験から学ぶことが少なからずあると考えられる。今後、学術レベルの交流がますます必要である。

米国のキャッチ・シェア計画（計画導入七年後のレビュー）

小松正之

米国は一九九〇年に最初の中部大西洋のハマグリ類漁業でのＩＦＯを開始して以来、三〇年が経過し、多くの計画で成果を挙げて来た。その成果を二〇一六年からは該当する漁業からから経済・経営データを含めて、数多くのデータを収集して、キャッチ・エアのレビューを実施している。その結果キャッチシェア計画が、それぞれの目的に沿って効果を上げているかどうかについてレビューしている。

本章は、その検証の目的状況について記述したものである。

ＣＳＰのレビューと数

「七年経過したものに対して、いくつかのＣＳＰでレビューは終了しているし、多くはレビュー中である。全米的な評価をどのように下すかは極めて難しい。各キャッチシェアとＩＴＱの達成目標が一つしかないわけでなく、そのプログラムによって異なる。あるプログラムでは、

①　混獲の削減を挙げ

② 別のプログラムでは利益の増大を挙げている
③ 減船（Rationalization）を目標に掲げるところもある

いくつかが七年後のレビューを終了しており、「西海岸のトロール漁業のホワイテングや非ホワイテングを漁獲するプログラム」の例の経済分析と要約が優れる。

このＣＳＰは、二〇一一年のＮＯＡＡ修正二〇条に基づき西海岸底魚のＦＭＰ（漁業管理計画）を修正されたものである。西海岸の底魚トロール漁業のキャッチシェア・プログラムの場合、目的は経済的利益を増大するために漁獲能力の合理化計画（減船）を実施し、それによってトロールセクターの漁獲枠配分の完全なる利用を達成することである。そして、環境へのインパクトを検討し、さらに主漁獲と混獲の個別状況を記録することを目的とする。

これらの目的は相互に相反する。すなわち、減船による経済的な効果の増大は個人の経営の安定性を損ねる。しかしこれによって工船トロールの漁船数を削減し、漁獲効率を高め、操業の柔軟性と収益性を高め、併せて、混獲や投棄魚を削減することを目的とした。

そして、このプログラムは次の四つについて分析を加えている。

① 国全体に対する純利益の変更
② 漁業への参加者に対する財政的結果
③ 漁業者間のコスト、収入、努力と純利益の配分
④ キャッチシェア・プログラムのもとでの利用可能な魚種の利用率の変更

これらに関して、純利益についてみると二〇一一年から一五年までのトロール漁業の国家的純利益は五千四百万ドルで、二〇〇九～一〇年のプログラムが開始される以前の二千五百万ドルに比べて、二倍以上に増加している。特に減船を実施した工船トロールの純利益の増大が著しい。

工船トロールの漁船数は、二〇〇九年の一三四隻から、二〇一五年には九七隻に減少した。

この効果が大きいと考えられる。

また、修正二〇条が要求する過剰漁獲魚種の混獲魚と投棄魚の減少に関して著しい効果を発揮した。しかしトロール漁船の赤魚の混獲魚の削減とマスノスケの混獲の防止には一方が減れば一方が増大するトレードオフの関係にある。

CSPプログラム数の動向

現在でも米国CSP数は二〇一六年以来一六のままで変化はないが、あるCSPではその内容と検討方向が変わっている。すなわち北太平洋のハリバットのCSPはレクリエーション・漁業にも配分できるようにした。また、アラスカ湾では、トロール漁業の混獲魚を削減するために経済的なインセンティブを増大させる協同方式(Cooperative)などの三つの選択肢を検討している。メキシコ湾でもチャーター漁船とヘッド・ボートの協同の枠の管理を検討している。

また、マダラの資源が悪化した北東大西洋漁業管理委員会ではモンク・フィシュ（アンコウ）の管理方式をITQセクター方式や日数制限方式の乱立を総合的に統合することを検討中である。IBQ(個別混獲枠)を採用しているクロマグロの混獲の場合は電子モニター制度の導入を現在検討中である。

このようにCSP数は二〇一六年以降に増加はしていないがその内容は充実しているし、また更なるCSPの増加に向かっての動きもある。

ニューイングランド地方のマダラの資源の状態が悪いが、沿岸の小型マダラ漁獲漁船が、サイズの大小を問わず同魚種を海洋投棄していたことが判明し、その数量は漁獲枠の六〇%にも相当する量であり極めて大きな問題である。

CSPのレビューの実施頻度

ＣＳＰのレビューは二〇〇七年一月一二日以降に導入されたＣＳＰについては五年後にレビューし、その後七年のデータの蓄積を得てレビューする。それ以前二〇〇七年一月一二日以前に導入されたＣＳＰについてはその規則が当てはまらないが、二〇一〇年のＣＳＰ政策が効果を有する日以降七年を超えない日時以前にレビューを開始することが好ましいとされた。一般にどのようにレビューを行うかについては、ＣＳＰが作成されたときに開発されていなければならない。

科学的なプロセスの重要性

ＮＯＡＡは科学的な評価のプロセスの透明性、説明責任と独立性の確保のために全国スタンダードを定めている。

その根拠は、基本的には米国のマグナソン・スチーブンス法（漁業法）にある。また大統領のメモにも合致している。

資源の評価とその結果もたらされる漁獲の管理方式（Management Measure）導入のためのＢＳＩＡ（最良の科学的情報の活用）をうたう。また、ＮＯＡＡや漁業管理委員会からの独立を確保しなければならない。そのため、利害の関係者ではない、科学者からなるピアレビューを構成しなければならない。これは、委員会の形式をとってもよいし、文書で検討する方式を採用してもよい。

一方でＳＳＣ（科学統計委員会）は漁業管理委員会に対し、漁獲方式の勧告、提言ないし助言することができるが、ピアレビュー委員会はあくまで、科学プロセスとその内容の妥当性に関する助言を提供する。

各国のＩＴＱ導入と効果の事例

小松正之

本章では、さらに特定漁業を例示として資源管理と経済的な効果があったことを示したものである。外国のＩＴＱの例としては、南オーストラリアのアワビ漁業の例を米国では中部大西洋のハマグリ類漁業の例を採り上げて、是を定量的に分析した。日本の例にあっては、北部太平洋大中型まき網の例を採り上げた。これは一社から経営情報の提供があって可能となったものである。IQ導入で経済的効果が上がったことが示された。

南オーストラリア政府のアワビＩＴＱ導入と効果

南オーストラリア政府の沿岸漁業政策は科学的根拠に基づく管理が基本で、データ収集が重要との立場である。漁獲データの収集に加えて操業日誌（操業日や漁具の使用状況と操業時間等）を義務付け、さらに南豪調査開発研究所（ＳＡＲＤＩ）で、漁業に独立した調査研究を行っている。

アワビ等の主要な魚種には資源評価を定期的に行っている。アワビの漁獲量は年々減少の一途である。漁獲量を抑えても、実質漁獲価値の減少が止まらない。そのため業界がさらに漁獲量を削減している【1】。

	漁獲量 (t)	名目漁獲価値 (1,000 $)	実質漁獲価値 (2015/16　1,000 $)
2001/02	850	34,755	49,355
2002/03	890	36,289	49,632
2003/04	879	31,582	41,966
2004/05	902	33,821	43,963
2005/06	896	33,859	42,422
2006/07	883	31,420	38,690
2007/08	889	31,044	36,552
2008/09	837	32,520	37,712
2009/10	855	28,068	31,661
2010/11	815	27,998	30,402
2011/12	822	28,901	31,007
2012/13	875	29,625	31,131
2013/14	661	22,087	22,506
2014/15	744	25,237	25,402
2015/16	625	22,207	22,207

【1】南オーストラリアのアワビ漁獲量と漁獲価値（出所：EconSearch）

単位：10万ドル

	01/02	02/03	03/04	04/05	05/06	06/07	07/08	08/09	09/10	10/11	11/12	12/13	14/15
(1) 総収入	9.9	10.4	9.0	10.2	10.2	9.4	8.8	9.2	7.9	7.9	8.2	8.4	6.6
(2) 可変費用	3.3	3.8	3.6	3.1	3.4	3.4	2.9	3.1	2.7	2.7	2.5	2.8	2.5
(3) 固定費用	0.9	1.0	1.1	1.3	1.3	1.3	1.4	1.4	1.5	1.5	1.8	1.8	1.8
(4) 総費用 (2+3)	4.3	4.8	4.7	4.4	4.7	4.7	4.3	4.5	4.2	4.2	4.3	4.6	4.3
(5) 現金収入 (1-4)	5.7	5.6	4.4	5.8	5.5	4.7	4.4	4.7	3.8	3.7	3.9	3.8	2.3
(6) 総利益 (5-減価償却費)	5.3	5.2	4.0	5.2	4.8	4.0	4.0	4.3	3.4	3.3	3.4	3.4	1.8

【2】船あたりの平均財務実績

重要な沿岸魚種アワビとロブスター漁業には南豪州政府は、個別譲渡性漁獲割当て（ＩＴＱ）を導入した。

南豪州のアワビ漁業は二〇〇一／〇二年から二〇一五／一六年に漁獲が減少した。その結果、実質漁獲価値は四九三五万五〇〇〇ドルから二二二〇万七〇〇〇ドルに低下し、また総収益も二五七二万二〇〇〇ドルから七八〇万一〇〇〇ドルに減少したものの、黒字を計上した。

同様に、一隻あたりの総収入や総利益も減少している【２】。しかし、ＩＴＱがあればこそ収入を予想し、経営コストの圧縮を図り、純利益を計上した。

■ＩＴＱ導入と経営統合

アワビ漁業は一九六四年に日本への輸出を目的に開始された。当時は一〇〇漁業者を超えるライセンスが発給されていた。その後は許可が三五許可にまで減少し、現在は二二許可である。これが事実上の安定的な許可数であり、これ以上の減少と統合は進まない。

ＩＴＱは一九八五年に、経営の統合と安定を目指し西部地区のＡ地区（沿岸寄り）に導入された。その後一九九一年に西部Ｂ地区（沖合寄り）で、その後順次中央部地区と東部地区でも導入された。

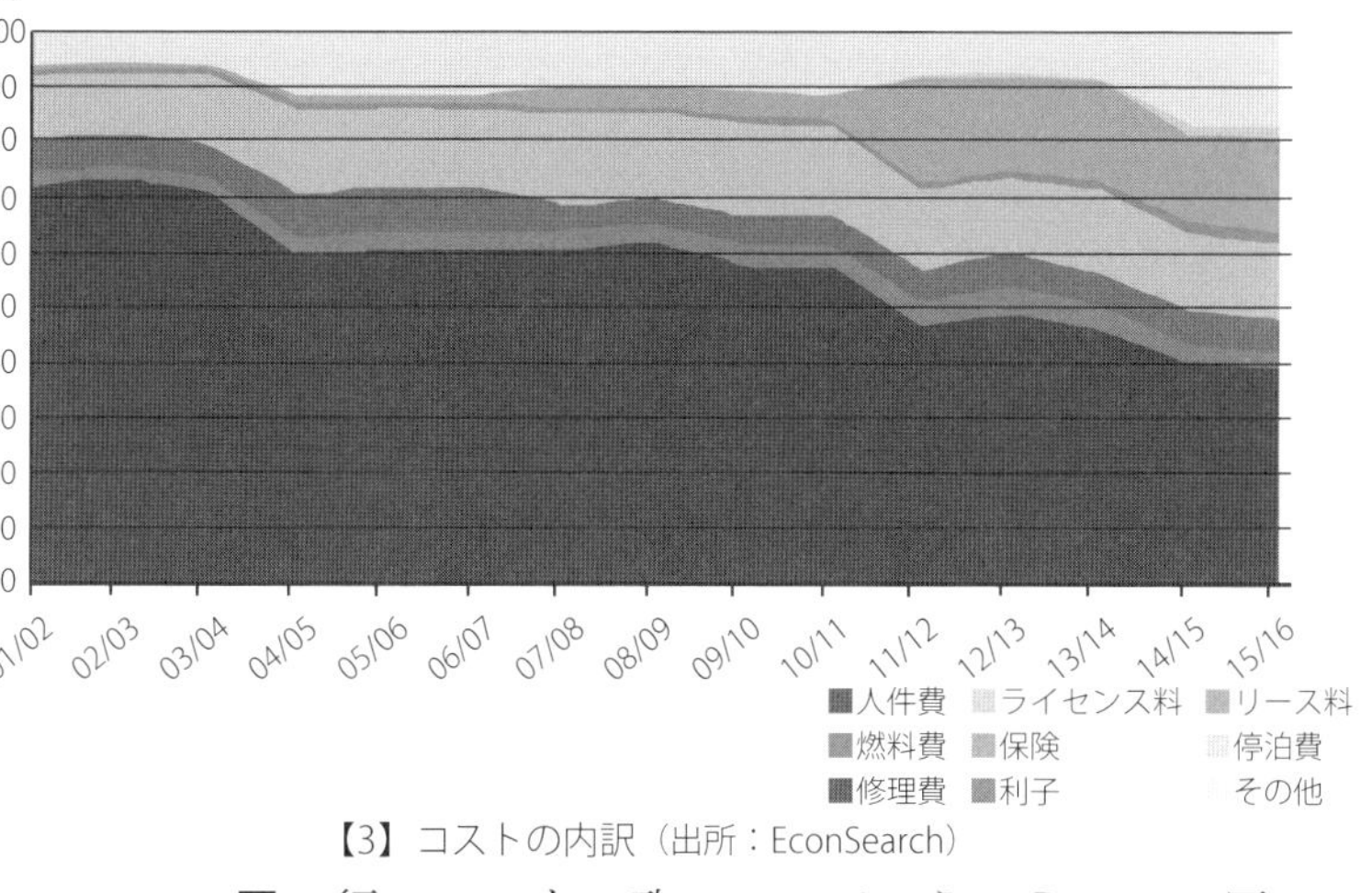

【3】コストの内訳（出所：EconSearch）

管理戦略では、黒縁アワビ（Blacklip Abalone：BL）の最小殻長は一三〇ミリで、緑縁アワビ（Greenlip：GL）は一四ミリである。漁期は一月一日から一二月三一日までだが、実際BLで一月から四月までに漁獲し、少し遅れて二月ごろGLの漁獲を開始し、六月ごろで漁期は終了する。

二〇〇七年漁業管理法に基づき、アワビ管理委員会が設置されている。政府職員と科学者などから構成され、アワビ業界の意見も聞き、パブリック・コメントも反映し総漁獲可能量（ＴＡＣ）などを設定している。

州政府が決定するＴＡＣ以下に自主的に低い漁獲枠を設定して漁業を行っても漁獲が低下傾向にある。

■資源減少と経営戦略

南豪調査開発研究所（ＳＡＲＤＩ）は八ヶ所でダイバーによる目視調査

	ライセンス料（千＄）	GVP（千＄）	ライセンス料/GVP	漁獲量（t）	漁獲1kgあたりライセンス料	ライセンス数	1ライセンスあたり漁獲高
2001/02	2,441	49,355	4.9%	850	＄2.87	35	＄69,748
2002/03	2,528	49,632	5.1%	890	＄2.84	35	＄72,221
2003/04	2,788	41,966	6.6%	879	＄3.17	35	＄79,656
2004/05	3,035	43,963	6.9%	902	＄3.37	35	＄86,721
2005/06	2,910	42,422	6.9%	896	＄3.25	35	＄83,142
2006/07	2,945	38,690	7.6%	883	＄3.34	35	＄84,152
2007/08	2,979	36,552	8.1%	889	＄3.35	35	＄85,112
2008/09	2,929	37,712	7.8%	837	＄3.50	35	＄83,681
2009/10	2,834	31,661	9.0%	855	＄3.31	35	＄80,972
2010/11	2,642	30,402	8.7%	815	＄3.24	35	＄75,482
2011/12	2,632	31,007	8.5%	822	＄3.20	35	＄75,210
2012/13	2,575	31,131	8.3%	875	＄2.94	35	＄73,565
2013/14	2,539	22,506	11.3%	661	＄3.84	34	＄74,681
2014/15	2,479	25,402	9.8%	744	＄3.33	34	＄72,912
2015/16	2,136	22,207	9.6%	625	＄3.42	34	＄62,818
2016/17	2,360	n.a	—	n.a	—	34	＄69,414

【4】南オーストラリアのアワビ漁業の経営管理費の推移

を定期的に行うなどの漁業に独立したアワビの資源調査を行っている他、漁業者にも漁獲成績報告書（日報など）の提出を義務付け、また、特定の海域に割り当てを提供して、そこで小型のアワビを漁獲させ一般的な漁獲地域の成長と加入など生物学的特徴を調べている。

総漁獲量が九〇二トン（二〇〇四／五年）から七四四（二〇一四／一五年）トン（南豪第一次産業地方省）に減少し、操業を抑え気味にしていても漁獲効率（ＣＰＵＥ）が低下している理由は複合要因である。さらに最近はアワビの病気が発生しておりそれが原因の一つでもある。また原因に湧昇流の影響がある。湧昇流自体は、遠く南極海から栄養塩を運んでくるので貴重であるが、湧昇流の発生の時期には、水が曇って、ＣＰＵＥが低下するので、その間、漁獲をしないとの申し合わせをしている。ＩＴＱの導入は、アワビ業界にとって非常に良い枠組みとなった。業界がＴＡＣの減少に対しても自分の持ち分を見ながら予想される収入で経営戦略が立てられる。アワビ資源減少でＴＡＣが削減される現在、業界の対応を決定する好判断を提供している。総収入が減少する中で、最も削減されたコストは人件費である【４】。

一ライセンスあたりの漁獲量は、一七年間にわたって変化が少ない。

米国の水産資源管理とその経済効果　キャッチシェア・プログラムに関するＮＯＡＡ報告書（二〇一三）

寶多康弘

■経済分析の目的と方法

本節では、米国での資源管理の手法であるキャッチシェア・プログラム（catch share program）とその経済効果について、米国商務省の海洋大気局（ＮＯＡＡ）による報告書 Brinson and Thunberg（二〇一三）"The Economic Performance of U.S. Catch Share Programs"（以下、ＮＯＡＡ報告書と呼ぶ）を基に紹介する。*

ここでＮＯＡＡ報告書を紹介する理由として、キャッチシェア・プログラムと呼ばれる資源管理手法の経済パフォーマンスに関する最初の公的な報告書であること、キャッチシェア・プログラムによる漁獲量や資源管理による資源量の変化が、漁業者に対してどのような経済的インパクトを与えたかを知ることは、プログラムの成否を判断する上で極めて重要であることがあげられる。

ＮＯＡＡ報告書は、Executive Summary も含めると一八〇頁近くあり、その構成は以下の通りである。Introduction において、米国でキャッチシェアと呼ばれる資源管理手法についての説明があり、他の個別漁獲割当（IQ）や譲渡性個別漁獲割当（ＩＴＱ）などの資源管理手法との関連についての記述がある。米国で

＊ＮＯＡＡ報告書の要点をまとめた Executive Summary が存在する。報告書の冒頭（pp.8-12）にあるが、単独でも閲覧できる。(https://www.st.nmfs.noaa.gov/Assets/economics/catch-shares/documents/Catch_Shares_Report_ExecSumm.pdf)

は一五のキャッチシェア・プログラムが実施されていることは、ＮＯＡＡ報告書のＢｏｘ１（ＮＯＡＡ報告書の冒頭八頁）にまとめてある。そして、ＮＯＡＡ報告書の本文では、一五のキャッチシェア・プログラム内の一三について、具体的な資源管理の内容の説明とその経済効果について分析している。よって、中心的な内容は事例研究である。最後のConclusionsで結果をまとめている。

米国におけるキャッチシェア・プログラムとは、ＮＯＡＡ報告書（Introduction冒頭の本文一頁）によると、総漁獲枠の一定割合（シェア）を、個別の漁業者（individual fishermen）、漁業協同方式（fishing cooperatives）、漁業共同体（fishing community）あるいは他の事業体（entities）に与えて、ある一定量の漁獲を許可する制度とされている。大きな特徴は、漁獲割当は、個々の漁業者に付与されることも、漁業者の集合体である漁業協同方式といった事業体に対して付与される場合もある点である。事業体に付与される場合は、一つの事業体として漁獲量に上限があるということである。よって、事業体に属する個々の漁業者に対してどのような方法で事業体としての漁獲枠を遵守してもらうかは、事業体に任されている。

このキャッチシェア・プログラムの実施により、先取り競争（race to fish）をする必要がなくなり、水産物の市場価格の動向を見ながら漁獲できるようになり、漁業者の経営が改善することが期待される。

キャッチシェア・プログラムの導入時期は、早いもので一九九〇年、遅いもので二〇一二年である（Box 1）。全一五のプログラムの内、一九九〇年代に五つのプログラムが実施されているが、多くのプログラムは二〇一〇年前後に実施開始である。
対象魚種はキャッチシェア・プログラムによって異なる。全一五の内、九プログラムでは一種類または二種類の魚種が対象でそれぞれ別々に管理され、他の六つのプログラムでは複数の魚種が対象となっている。すべてのキャッチシェア・プログラムがNOAA報告書において経済パフォーマンスの評価対象となっていない。全一五プログラムの内一三について扱っている（Box 1で二つアスタリスクのついたプログラムは取り扱いがない）。プログラムの導入から十分な時間が経過していないものがあることから、評価をしていないと推測される。

Box 1. U.S. Catch Share Programs By Fishery Management Council*

New England
Northeast General Category Atlantic Sea Scallop IFQ, 2010
Northeast Multispecies Sectors, 2010

Mid-Atlantic
Mid-Atlantic Surfclam and Ocean Quahog ITQ, 1990
Mid-Atlantic Golden Tilefish IFQ, 2009

South Atlantic
South Atlantic Wreckfish ITQ, 1992**

Gulf of Mexico
Gulf of Mexico Red Snapper IFQ, 2007
Gulf of Mexico Grouper-Tilefish IFQ, 2010

Pacific
Pacific Coast Sablefish Permit Stacking, 2001
Pacific Groundfish Trawl Rationalization, 2011

North Pacific
Western Alaska Community Development Quota, 1992**
Alaska Halibut and Sablefish IFQ, 1995
American Fisheries Act (AFA) Pollock Cooperatives, 1999
Bering Sea and Aleutian Islands Crab Rationalization Program, 2005
Non-Pollock Trawl Catcher/Processor Groundfish Cooperatives (Amendment 80), 2008
Central Gulf of Alaska Rockfish Cooperatives, 2012

*The year corresponds to the implementation date for each Program
**Program not included in this report.

【5】Brinson and Thunberg (2013) の冒頭（p8）

経済的パフォーマンスの分析方法は、キャッチシェア・プログラムの導入前（Baseline Period）と導入後における漁業の収入や生産性等の各種の経済指標の単純比較である。単純な比較による分析のため、プログラムの実施に直接起因しない、漁業者の経済的パフォーマンスに影響を与える市場条件の変化や資源管理対象・非対象の魚種の資源量の変化は、考慮されていない。つまり、経済的パフォーマンスが、プログラムの実施だけによってどれだけ変化したかを純粋に抽出することができておらず、たまたまプログラム以外の要因によって経済的パフォーマンスが改善したかもしれないことを排除できていない。分析結果を解釈する際にはこの点に注意が必要である。また、異なるキャッチシェア・プログラムを同じ基準で比較できるように、漁船一隻当たりの収入などの共通の経済的指標で評価している。

■分析結果の概要

ここではNOAA報告書の全体的な結果について述べる。分析対象のキャッチシェア・プログラムは概ね成功していると評価されている。漁獲割当を意識した漁獲が行われており、経済的利益が増加し、生産の効率性も改善し、さらに先取り競争がなくなっていることが分かる。興味深い点は、プログラムが、漁獲そのものだけでなく、漁獲設備（fishing capacity）の減少をも引き起こしていることである。プログラム自体は漁獲量に直接作用するものであるが、漁業者が長期的な視点から行う設備投資にも間接的に影響を与えているのである。以上はプログラムによるプラスの効果である。

しかし、マイナスの効果も確認されている。プログラムによって当該漁業の寡占化が生じている。漁獲を実際に行っている漁船数が減少しており、この原因として漁獲枠を持っている漁業者の減少があげられる。寡占化によって漁業者が価格支配力を持つようになるので、価格上昇を引き起こす可能性が高い。

■事例研究の紹介：Mid-Atlantic Ocean Quahog ITQ Program

分析対象の一三のキャッチシェア・プログラムすべてを紹介することは紙幅の制約からできないため、その中から一例を取り上げて分析結果を紹介する。他の事例についても、同様の経済指標を用いて分析しているので、NOAA報告書を参照することで分析結果を同様に理解できる。

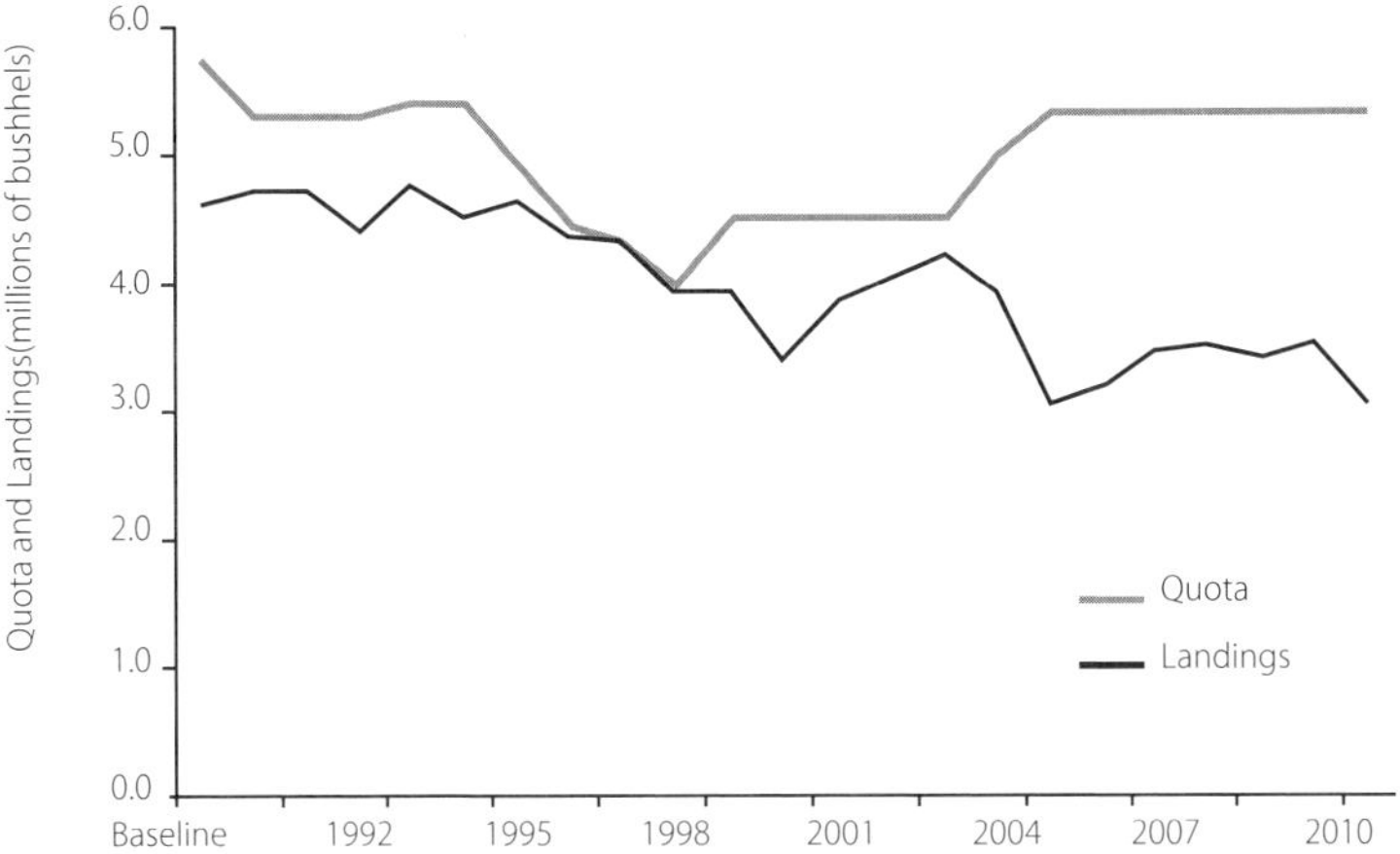

【6】Quota and landings in the Mid-Atlantic Ocean Quahog ITQ program
（出典：Brinson and Thunberg (2013) の本文 , Figure 1, p.13）

ここで取り上げるMid-Atlantic Ocean Quahog ITQ Program は、NOAA報告書で最初に分析されている事例である。

特徴は、米国で最初にキャッチシェア・プログラムが適用された漁業という点である（一九九〇年から実施）。ここでのキャッチシェア・プログラムは、ITQを指している。資源管理の対象は、中部大西洋の二枚貝のハマグリ（Mid-Atlantic ocean quahog）である。

① ITQの内容

初期の漁獲枠の配分の対象者は、過去から漁獲を行っている漁業者である。よって、ocean quahog の漁船の所有者に対して配分された。その個別漁獲割当は譲渡可能である。譲渡の期間は、永久譲渡または一年ごとのリースのいずれかである。

譲渡先は US Coast Guard documented vessel を所有する資格のある、

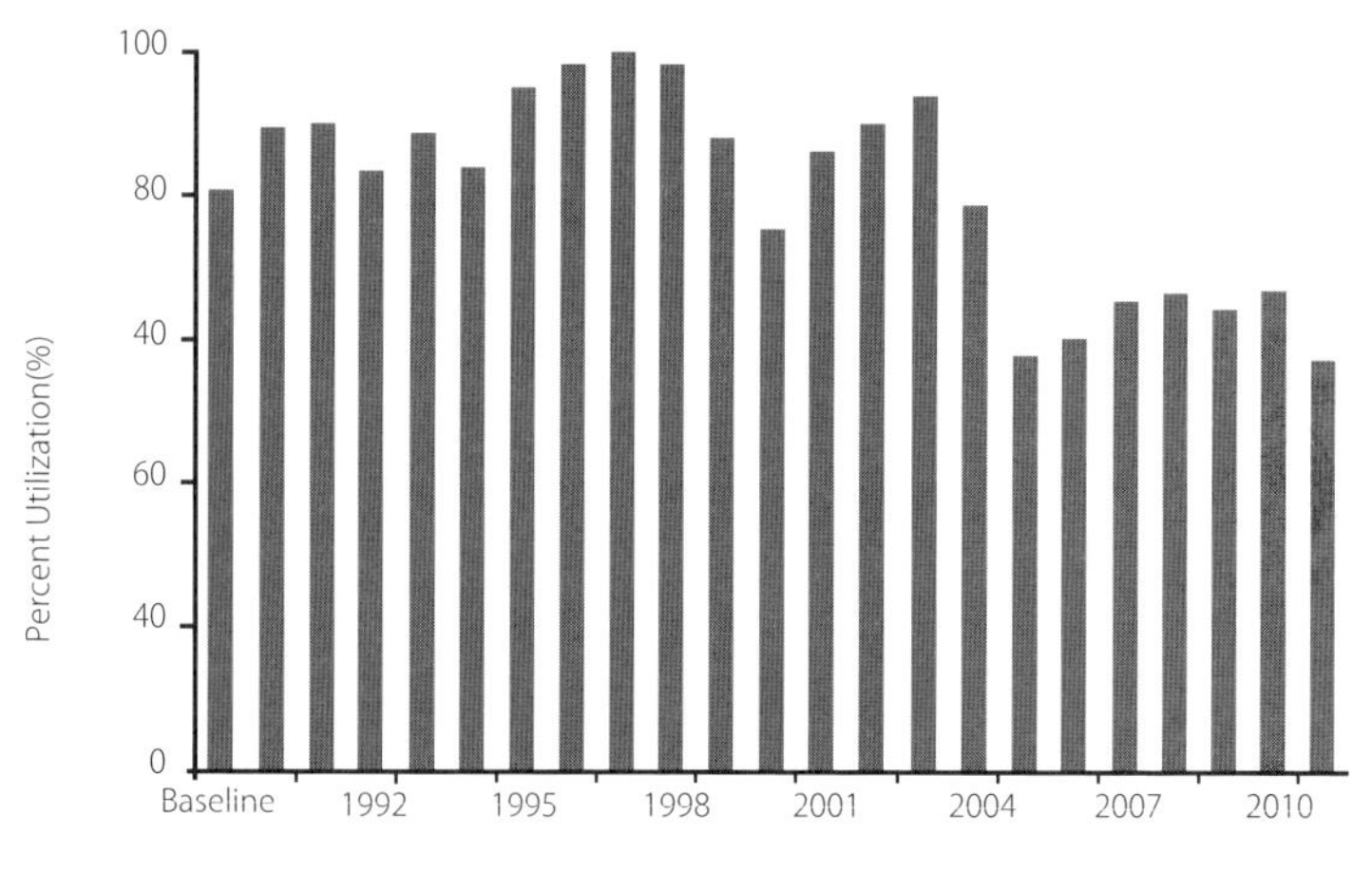

【7】Utilization of available quota in the Mid-Atlantic Ocean Quahog ITQ Program
（出典：Brinson and Thunberg (2013) の本文 , Figure 2, p.13）

個人または事業体で、その個人または事業体は実際に漁船を所有していなくともよい。よって、漁業者ではない、加工業者や船のオーナーが所有することも可能である。他から購入した漁獲割当を使って自らの船で操業したり、リースして操業したりすることもある。また、漁獲割当を持っているが自らは漁獲せず、漁獲を他の漁業者に依頼する場合もある。よって、様々な契約形態で漁獲するため、漁獲している船籍数から正確にパフォーマンスを評価できない問題がある。

漁法は特殊で、ocean quahogs と surfclams の漁獲のみに適した漁具を用いる。混獲率は一・八％と極めて低く、ocean quahogs または surfclams ばかりしか漁獲できない。よって、ここでの漁獲量と収入は、ocean quahog のみからのものであり、混獲がないという意味において、正確にＩＴＱの影響を抽出可能である。

② 漁獲量と漁獲枠の消化率

総漁獲枠（quota）と水揚げ量（landings）の推移は、【6】（報告書本文一三頁：Figure1）の通りである。

この中で Baseline とあるのは、ＩＴＱを導入する前の Baseline Period のことで、比較する際の基準となる期間である。具体的には一九八七年から一九八九年のことで、図の数値はその期間の平均値である。Baseline Periodでは、五・七百万ブッシェルの総漁獲枠があった。ＩＴＱ導入後の五年間の漁獲枠は、平均で五・三百万ブッシェルであり、ＩＴＱ導入前よりも減っている。その後、再承認された米国漁業保存管理法によって漁獲枠はさらに減少し、その後に増加して最終的には五・二百万ブッシェルに落ち着いたものの、Baseline Periodよりは減っている。＊ 実際の漁獲量については、全体として漁獲枠を下回っている。これはＩＴＱ導入によるモニタリングなどの管理の強化によって、漁業者が漁獲枠を遵守したことによると考えられる。Baseline Periodにおける平均の漁獲量は、平均で四・六百万ブッシェルであった。

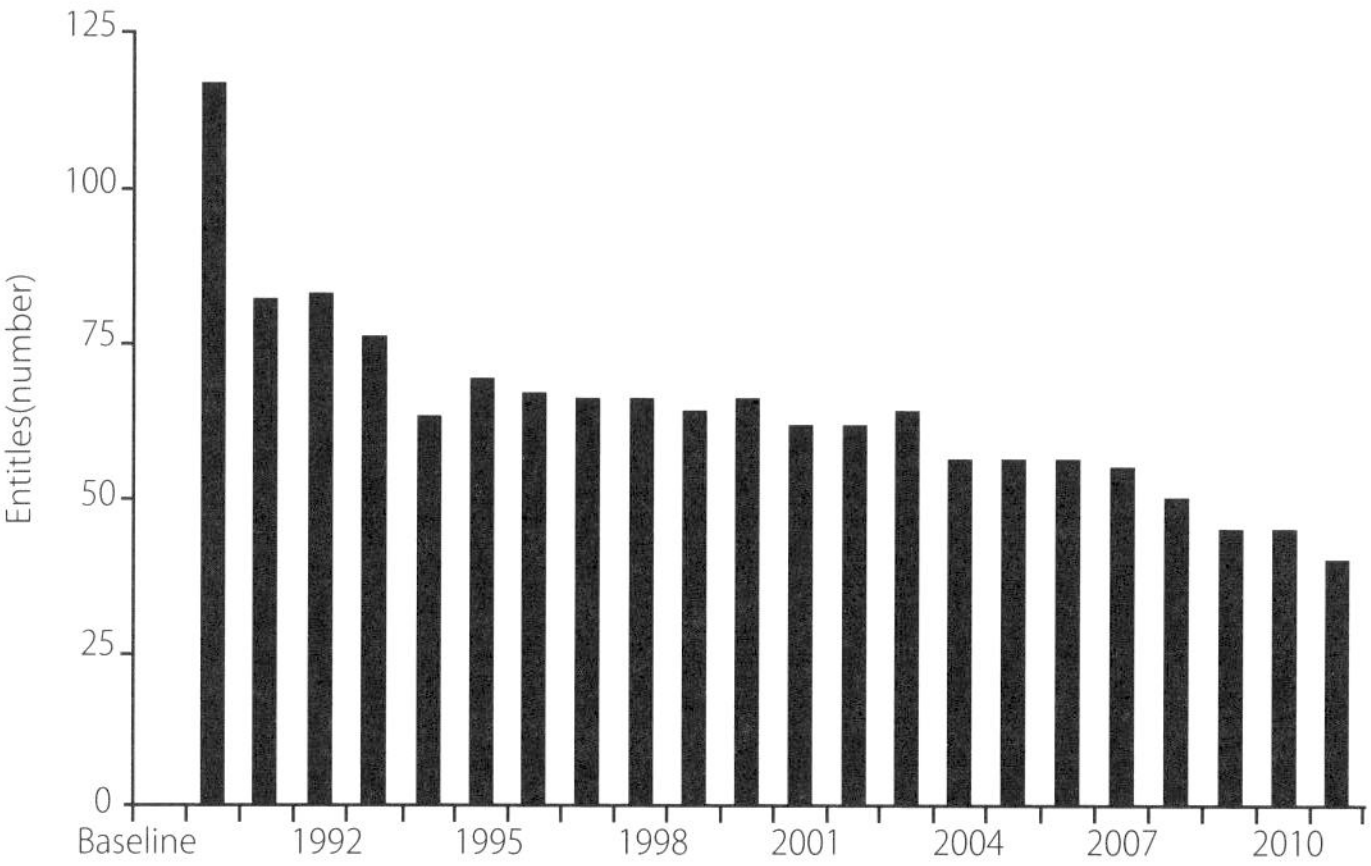

【8】Number of entities holding share
in the Mid-Atlantic Ocean Quahog ITQ Program
（出典：Brinson and Thunberg (2013) の本文 , Figure 3, p.15）

興味深い点は、いったん減少した漁獲量がその後に増加しないという傾向にある。一九九五年まではＩＴＱ導入前と同程度の漁獲量があったものの、二〇〇〇年に漁獲枠が大幅に減少した結果、漁獲量も合わせて減少した。その後に漁獲枠は増えて、以前と同様に戻ったが、漁獲量は増加するどころか減少傾向にある。【7】（報告書本文一三頁：Figure 2）は、

＊Baseline Periodよりもキャッチシェア・プログラム導入後の漁獲枠が増えたプログラムは、全一五の内わずかに3三つだけである。

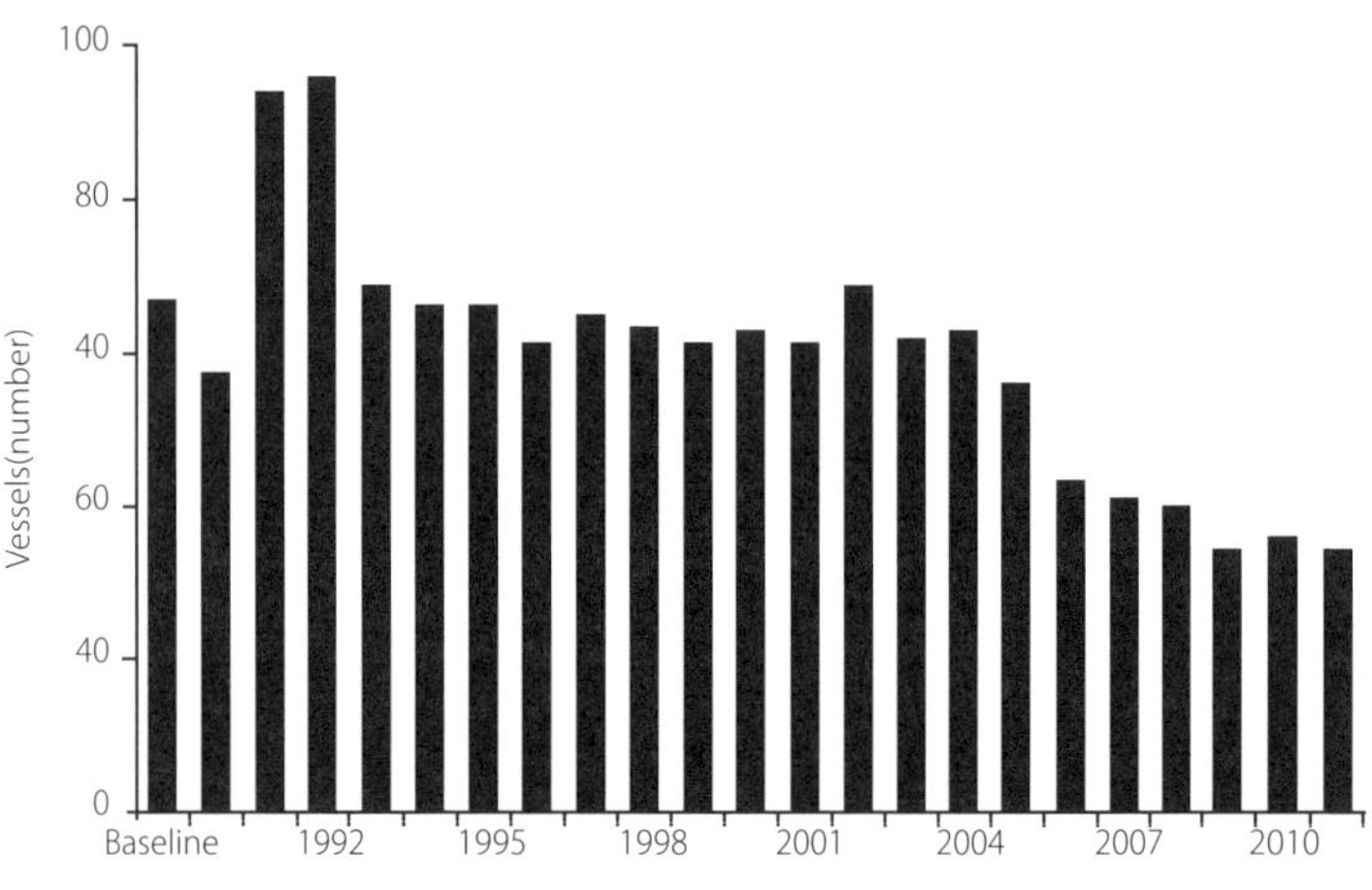

【9】Active vessels fishing quota
in the Mid-Atlantic Ocean Quahog ITQ Program
（出典：Brinson and Thunberg (2013) の本文 , Figure 4, p.15）

漁獲枠の消化率（percent utilization）を表している。ＩＴＱ導入直後は漁獲枠の多くを利用しているが、時間が経過するにつれて漁獲枠を全部使わない傾向が強くなっていることが分かる。

③ 事業体数と寡占化

ＩＴＱ導入後の寡占化が顕著であることは、【8】と【9】（報告書本文一五頁：Figure 3，4）から分かる。

【8―5】の興味深い点は、一九九〇年時点においてＩＴＱの初期配分を受けた事業体（entities）が一一七あったものの、導入の初年にＩＴＱを保有する事業体は一気に八二に減少したことである。

その後の一九九三年には七六事業体とさらに減少し、減少はさらに続き最終的に四〇事業体まで減少した。

当初の三分の一程度に事業体が減少して、寡占化が進んだ。

この事業体の減少は、実際に漁獲を行っている船隻数と関連していることが【10】より分かる。Baseline Period においては平均で六七の漁船が水揚げを行ったが、二〇一一年には三四隻まで減少している。

④ 漁期と操業

漁期（season length, days）についてはＩＴＱ導入前後で特に変化がない。[*1] これは Ocean Quahog が年間を通して漁獲可能なためで、この対象魚種特有のことと考えられる。[*2]

興味深い点は、漁期が同じでも、実際に何度、港を出て漁獲して帰ってきたかを表す操業（Trip）は大幅に減少していることである。同じ漁獲量を達成するために少ない操業で達成できるならば、そのことは漁業の生産性の向上を意味する。よって、操業数は経済的パフォーマンスにとって重要な生産性と深く関連している。

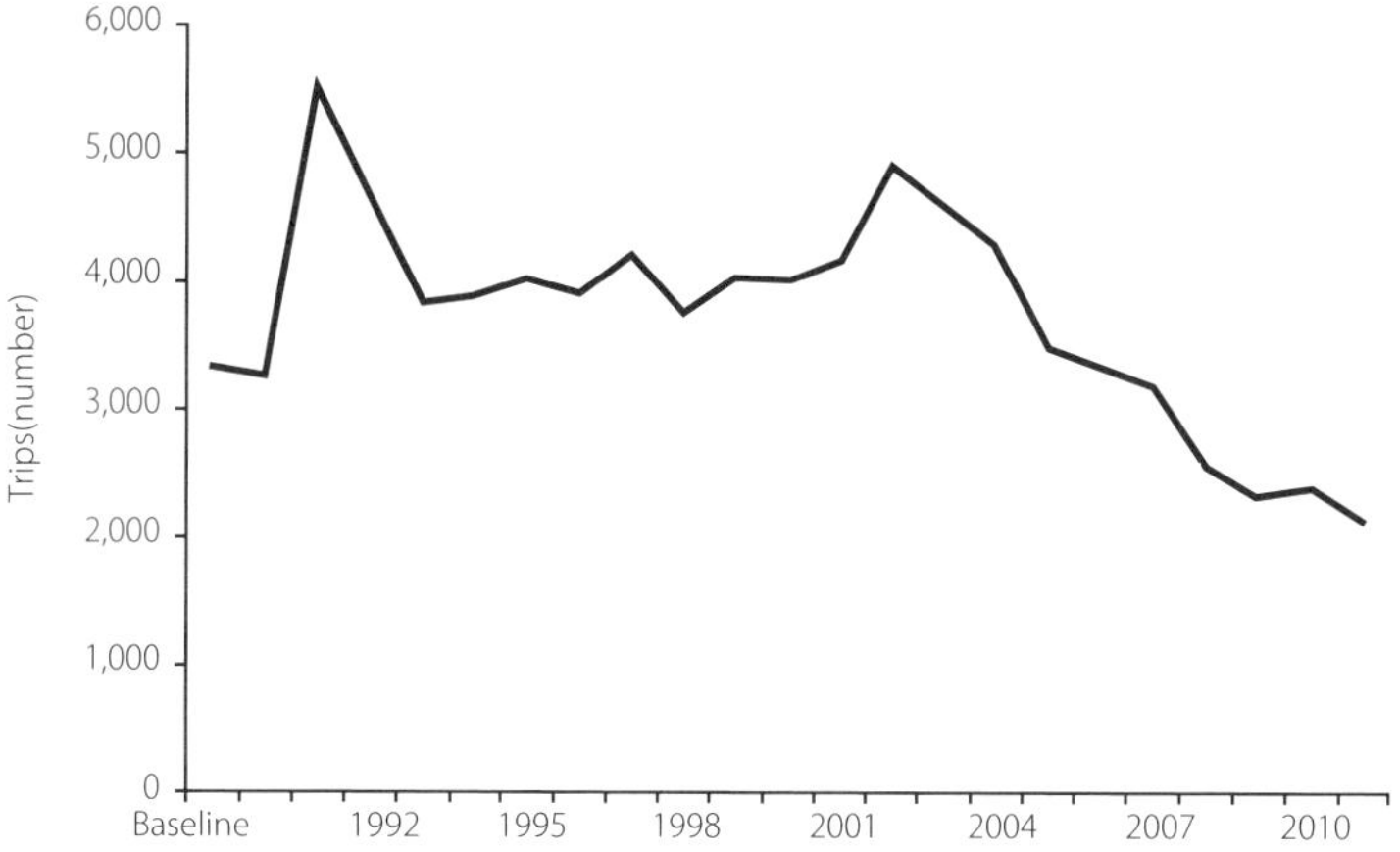

【10】Number of trips harvesting ocean quahogs in the Mid-Atlantic Ocean Quahog ITQ Program
（出典：Brinson and Thunberg (2013) の本文 , Figure 6, p.16）

⑤ 収入

重要な収入の推移について見ていく。ここで注意しないといけないことは、本分析は Baseline Period とその後の単純比較であるため、市場価格の変化はキャッチシェア・プログラム以外の要因の影響も受けている点である。例えば、たまたま好景気であったり、代替品の価格が上昇したりして、当該の水産物に対する需要が増えれば市場価格は上昇しやすいが、それはキャッチシェア・プログラムとは関連が全くない価格変化

＊１ただし、短期的に海洋環境の変化で減少しているものもある。
＊２一般には、先取り競争がなくなったことにより、漁業者が時間をかけて漁獲するようになる。最も極端なキャッチシェア・プログラムによる漁期の長期化は、The Pacific Coast Sablefish Permit Stacking Program で九日から二一〇日に、The Alaska Halibut IFQ Program で六日から二四五日に増加した。

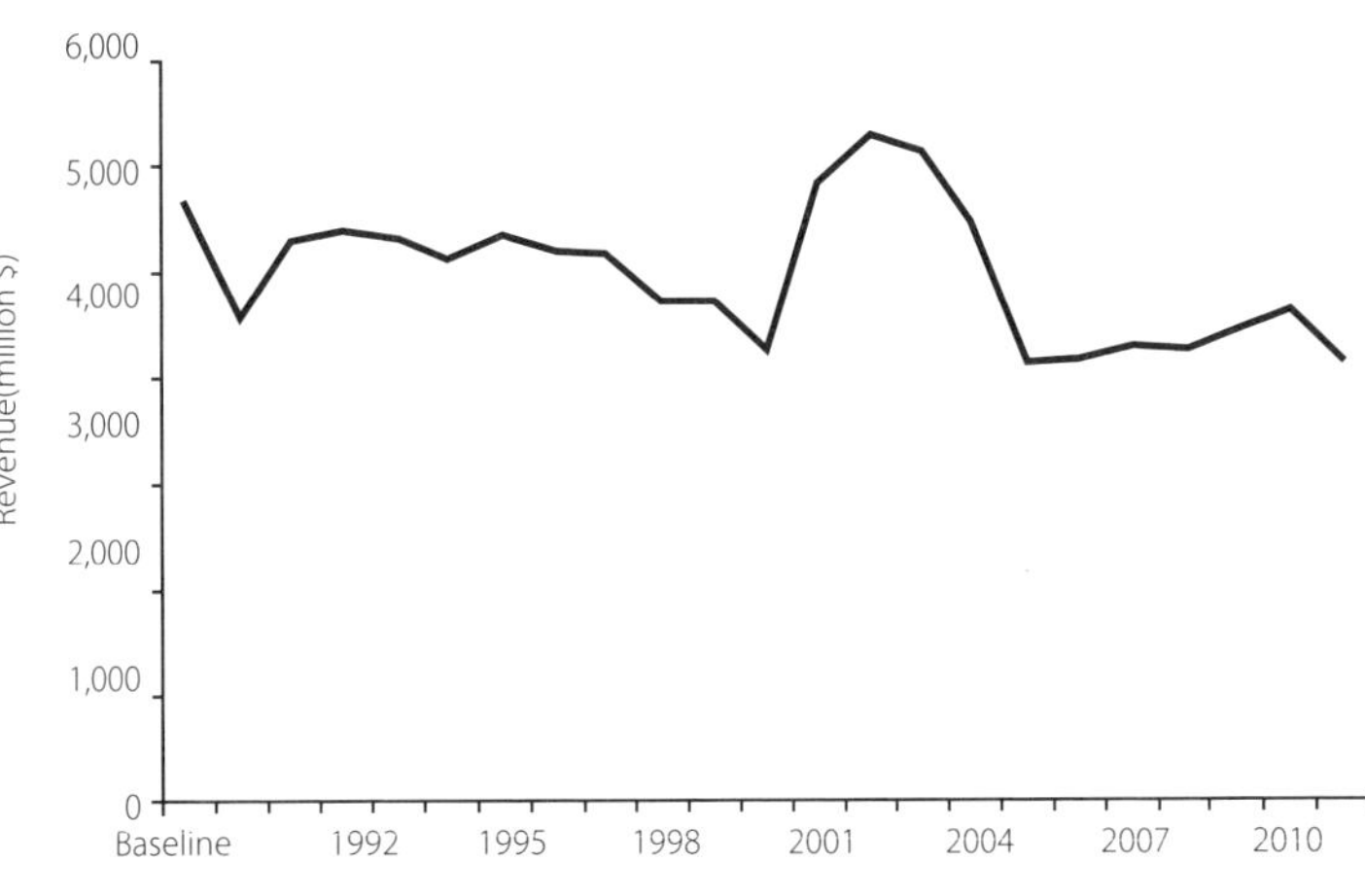

【11】Total revenue (inflation-adjusted 2010 dollars) by vessels fishing quota in the Mid-Atlantic Ocean Quahog ITQ Program
（出典：Brinson and Thunberg (2013) の本文 , Figure 8, p.18）

である。本分析では、その価格上昇の影響を排除しない上での収入の変化を見ている。特に国際商品となるような水産物の場合は、国内の需給だけでなく、世界の需給からも影響を受けるので、価格変化は複雑である。

経済的パフォーマンスを表す最も適切な指標は利潤である。

しかし、その分析は残念ながら漁業者のコストが把握できていないからかできていない。

まず【11】（報告書本文一八頁：Figure 8）から、一年当たりの総収入は一時期（二〇〇二年頃）において増加するものの、傾向としては漁獲枠自体が減少したので、Baseline period よりは減っている。[＊1] Baseline period では、平均二八・一百万ドルだった総収入が、ＩＴＱ導入の初年において、総漁獲量が二・四％増えているにもかかわらず二〇％減少して二二・六百万ドルとなった。

この原因は価格が二一・四％大幅に下がったことによる。【12】

二〇一一年時点では、総収入は二〇・九百万ドルである。

興味深い点は、【13】（報告書本文一九頁：Figure 10）から分かるように、船一隻当たりの年間収入が顕著に

＊1 他のキャッチシェア・プログラムでも、資源管理の強化によって総漁獲枠が減っているため、プログラム導入直後は、多くのプログラムにおいて総収入が減っている。

増加していることである。Baseline Periodでは船一隻当たりの年間収入が四二万ドルだったものが、ITQ導入直後の一九九一年と一九九二年は二八万ドルまで減った。

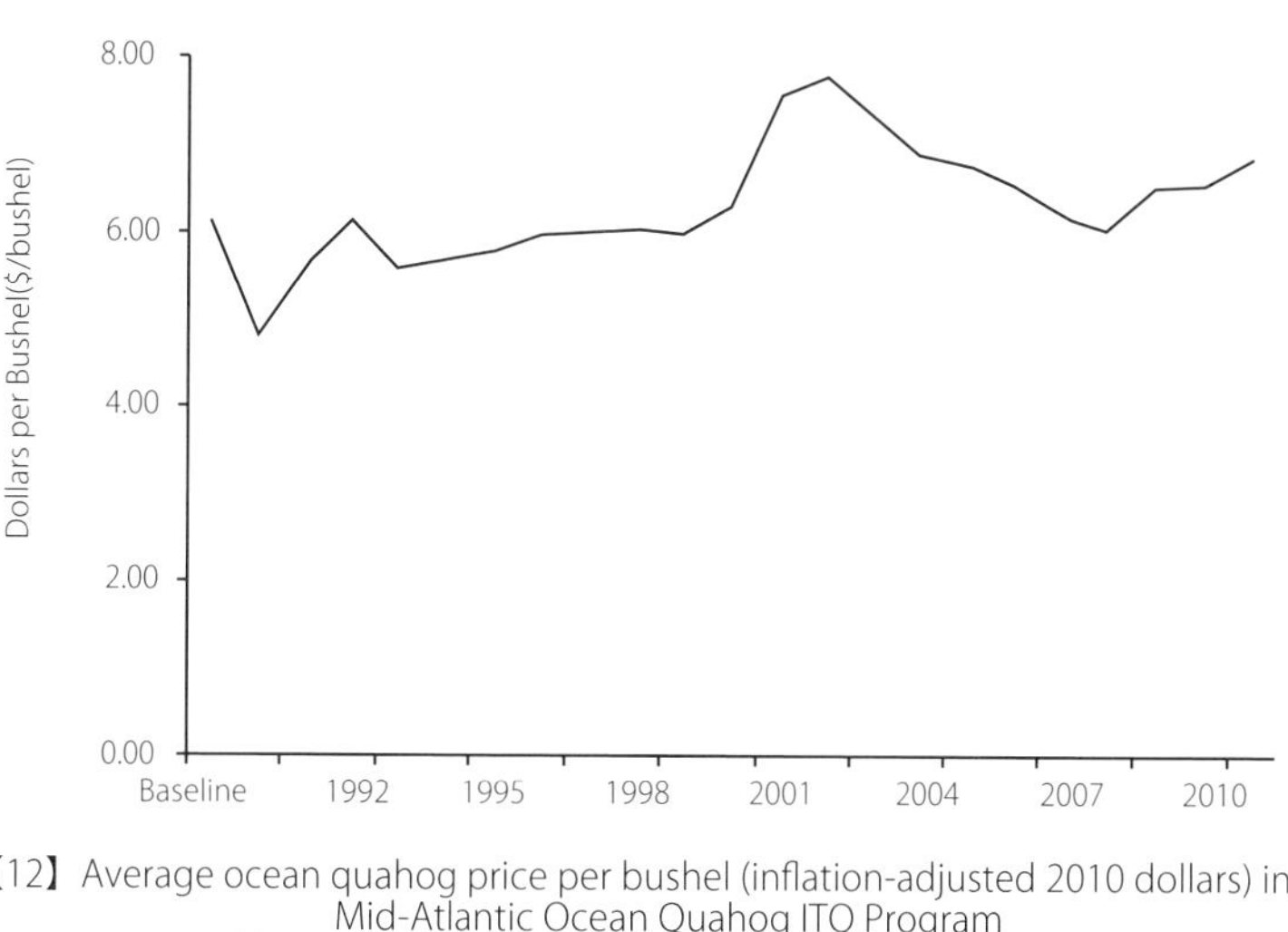

【12】Average ocean quahog price per bushel (inflation-adjusted 2010 dollars) in the Mid-Atlantic Ocean Quahog ITQ Program
（出典：Brinson and Thunberg (2013) の本文 , Figure 9, p.18）

前述したように、この減少は当初は多くの船が操業していたことに起因する（【8—6】を参照）。ところが、一九九三年から船一隻当たりの年間収入は増加傾向で、年率三・六%の増加である。

最終的には二〇一一年に六一万三〇〇〇ドルのように六〇万ドル超えで、三三%程度、ITQ導入前よりも多い。このように、漁獲の効率性が向上している。

船の操業（trip）一回当たりの収入も顕著に増加傾向にあることが、【14】（報告書本文二〇頁：Figure 11）から分る。[*2] 当初の一九九一年は四七五八ドルであったが、二〇一一年には九七〇六ドルにもなった。ITQ導入前のBaseline Periodの平均で見ると、操業1回当たりの収入は八四六七ドルであった。途中、低下したものの、二〇一一年に向けて平均八・九%増加した。

*2 一日当たりの収入も同様の傾向である。詳しくはNOAA報告書のFigure 12（本文二〇頁）を参照。

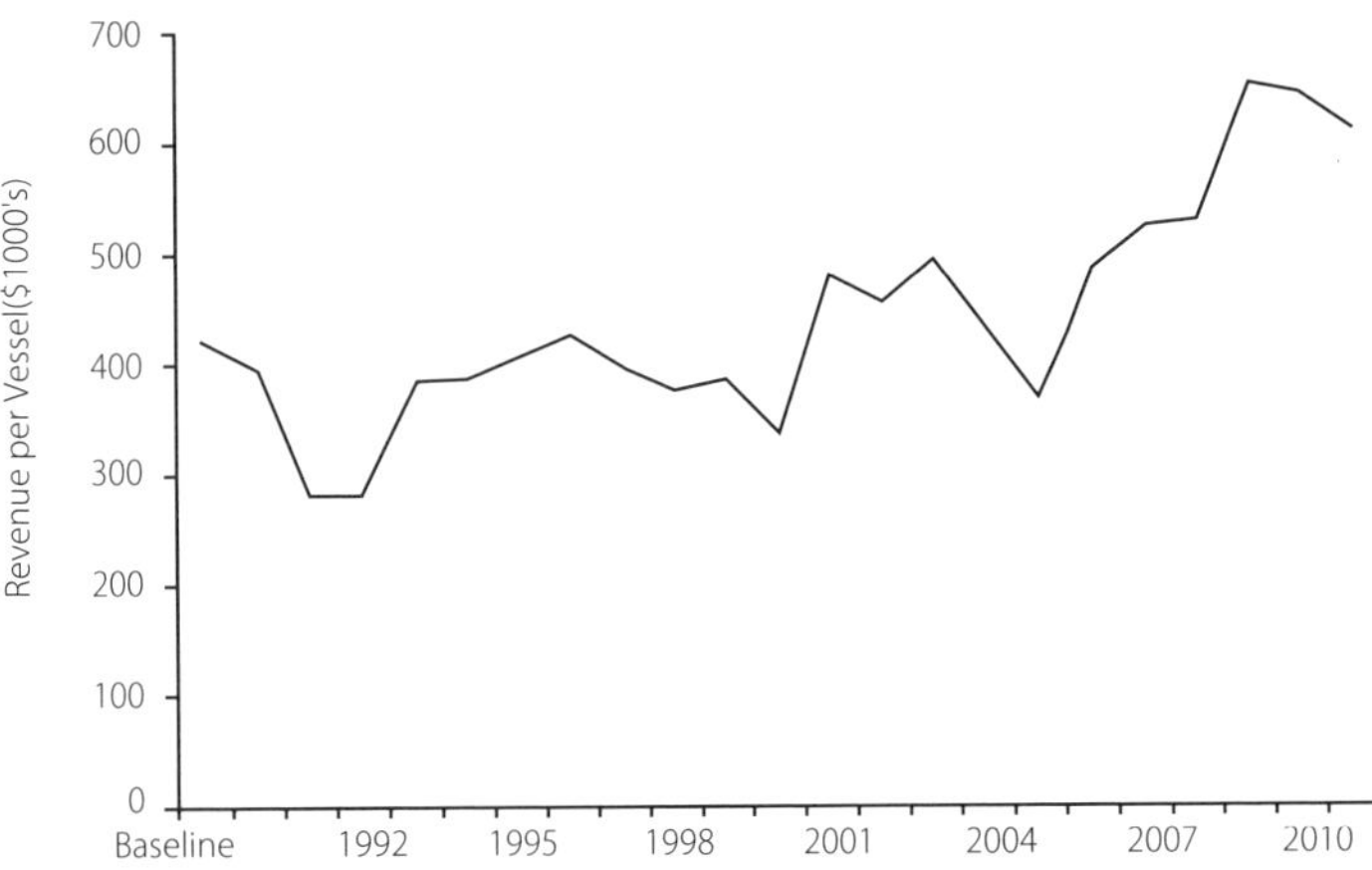

【13】Revenue (inflation-adjusted 2010 dollars) per vessel fishing quota in the Mid-Atlantic Ocean Quahog ITQ Program
（出典：Brinson and Thunberg (2013) の本文 , Figure 10, p.19）

■まとめ

本稿では、Mid-Atlantic Ocean Quahog ITQ Program に関する事例研究を中心に、米国におけるキャッチシェア・プログラムと呼ばれる資源管理について紹介した。

Mid-Atlantic Ocean Quahog ITQ Program の導入直後に、漁船数が急激に減少して、その結果として漁業の生産性が大幅に向上した。この背後には、漁獲枠を譲渡して退出する漁業者が多くいたことを意味している。言い換えれば、寡占化が進んでいる。長期的視野で考える設備である船隻数が、プログラム導入直後に影響を受けることは非常に興味深い。

通常、キャッチシェア・プログラムを実施すると、資源管理の強化のために総漁獲枠が減少するので、経営にとって直接的なマイナス効果がある。漁獲枠の集約により少ない船籍数で漁業ができるようになり、漁業の生産性が上がり、退出せず残った漁業者の経営状況は改善する傾向が見られた。

漁獲割当が少数の事業体に集約されることは、分配の問題を引き起こす。譲渡性の漁獲割当の場合、キャッチシェア・プログラム導入後からの三年間の間に、半分の事業体が退出していた。長期的には退出する事業体は少なく、漁業に従事している事業体の減少は緩やかとなる。漁獲枠を所有する事業体とそうではない事業体の間で、所得分配は公平性を欠くかもしれない。このことから、通常は漁獲枠の所有に上限を設けて、過度な集中を避けることが多い[＊]。

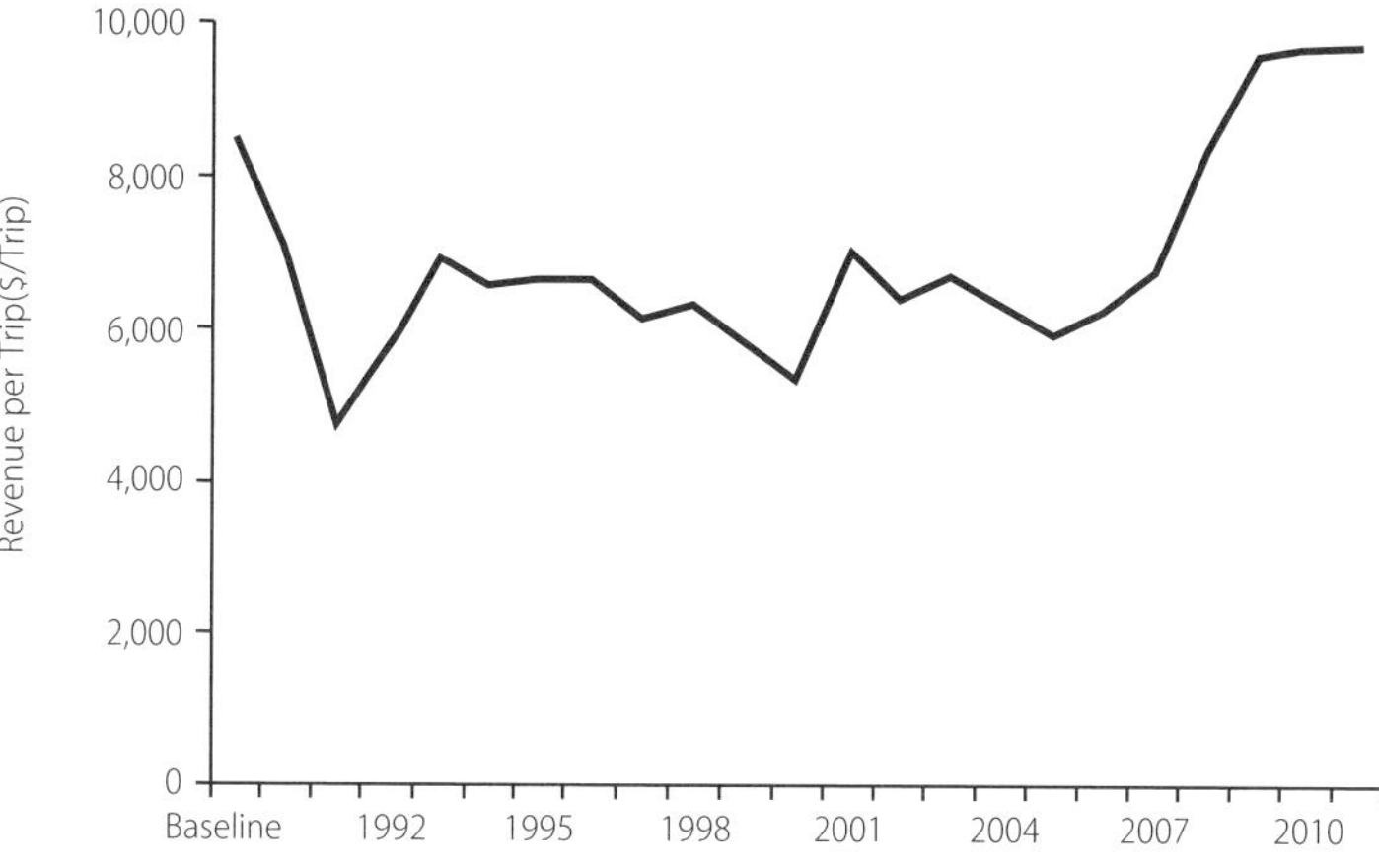

【14】Revenue (inflation-adjusted 2010 dollars) per trip that vessels fish quota in the Mid-Atlantic Ocean Quahog ITQ Program
（出典：Brinson and Thunberg (2013) の本文 , Figure 11, p.20）

＊ Brinson, A.A. and E. M. Thunberg（2013）The Economic Performance of U.S. Catch Share Programs. U.S. Dept. of Commerce, NOAA Technical Memorandum NMFSF/SPO-133, 160
(https://www.st.nmfs.noaa.gov/Assets/economics/catch-shares/documents/Catch_Shares_Report_FINAL.pdf)

北部太平洋大中型まき網漁業のサバ類を対象とした個別割当（IQ）の導入に関する経営分析　1

有薗眞琴

■調査の目的

二〇一八年一二月、国は七〇年ぶりに漁業法を抜本的に改正した。その主たる目的は適切な水産資源の管理にあり、それまでの『海洋生物資源の保存及び管理に関する法律』（通称ＴＡＣ法：一九九六年制定）が漁業法に統合された。この改正漁業法では、「資源管理は漁獲可能量（ＴＡＣ）による管理を行うことを基本」とし、併せて「漁獲量の管理は船舶等ごとに漁獲割当て（IQ）により行うことを基本」とすることが明記された（第八条）。

現在（二〇一九年四月）、我が国におけるＴＡＣ管理は八魚種（クロマグロ、サンマ、スケトウダラ、マアジ、マイワシ、サバ類、ズワイガニ、スルメイカ）であり、EU諸国（二五魚種）、豪州（二二魚種）、ニュージーランド（三八魚種）等に比べると格段に少ない。また、欧米諸国では一般的になっている個別割当（IQ）又は譲渡性個別割当（ＩＴＱ）方式の導入に関しても、我が国の場合、大臣許可漁業でIQ方式が導入されているのは、ミナミマグロ、大西洋マグロ、日本海ベニズワイガニ及び自主運用中の北部太平洋まき網漁業のサバ類に止まり、知事許可漁業ではわずかに新潟県佐渡のホッコクアカエビのみとなっている。このように、日本においてＴＡＣ管理とIQ／ＩＴＱ方式の導入が大幅に遅れているのは、我が国の資源管理手法がこれまでイン

インプット・コントロール	投入量規制	操業隻数の制限、操業日数の制限、漁船のトン数制限、漁船の馬力制限等
テクニカル・コントロール	技術的規制	漁具の制限（網目・針数等）、漁獲物（サイズ）の制限、漁期の制限（産卵期の休漁）等
アウトプット・コントロール	産出量規制	漁獲可能量（TAC）、個別割当方式（IQ／ITQ）

【15】資源管理手法の分類

プットコントロール（投入量規制）とテクニカル・コントロール（技術的規制）を主体にしてきたことによる。一方、欧米諸国では『国連海洋法条約』（一九九四年）の発効と前後して、TAC管理とIQ／ITQ方式によるアウトプットコントロール（産出量規制）を主体とする資源管理に転換を図った【15】。

その結果、アウトプットコントロールを導入した多くの漁業先進国が水産資源の回復と持続的利用を果たす一方、インプットコントロールを主体とする我が国の海面漁業生産量は、一九八四年の一二五〇万トンをピークに減少し続け、二〇一七年には三二六万トンとピーク時の一／三以下にまで落ち込む危機的状況に陥った。こうした状況から、国（水産庁）は遅まきながら漁業法を抜本改正し、アウトプットコントロールを主体とする資源管理方式に踏み切ることになった。

そこで、本調査は、前報のホッコクアカエビにおけるIQ方式導入の経済分析に続いて、現在IQ方式の自主運用中である北部太平洋まき網漁業のサバ類を対象とした調査を実施し、IQ方式の経済効果を明らかにすることを通じて、我が国における資源管理をアウトプットコントロール主体の方式に速やかに誘導し、水産資源の回復と持続的な漁業の確立に資することを目的とした。

全国まき網漁業協会（全まき）による配分

◎傘下の11海区・団体に四半期別漁獲目標量を配分

- 留保枠を設け、漁獲状況に応じて再配分
- 未消化分は集積し、漁期後半（3月〜）に毎月再配分

北部太平洋まき網漁連（北まき）における管理

◎全まきから配分された四半期別漁獲目標量を基にして、以下により管理

- 宮城県・福島県境（37度53分）E線以北の海域においては1日の漁獲量が2千トン、福島県・茨城県境（36度51分）E線以南の海域においては1日の漁獲量が3千トンを超えた場合、翌日は休漁とする。
- 漁獲に応じ、船毎に一定期間内の漁獲目標量（個別割当）を配分
- 個別割当時期ごとの操業実態に合わせ、対象船団は変動

【16】TACの決定

■北部太平洋まき網のサバ類を対象とした個別割当（IQ）

本調査の対象となるまき網漁船が所属する北部太平洋まき網漁業協同組合連合会は、青森・岩手・宮城・福島・茨城・千葉の関係六県のまき網船団で構成され、そのうち一そうまき網は三五船団ある。

北部太平洋まき網によるサバ類の資源管理は、資源回復計画（二〇〇三年一〇月〜二〇一二年三月）と、後継の資源管理計画（二〇一二年四月以降）に引き継がれ、サバ類のTAC管理は【16】の方式で実施されてきた。

資源回復計画が進められる中で、サバ類の個別割当（IQ）が試行的に開始されたのは二〇〇七年漁期からであり、当時は一〇〜一二月の間に限って平均二九ヶ統／月に九〇〇トン／統／月を割り当てたに過ぎなかった。しかし、その後は資源量の回復に応じて実施期間を増加させていき、六年後の二〇一三年漁期には九月から翌年六月の間で参加統数は平均一八ヶ統／月、一〇〇〇〜一五〇〇トン／統／月の漁獲が割り当てられ、TACの割当合計の三八六三五七トンに対して漁獲実績は一八六二七七トン、その消化率は四八・二%となった。また、資源管理計画における自主的管理

措置（毎月五日以上の休漁実施）に加え、漁獲量が一定量を超えた場合の臨時休漁も実施してきた（二〇一三年漁期の休漁実績：五八三統日）。

こうした取組が進められるなか、二〇一四年七月の水産庁主催「資源管理のあり方検討会」の取りまとめ結果[*1]を受け、北部太平洋まき網に二〇一四年一〇月から翌年六月の間で、五ケ統を対象としたIQ試験が実施されることになった。さらに、二〇一五年七月からは水産庁主導の下で一そうまき全船を対象に本格的なIQ試験が実施されることになり、以後三カ年にわたり継続実施された。現在（二〇一九年四月時点）は、北部太平洋まき網漁連による自主的なIQ管理の取り組みが継続実施されているが、二〇一七年までの実施状況は、【17】及び【18】に示すとおりである。

この二〇一四年漁期から開始されたIQ試験の調査は、主として国立研究開発法人水産研究・教育機構の中央水産研究所によって実施され、その間の試験結果は、「IQ方式の試験（サバ類）に関する中間的評価」（二〇一七年三月：水産庁管理課[*2]）及び「北部太平洋大中型まき網漁業における試験的なサバIQ管理について」（二〇一九年三月：（国研）水産研究・教育機構 中

漁期	実施期間	平均参加統数	個別割当（トン）	漁獲実績（トン）	消化率（%）
2006年	導入せず	—	—	—	—
2007年	10～12月（3ヵ月）	29ヶ統	81,200	61,847	76.2
2008年	10～6月（9ヵ月）	25ヶ統	112,416	93,805	83.4
2009年	10～5月（8ヵ月）	25ヶ統	156,546	104,318	66.6
2010年	10～5月（8ヵ月）	26ヶ統	216,237	118,410	54.8
2011年	10～6月（9ヵ月）	26ヶ統	335,224	106,388	31.7
2012年	9～6月（10ヵ月）	27ヶ統	441,168	109,503	24.8
2013年	9～6月（10ヵ月）	28ヶ統	386,357	186,277	48.2
2014年	7～6月（12ヵ月）	24ヶ統	434,642	233,651	53.8
2015年	7～6月（12ヵ月）	26ヶ統	464,684	265,595	57.2
2016年	7～6月（12ヵ月）	26ヶ統	480,981	247,647	51.5
2017年	7～6月（12ヵ月）	26ヶ統	410,601	219,841	53.5

1) 2014年10月1日～2015年6月30日まで、5ヶ統がIQ試験実施
2) 2015年7月1日～2018年6月30日まで、全船（除く2そうまき）がIQ試験を本格実施
3) 2017年漁期の実績は、2018年3月末までの暫定値

【17】サバ類を対象とした個別割当（IQ）の実施状況

＊1水産庁ホームページの「分野別情報」「資源管理の部屋」「資源管理のあり方検討会」「取りまとめ」で閲覧可能。
＊2水産庁ホームページの「分野別情報」「資源管理の部屋」「資源管理のあり方検討会」「取りまとめを受けての対応について」で閲覧できる。
＊3水産庁ホームページの「分野別情報」「資源管理の部屋」「広域漁業調整委員会」「第30回太平洋広域漁業調整委員会議事録」の資料2で閲覧できる。

央水産研究所）[*3]に取りまとめられている。

しかし、その内容を見ると、「IQ管理（及び月別TAC）に取り組んだ期間は、北部太平洋海区のサバ類の漁獲枠は遵守されており、アウトプットコントロールの手法として有効に機能していたと考えられる」としているものの、「理論上期待された経済的な効果については、理論と漁業の実態とに乖離があったためか、十分に確認できなかった」と結論している。その背景として、二〇一三年にマサバ太平洋系群で卓越年級群が発生したことを挙げ、「IQ方式による管理を実施しても品質の劇的な向上（漁獲物の大型化等）を実現することは難しかった」とし、加えて、東日本大震災による産地市場の受入能力の低下に伴う遠方の港への水揚げによって、「IQ管理を実施していても、必ずしも燃油費等の削減につながらなかった」ことも理由に挙げ、理論上期待された経済的な効果は確認できなかったと結論づけている。

以上のとおり、北部太平洋まき網漁業におけるサバ類を対象としたIQ導入の経済効果に関する知見は、現在までのところ全くと言ってよいほど得られておらず、漁業経営に及ぼす影響に関する調査も殆ど為されていない。

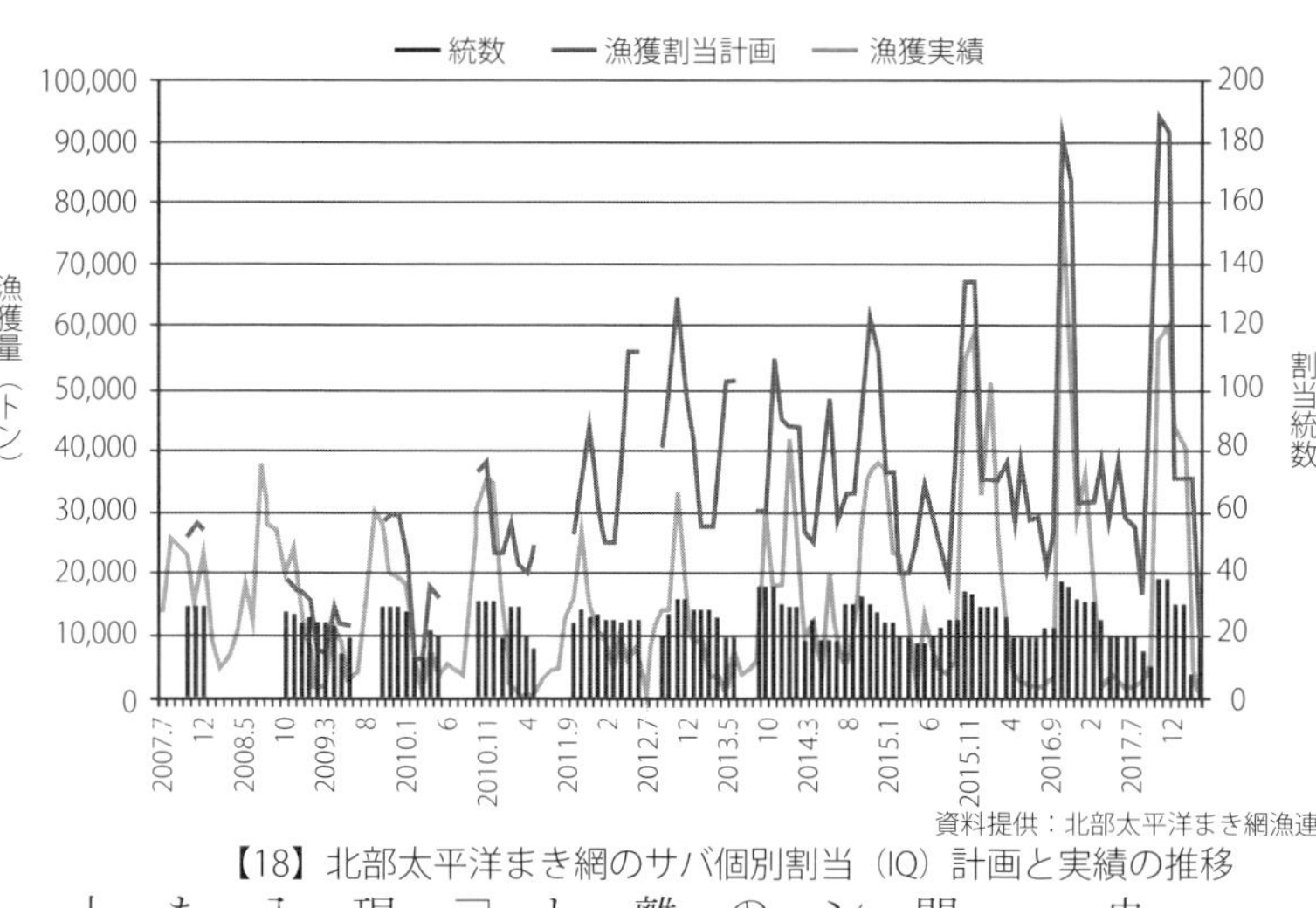

【18】北部太平洋まき網のサバ個別割当（IQ）計画と実績の推移

■サバ類を対象とした個別割当(IQ)の経営分析

①資料と方法

本調査の経営分析は、北部太平洋まき網漁連(北まき)に所属し、H地区を根拠地とするF社の全面的な協力を得て、同社の保有するA船団の「収支実績表(二〇〇五〜一七年度)」を用いて行った。なお、A船団は、以下で述べるように、カツオ・マグロ漁とサバ・イワシ漁を兼業しているため、二〇〇五〜一三年度におけるサバ漁業の収支実績は、サバの水揚金額比率で各支出項目を按分して算出し、その後(二〇一四〜一七年度)は、サバ漁期中の支出実績を用いた(後掲の【31】を参照)。

このA船団は、二〇〇七年度以降一貫してIQ方式の試行に取り組んできていることから、国の指導によってIQの本格的な試験運用が始まった二〇一四年度以降の経営状況とそれ以前の経営状況を比較分析することによって、試行的取組と本格的な試験運用の違いをより明瞭に示し得る調査客体である。

F社は、現在三ヶ統の大中型まき網船団を保有しているが、本調査で資料提供を受けたA船団は、網船・探索船・運搬船の機能を備えた本船(三〇〇トン：二〇〇四年一二月進水)と運搬船(二七三トン：一九八八年八月進水)の一ヶ統二隻体制であり、省力化・省コスト化を国内で初めて実現したミニまき網船団である。A船団の操業パターンは、カツオ・マグロ漁を四月一五日から概ね九月まで行い、その後サバ・イワシ漁を一〇月から概ね翌年二月末まで(三月五日以降イワシ禁漁。この間がドック期間)行っており、操業期間は一一ヶ月弱

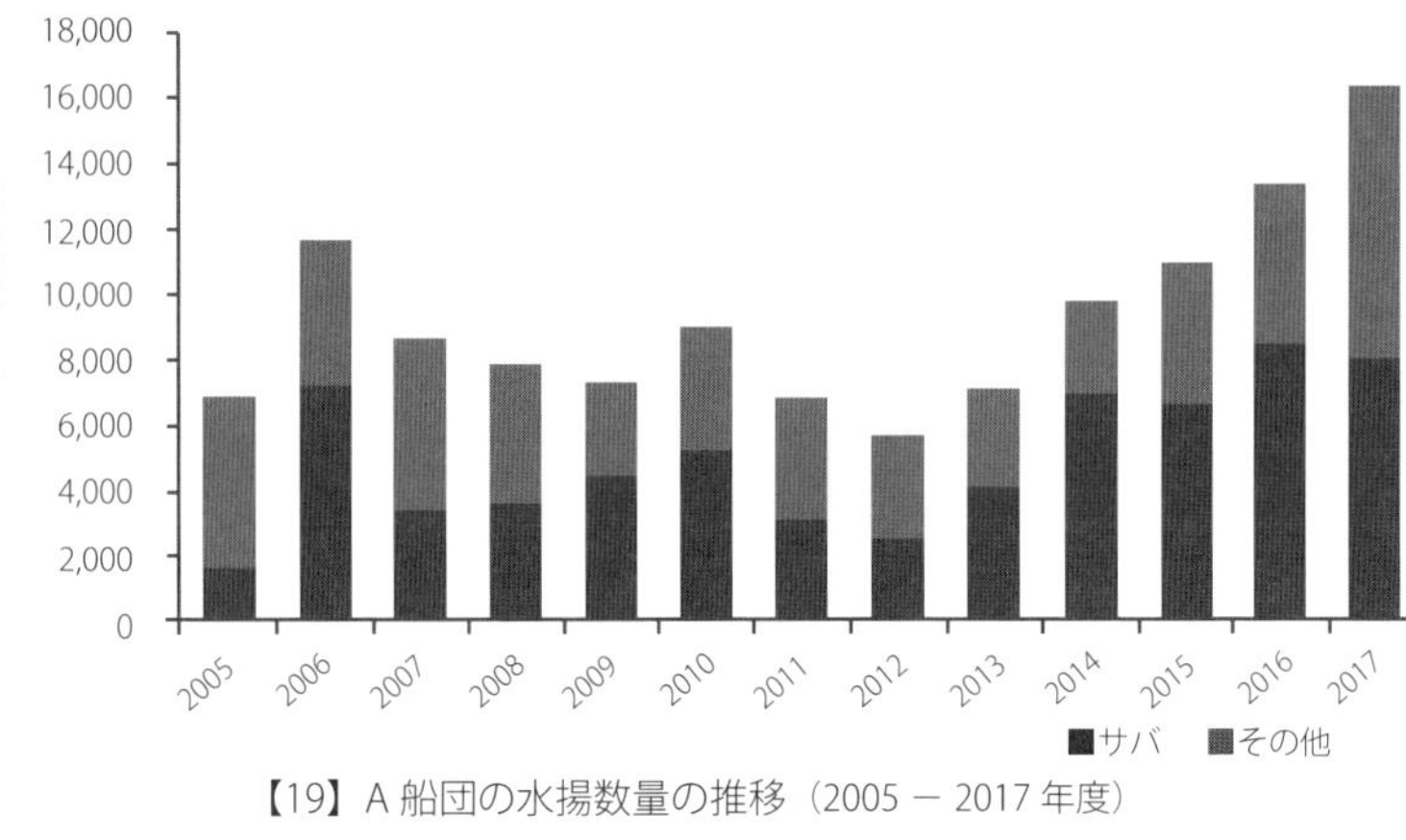

【19】A船団の水揚数量の推移（2005 － 2017年度）

（整備期間一ヶ月）である。漁獲物に関しては、秋期は南下サバを漁獲するため殆どがサバ類で占められるが、一～三月はイワシの漁獲が多くなる特徴がある。

A船団における二〇〇五年度以降のサバとその他魚種の水揚数量の推移は、【19】に示すとおりである。それによると、全水揚げに占めるサバの数量割合は五〇～七〇％であり、年によって大きく変動している。

② 結果

A船団がIQ方式に参加した二〇〇七年度以降におけるサバの年間水揚数量と平均単価の関係を見ると、【20】に示すとおり、両者の間には有意な負の相関関係（危険率五％）が成立しており、水揚数量が多くなるほど単価が下がる傾向にあることが解る。

次に、【21】はA船団のサバ漁業における経営状況の推移である。二〇〇七～一一年度の五年間はいずれも赤字状態であったが、二〇一二年度以降は、二〇一五年度の例外を除き五年間はいずれも黒字経営に転じている。なお、二〇一五年度については、小型のサバ（二〇一三年卓越年級群）が多くを占め、単価が下落して水揚金額が減少する一方、漁場探索に伴う燃料費の極端な増加と減価償却費の増加によって赤字に陥った。

次いで、【22】は固定費の費目別内訳の推移を示したものであるが、減価償却費と修繕費が大きな部分を占め、しかも両者の年変動が非常に大きいことから、損益分岐点による経営分析が非常に難しい業種であることが解る。

次いで、【23】は、減価償却前の漁労利益と平均単価の推移を示したものであるが、この図を見れば、IQの本格的な試験運用が始まった二〇一四年度以降、漁労利益（減価償却前）が顕著に増加していることが解る。また、この図から、漁労利益（減価償却前）は平均単価と連動しているような傾向が窺える。

そこで、【24】は、サバの平均単価と減価償却前の単位漁労利益（減価償却前漁労利益÷水揚数量）の関係を見たものであるが、両者の間には高い正の相関関係（危険率１％）が成立している。つまり、この図からは、サバの平均単価が1円／ｋｇ上昇すれば、単位漁労利益（減価償却前）は２２４円／トン上昇することが読み取れる。

ここで、【20】及び【24】で成立した関係式を用いて、Ａ船団におけるサバの水揚数量に対する漁労利益（減価償却前）と平均単価の関係をシミュレーションすると、【25】のように整理できる。すなわち、漁労利益（減価償却前）は、水揚量が約八四〇〇トンの時に最大値の約九八〇〇万円を示すと試算される（その時の平均単価は六四円／kg。この最大利益をもたらす水揚量は、現在の漁獲水準（二〇一六年度八四三五トン、二〇一七年度八〇〇三トン）にほぼ一致しており、近年の高い利益につながっているものと推察される。

次いで、【26】は、IQの経済効果を分析するため、水揚金額と燃料費比率（一〇〇×燃料費／水揚金額）の推移

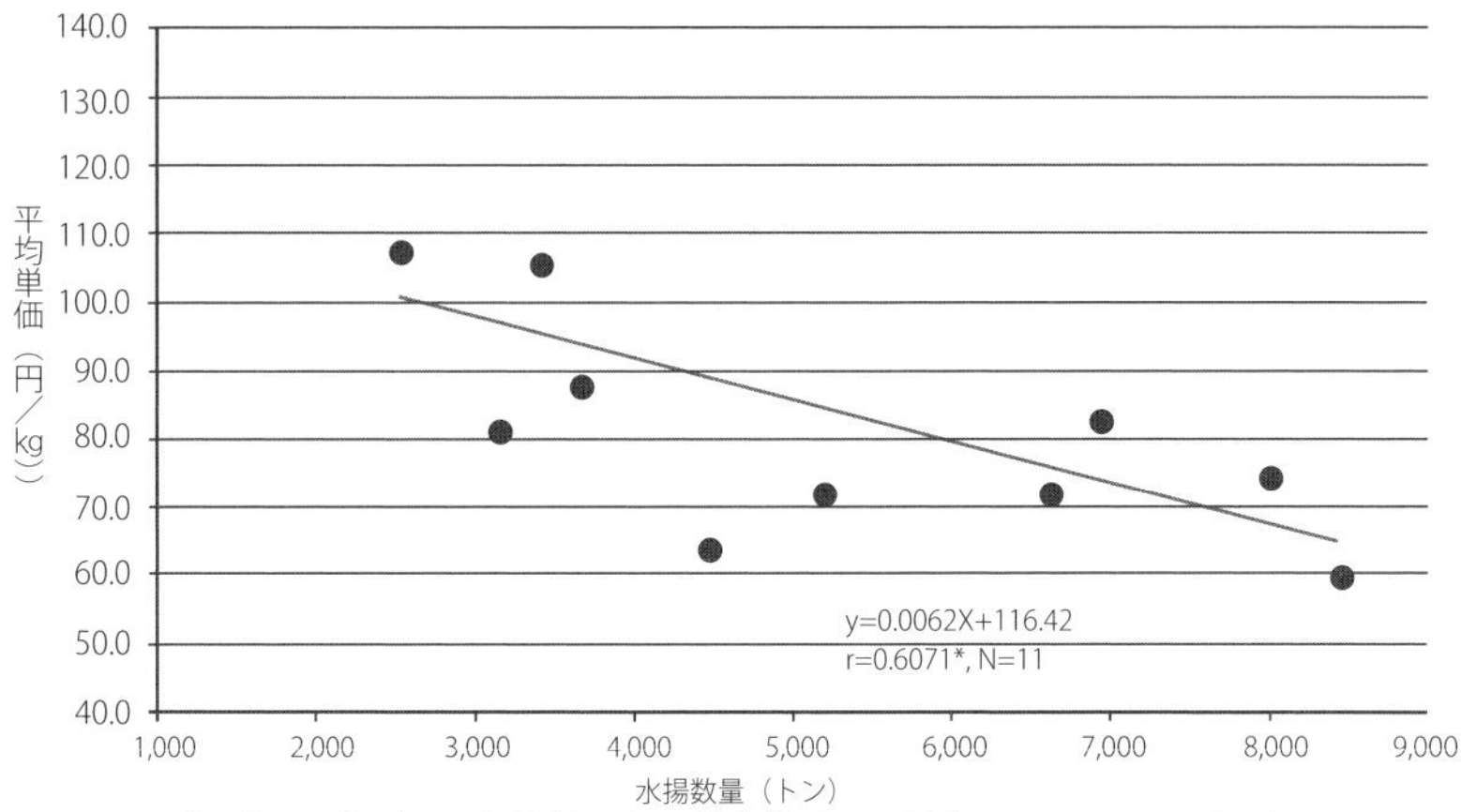

【20】サバの年間水揚数量と平均単価との関係（2007 － 2017 年度）

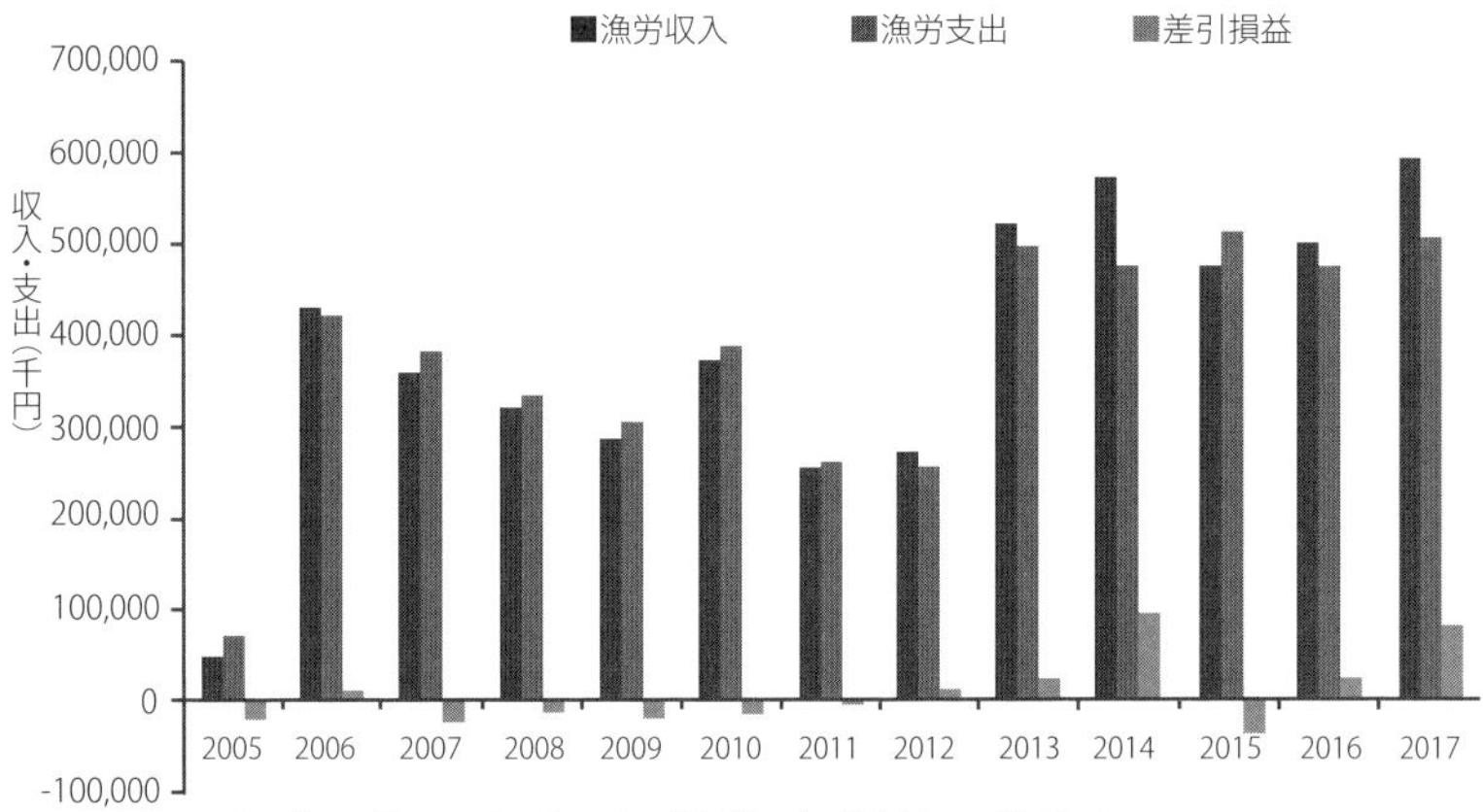

【21】A 船団におけるサバ漁業の経営状況の推移（2005 － 2017 年度）

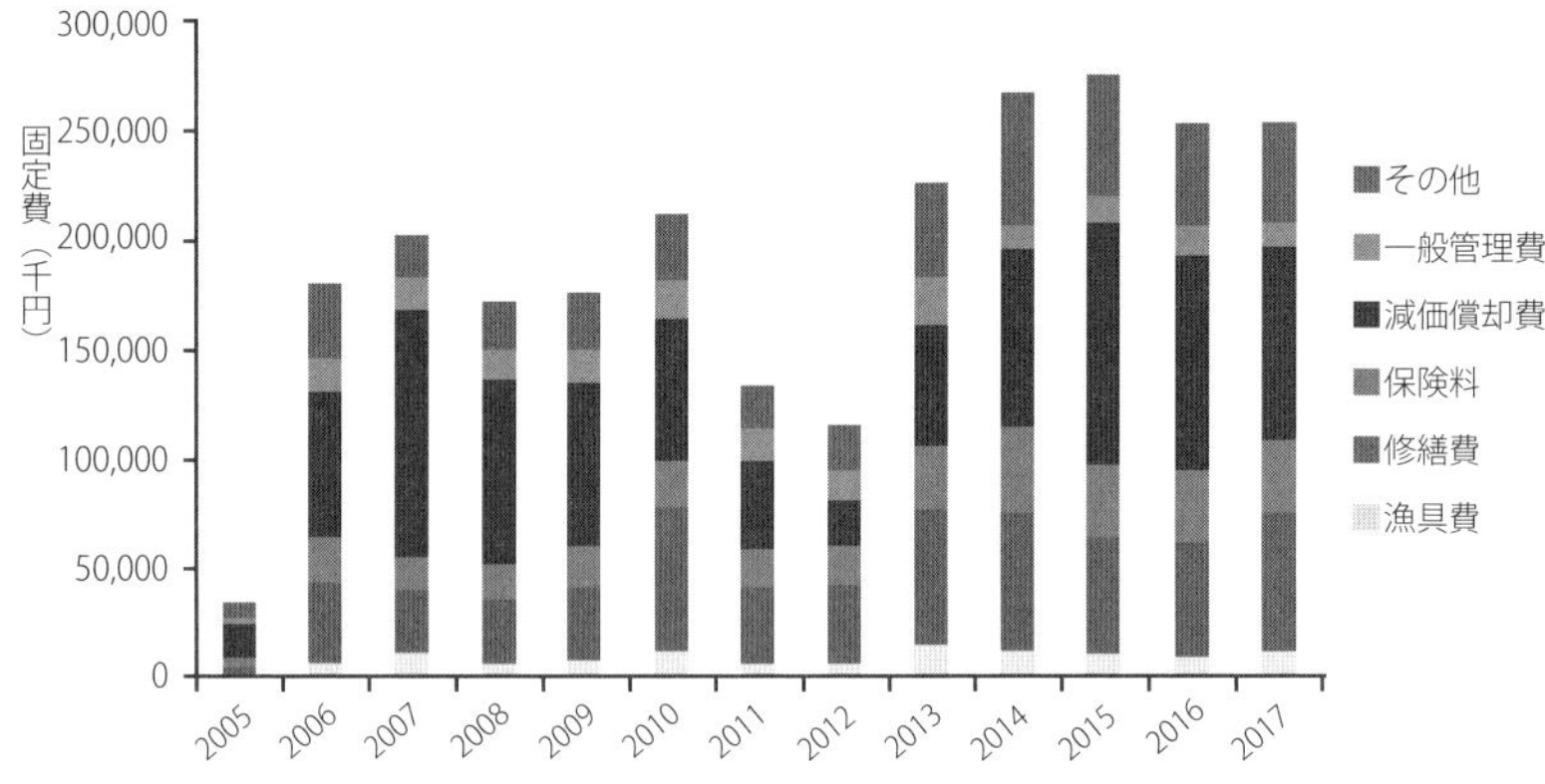

【22】A 船団における固定費の費目別内訳の推移（2007 － 2017 年度）

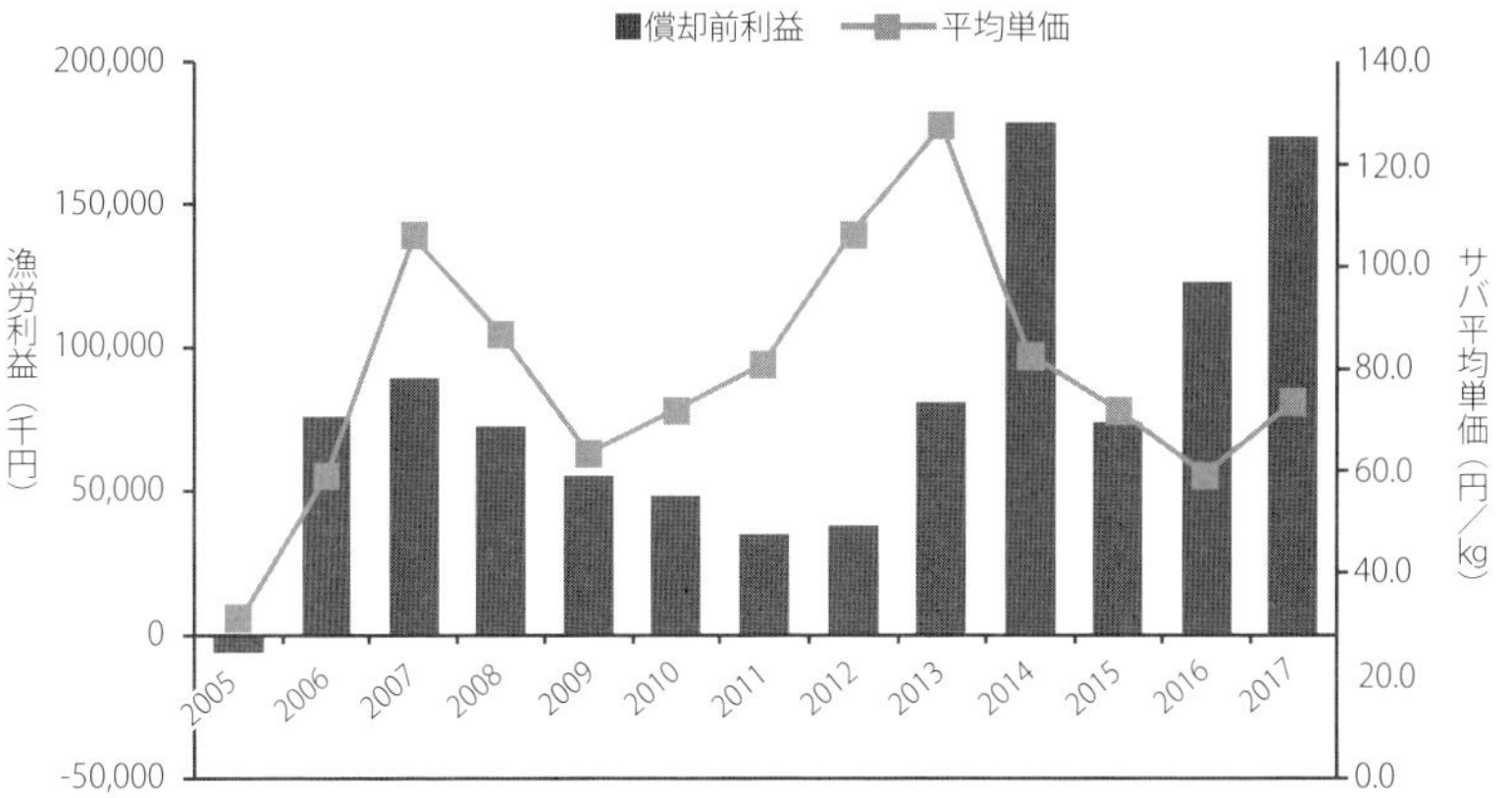

【23】A 船団の漁労利益（減価償却前）と平均単価の推移

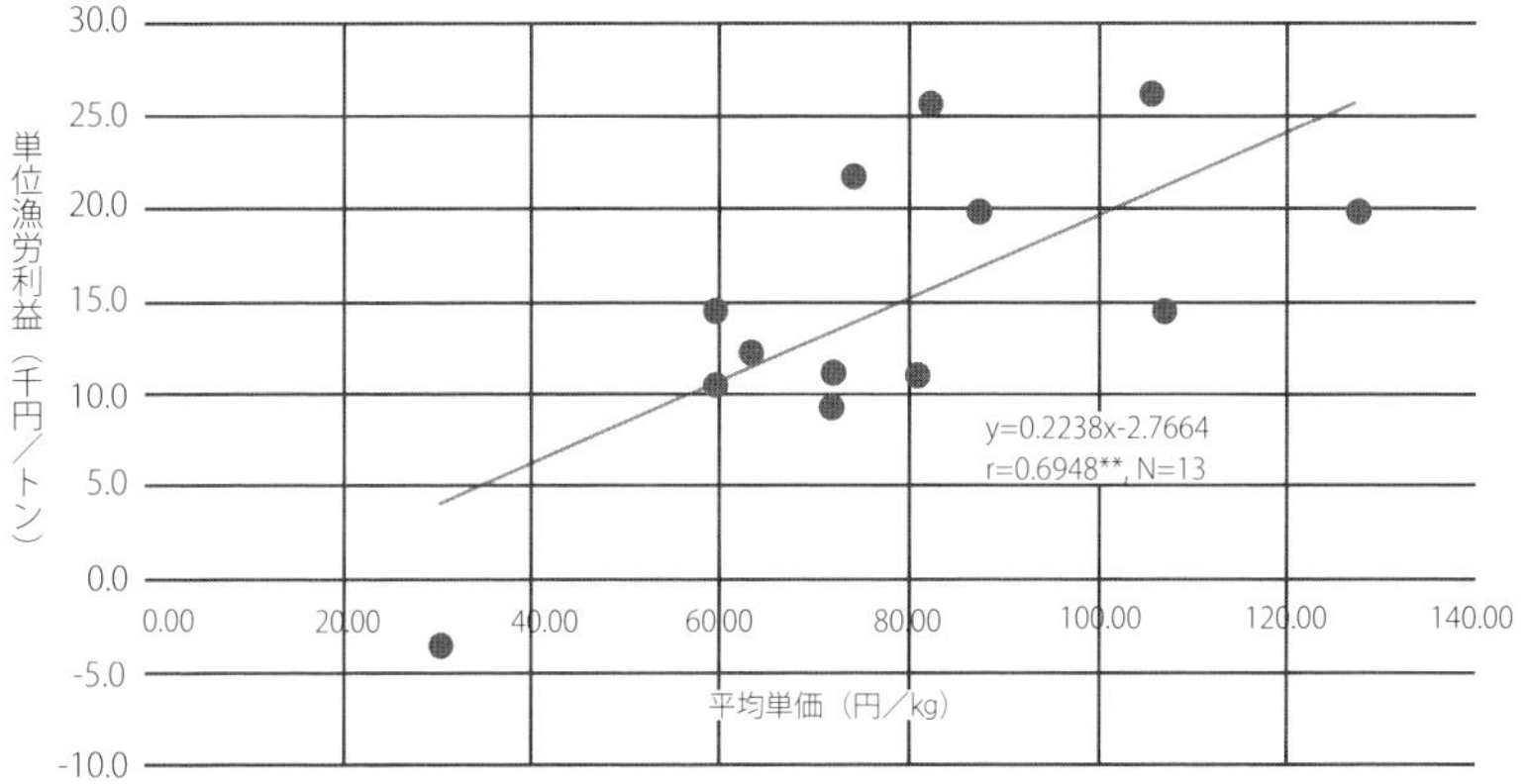

【24】A 船団の平均単価と単位漁業利益（減価償却前）との関係

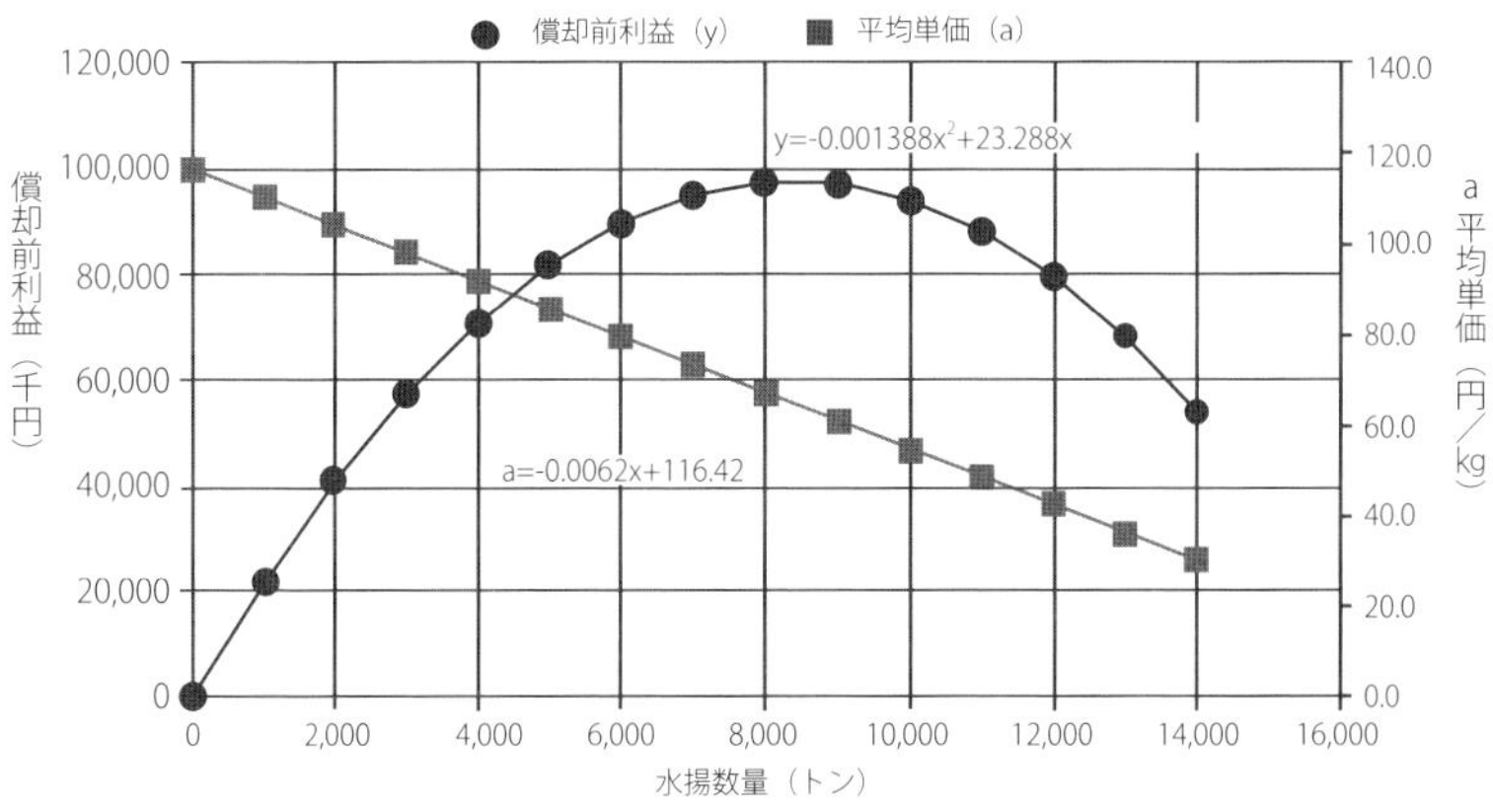

【25】A 船団の水揚数量に対する漁労利益（減価償却前）と平均単価との関係

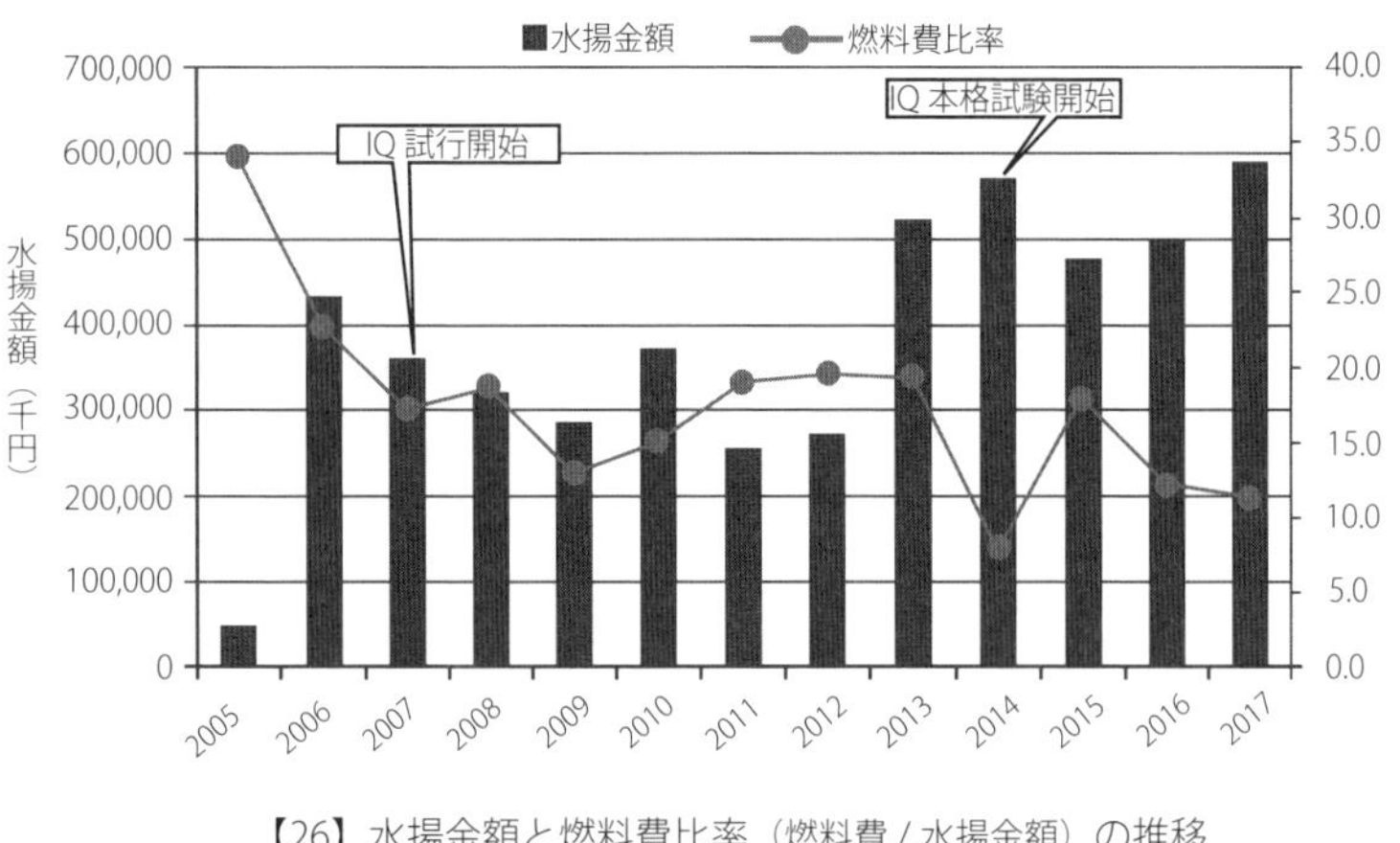

【26】水揚金額と燃料費比率（燃料費 / 水揚金額）の推移

を見たものである。それによると、IQの試行開始（二〇〇七年度）から現在まで、燃料費比率は変動しながらも低下傾向を辿り、現在はIQ導入前の一／三〜一／二のレベルを示し、近年は燃油費が大幅に節減されていることが窺える。

そこで、【30】【31】は、サバ漁業における燃油消費量がIQの本格的運用（二〇一四〜一七年度）でどのように変化したかを分析するため、各年度の燃料費を年間平均単価（A重油）で割り戻し、年間燃油消費量の推移を表したものである。

【27】は、上の結果を用いて調査対象期間中におけるサバ類の水揚数量と燃油消費量の関係を示したものである。この図から、サバ類の水揚数量と燃油消費量の間には正の相関関係（危険率五％）が成立していることが解る。そして、IQの本格的運用期間中（二〇一四〜一七年度）における燃油消費量は、先述の二〇一五年度の異常年（二〇一三年卓越年級群の小型サバが多く、漁場探索による燃油費が極端に増加）を除くと、水揚数量に対する燃油消費量は相対的に低下しており（回帰直線の下側に分布）、IQの経済効果を裏付ける結果となった。

さらに、重回帰分析を用いて、各年度の減価償却前利益、水揚金額及び燃料

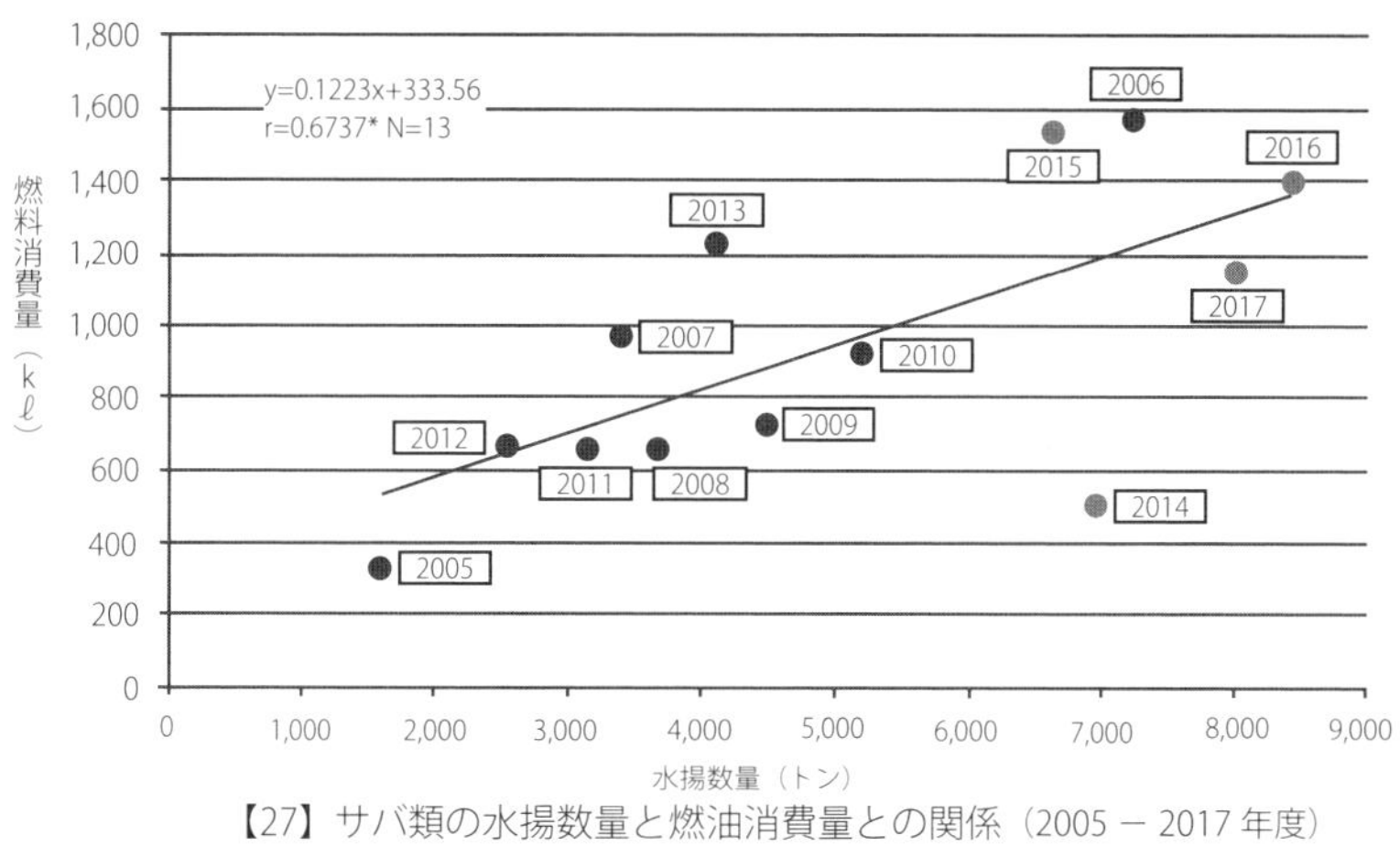

【27】サバ類の水揚数量と燃油消費量との関係（2005 － 2017 年度）

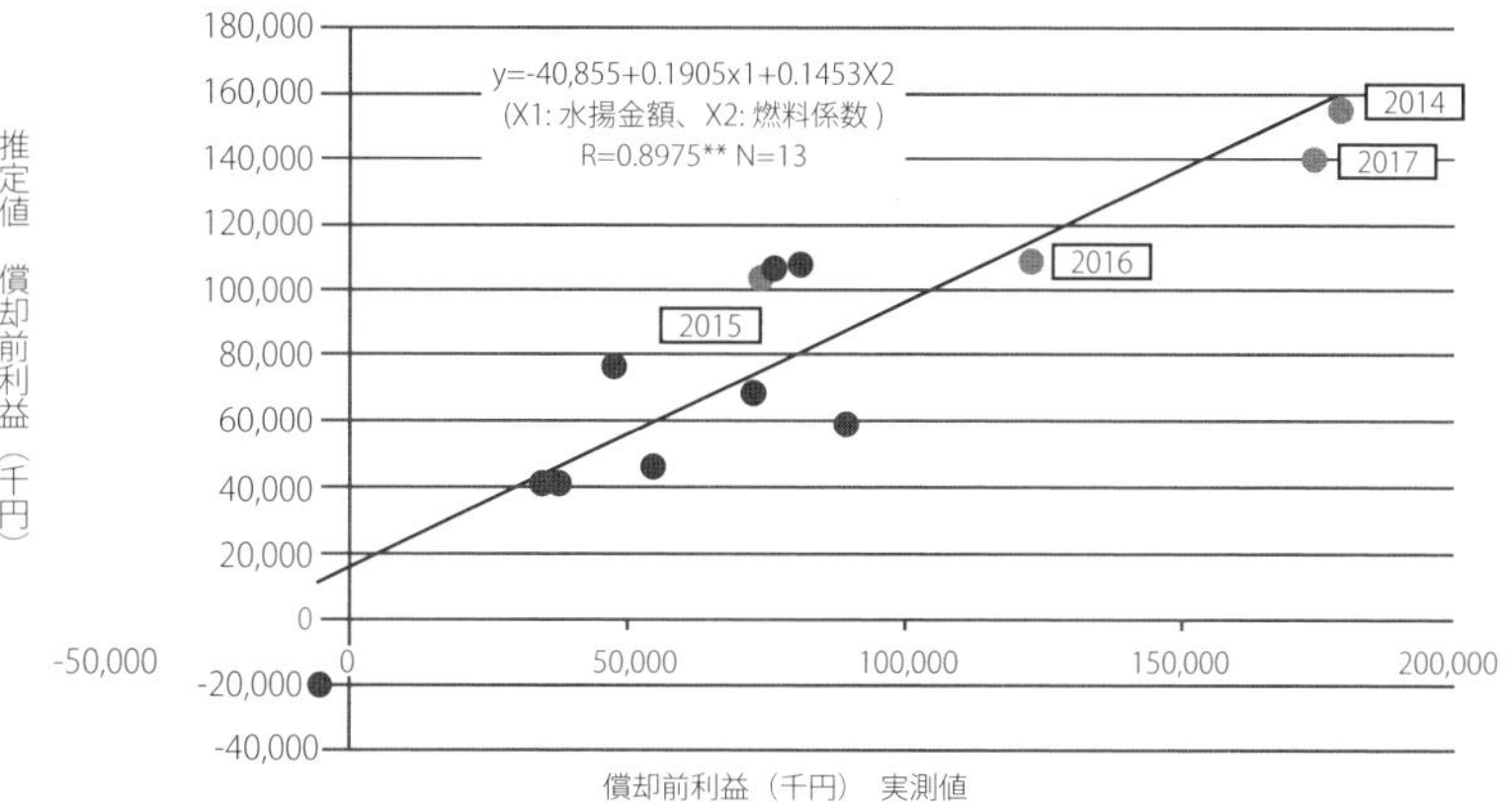

【28】重回帰分析による償却前利益の推定値と実測値との関係（F 社のサバ漁業）

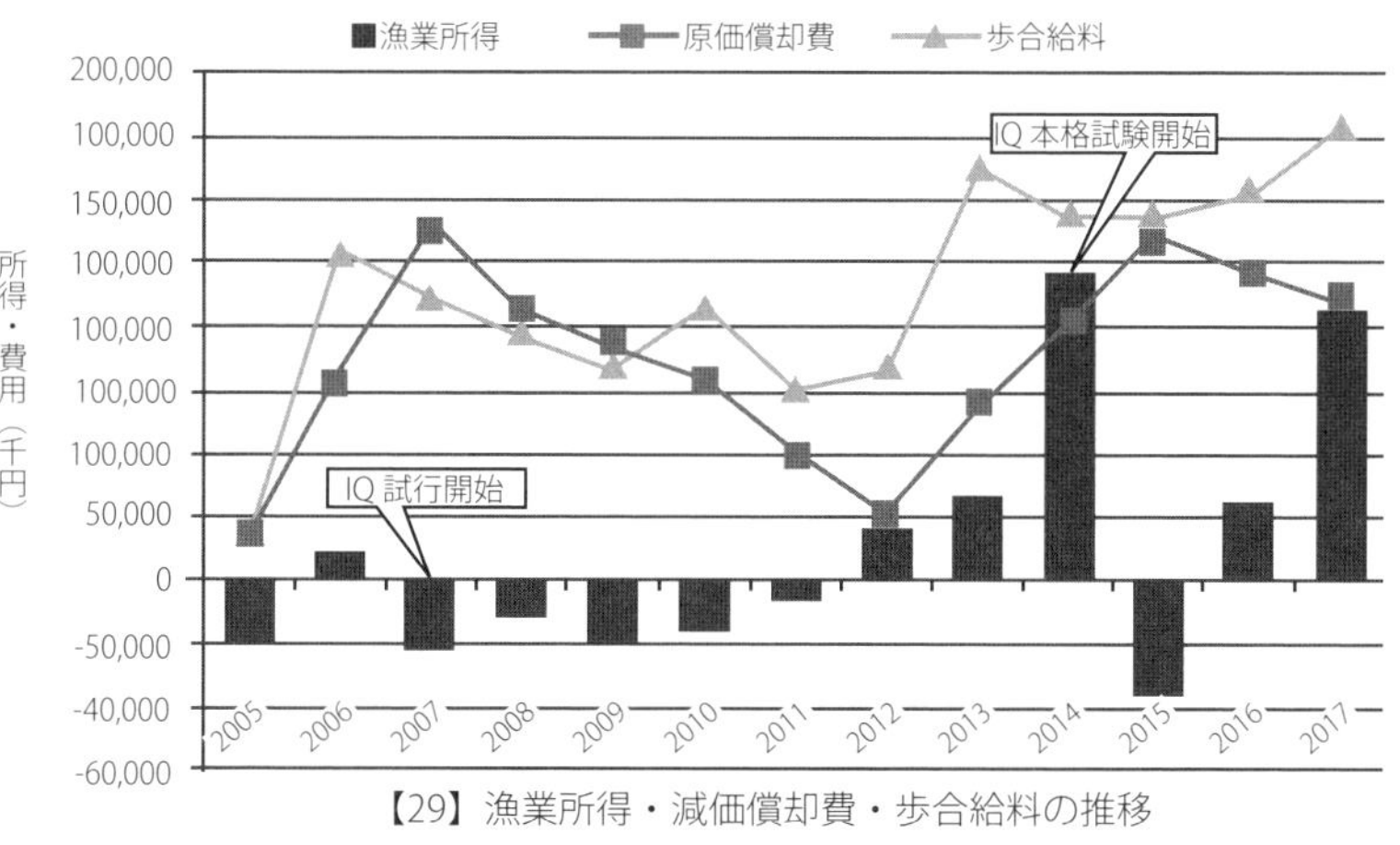

【29】漁業所得・減価償却費・歩合給料の推移

係数（燃油単価×水揚数量）の関係を分析したところ、著しく有意（重相関係数：R＝〇・八九七五＞R（危険率一％：〇・七七六）となり、償却前利益の推定値は実測値ともよく一致した【28】。このことは、サバの水揚金額と燃費が減価償却前利益に大きく影響し、IQの運用期間中における燃費の節減が経営の健全化に寄与したことを裏付けている。

最後に、【29】は、船主の粗利益がどのように配分されたのかを見るために、漁業所得、減価償却費及び歩合給料の推移を示したものである。それによると、粗利益の増大に応じて労務費（歩合給料）と将来に備えた減価償却費に多く充当されており、近年は経営の健全化が進んでいる。

③ 考察

Ⅰ　A船団は、二〇〇七年度以降、北部太平洋まき網漁連が管理する個別割当（IQ）方式に参加しているが、二〇一一年度以前は慢性的な赤字経営の状況にあった。これは、この時期のIQが努力目標であり、実質的には機能していなかったことを窺わせる。

Ⅱ　IQ方式の運用が本格化した二〇一四年度以降は、漁労利益（減価償却前）の顕著な増加とともに、経営の健全性も認められるなど、IQ方式導入の経済効果が推察された。

Ⅲ　この効果は、水揚金額に対する燃料費比率の低下傾向に顕著であり、現在はIQ導入前の一／三～一／二のレベルを示し、燃油費が大幅に節減されていることが窺える。また、IQの運用期間中における水揚数量に対する燃油消費量も相対的に低下しており、IQの経済効果を裏付ける結果となった。

Ⅳ　重回帰分析を用いて、各年度の減価償却前利益、水揚金額及び燃料係数（燃油単価×水揚数量）の関係を分析したところ著しく有意となり、IQの運用期間中における燃費の節減が経営の健全化に寄与したことが裏付けられた。

Ⅴ　以上の結果は、IQ方式によって効率的な漁場選択と操業が行われるようになったことによると考えられる。F社の漁労長への聴き取り調査によれば、「IQを導入したことによって、エンジンを余分に回すことがなくなり、燃料の消費が少なくて済むようになった。」と証言している。

Ⅵ　A船団における現状の漁獲量（約八千トン）は、最大利益をもたらす水準に近いと考えられるが、IQ枠の範囲内においても、加工用原料の供給等の需給バランスを勘案し、総合的な観点から水揚げ目標を立てる必要があると思われる。

【30】まき網漁船（A 船団）がサバ漁業で使用した年間燃油消費量

	2005	2006	2007	2008	2009	2010	2011	2012	2013	2014	2015	2016	2017
燃料費（千円）	16,549	98,097	62,182	59,885	36,880	56,197	48,361	53,371	101,118	44,270	86,153	61,419	67,550
A 重油価(円 / ℓ)	50.02	62.28	64.04	91.15	50.58	61.29	72.96	80.13	82.03	87.11	56.08	43.94	58.62
燃油消費（kℓ）	331	1,575	971	657	729	917	663	666	1,233	508	1,536	1,398	1,152

※ A 重油単価は F 社の実購入価格を使用

【31】北部太平洋まき網船団（A 船団）におけるサバ漁業の収支実績

	2005	2006	2007	2008	2009	2010	2011	2012	2013	2014	2015	2016	2017
サバ水揚数量（t）	1,602	7,236	3,406	3,676	4,478	5,196	3,149	2,546	4,103	6,955	6,628	8,435	8,003
サバ水揚金額（千円）	48,529	430,758	359,522	321,438	284,338	372,381	254,509	272,532	523,371	572,133	476,293	501,228	592,164
平均単価（円／kg）	30.29	59.53	105.56	87.44	63.50	71.67	80.82	107.04	127.56	82.26	71.86	59.42	73.99
収入合計	48,529	430,758	359,522	321,438	284,338	372,381	254,509	272,532	523,371	523,133	476,293	501,228	592,164
変動費 ／販売手数料	2,300	20,107	16,674	15,174	12,858	16,564	10,198	12,283	24,117	25,981	21,734	22,876	27,414
氷代	2,666	20,014	10,747	9,315	12,142	17,410	9,489	9,839	17,136	22,426	14,909	18,439	15,650
燃料費	16,549	98,097	62,182	59,885	36,880	56,197	48,361	53,371	101,118	44,270	86,153	61,419	67,550
歩合給料	13,486	103,238	90,010	77,055	66,506	86,640	60,011	66,145	129,832	115,263	115,263	121,297	143,304
小計	35,001	241,456	179,614	161,429	128,385	176,811	128,058	141,638	272,203	207,940	238,059	224,031	253,918
固定費 漁具費	1,188	7,049	11,122	6,246	8,853	12,040	7,614	7,481	14,885	12,747	10,765	9,191	12,758
修繕費	4,329	36,237	28,130	29,064	31,980	65,672	34,139	35,195	61,401	63,189	53,165	53,029	63,288
保険料	4,056	21,494	15,864	16,320	20,205	21,546	17,218	17,350	29,474	37,881	34,283	33,119	32,730
減価償却費	14,674	66,324	111,914	84,911	74,148	63,725	40,896	21,008	54,465	81,429	109,762	98,089	88,567
一般管理費	3,180	15,358	15,995	13,217	15,810	18,897	14,551	14,366	22,808	11,232	12,952	13,176	10,955
その他	6,602	33,611	19,424	22,354	24,649	29,588	18,225	19,618	41,814	60,591	53,463	45,811	44,463
小計	34,030	180,073	202,449	172,113	175,644	211,467	132,642	115,017	224,847	267,069	274,390	252,415	252,761
支出合計	69,030	421,529	382,063	333,542	304,030	388,278	260,700	256,655	497,050	475,009	512,449	476,446	506,679
差引損益	-20,501	9,229	-22,541	-12,104	-196,692	-15,897	-6,191	15,877	26,321	97,124	-36,156	24,782	85,485

※上表の '05 ～ '13 年は、A 船団の経営収支実績（全体）に基づき、サバの水揚金額比率（下表）で各支出項目を按分して算出し、その後（'14 ～ '17 年）はサバの漁期中の支出実績とした。

	2005	2006	2007	2008	2009	2010	2011	2012	2013
サバ水揚金額比率	0.086108645	0.434452524	0.294273637	0.254348663	0.31663697	0.38493609	0.280285029	0.279408694	0.438644131

2　北部太平洋大中型まき網漁業のサバ類を対象とした個別割当（IQ）の導入に関する経営分析

有薗眞琴

■S社における大中型まき網漁業の経営概況

北部太平洋のO地区でS社が経営する大中型まき網漁業は一船団（ヶ統）あり、従来（二〇〇八年度以前）は、一船団当たり網船一隻、灯船兼探索船一隻及び運搬船二隻の構成（四隻体制）で操業していた。しかし、二〇〇八年六月に起きた網船一隻の沈没事故を契機として、国が進める漁船漁業改革総合対策事業により、漁船漁業の収益性の向上を図るための実証事業（「通称：もうかる漁業マイルド」）に着手することになり、二〇〇九〜一〇年度の間に実施した。

こうした状況下、二〇一一年三月に東日本大震災が発生し、O地区の加工・流通業を含めた水産業全体が多大な被害を受けることになった。このため、早期に震災復興を図る必要が生じ、国が進める地域漁業復興プロジェクト事業（「通称：がんばる漁業」）の漁業復興計画に基づき、より収益性を重視した改良型漁船（運搬機能付き網船二隻）を導入し、船団規模の縮小による漁業改革（ミニ船団化）を二〇一二〜一四年度の間に実施した【32】。

この「がんばる漁業」の復興計画は、改革前（震災前）の二船団八隻体制を改革後（復興後）には二船団五隻体制（当初計画：二〇一一年一二月、変更計画：二〇一五年四月）に縮減（ミニ船団化）し、収益性を大幅に改善するというものである【34】。これによって、大中型まき網漁業の経営収支は、復興(五年目（二〇一六年度）において、水揚金額は震災前の二〇％減少すると見込まれる一方、乗組員数が九六名から六五名へ削減されることにより人件費が三二％減少するとともに、燃油代がミニ船団化によって一四％節減されること等によって、総生産コストが二六％削減されると見積もられ、償却前利益が約一億九千万円発生すると試算されている【33】。

■経営分析結果

① 大中型まき網漁業の経営状況

S社が経営する大中型まき網漁業（二ヶ統）の収支実績（二〇〇五～一七年度）は、【63】に示すとおりである。経営の推移は、【35】に示すとおり、二〇〇八年八月に起きた網船の沈没事故以降、赤字経営に陥り、東日本大震災を経て、二〇一四年度のミニ船団化等の改革が終了するまでの間の償却前利益は一～五億円を超える大幅なマイナスを示していた。しかし、改革終了後は着実に経営の改善が認められ、二〇一六年度以降は償却前利益において黒字化を達成している。

② 大中型まき網漁業の水揚げ実績

当地区の大中型まき網漁業の操業形態は、四～九月はカツオ・マグロ漁、一〇～三月がイワシ・サバ漁と

	改革の取組	経営の概況
～2008	(改革前)	2船団8隻体制 (総トン数1,670トン、魚倉容積1,867m3、乗組員96名) 網船(135トン型)2隻 灯船兼探索船(90トン型)2隻、運搬船(300トン型)4隻
2008	(沈没事故)	網船(135トン)1隻沈没
2009～10	もうかる漁業マイルド	2船団7隻体制:船団のスリム化(運搬船1隻減) 網船(135トン型、80トン型)2隻 灯船兼探索船(90型トン)2隻 運搬船(300トン型)3隻
2011	(東日本大震災)	
2012～13	がんばる漁業(ミニ船団化)	2船団4隻体制:運搬機能付き網船2隻導入(ミニ船団化) 網船(300トン型、250トン型)2隻、 灯船兼探索船(90トン型)1隻、運搬船(300トン型)1隻
2014～	がんばる漁業	2船団5隻体制 (総トン数1,295トン、魚倉容積1,862m3、乗組員65名) 網船(300トン型、250トン型)2隻、灯船兼探索船(90トン型)1隻 運搬船(300トン型)2隻

【32】S社における大中型まき網漁業の経営改革の取組

	震災前	復興1年目 2012年度	復興2年目 2013年度	復興3年目 2014年度	復興4年目 2015年度	復興5年目 2016年度
収入						
水揚量(ton)	17,008	13,700	13,700	13,700	13,700	13,700
水揚高	2.414,260	1,921,600	1,921,600	1,921,600	1,921,600	1,921,600
経費						
人件費	840,143	568,847	568,847	568,847	568,847	568,847
修繕費	338,570	164,000	168,000	192,000	195,000	245, 000
燃油代	536,026	432,233	432,233	432,233	458,732	458,732
氷代・塩代	103,579	64,263	64,263	64,263	64,263	64,263
漁具費	156,892	105,257	105,257	105,257	105,257	105,257
餌代	12,167	12,167	12,167	12,167	12,167	12,167
販売経費	129,646	103,190	103,190	103,190	103,190	103,190
漁船保険料	27,258	22,926	22,926	22,926	25,126	25,126
公租公課	8,367	15,092	15,092	15,092	15,092	15,092
その他	100,783	56,686	56,686	56,686	56,686	56,686
一般管理費	73,762	73,762	73,762	73,762	73,762	73,762
経費合計	2,327,193	1,618,423	1,622,423	1,646,423	1,678,122	1,728,122
償却前利益	87,067	303,177	299,177	275,177	243,478	193, 478

【33】漁業復興収支計画(2015年4月変更計画)(単位:千円)

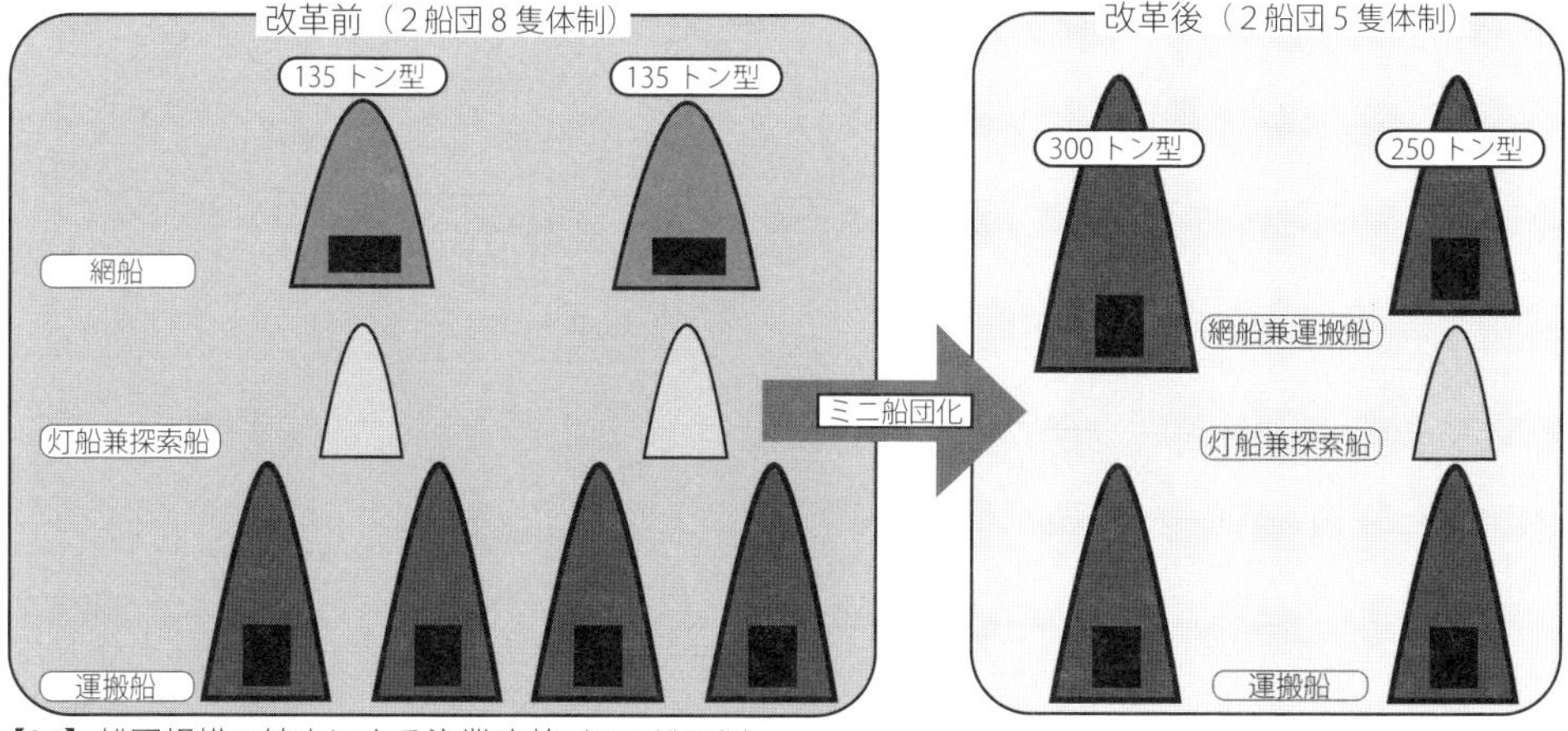

【34】船団規模の縮小による漁業改革(ミニ船団化)

なっており、その水揚げの推移は、【36】及び【37】に示すとおりである。

それによると、二〇一三年度以前は、水揚数量はイワシ・サバ類がカツオ類を上回るものの、水揚金額ではカツオ類がイワシ・サバ類を上回り、カツオ・マグロ漁に重点を置いた操業を行っていたことが解る。しかし、ミニ船団化の取組以降、近年はイワシ・サバ類が水揚数量のみならず金額でも全体に占める割合が増加し、サバ・イワシ類の漁獲を主体とする操業形態に移行していることが解る。

③ 費目別支出経費の推移

減価償却費を除く全支出経費の推移を【38】に、固定費の費目別推移を【39】に、変動費の費目別推移を【40】に、そして、固定費と変動費の推移を【41】に示した。

全支出経費の推移【38】を見ると、改革（ミニ船団化）の推進によって経費の支出は大幅に圧縮された状況が読み取れる。また、固定費の費目別推移【39】を見れば明らかなように、二〇〇八年に起きた網船の沈没事故及び二〇一一年の東日本大震災によって異常な支出（一般管理費及びその他経費）が発生しており、少なくとも二〇〇八年度から二〇一一年度の間の固定費の支出は、大中型まき網漁業の通常時における経営実態を正しく反映したものにはなっていないと考えられる。

④ 変動費による経営分析

【42】は、二〇〇五～二〇一七年度における水揚金額と変動費の関係を表したものであるが、これを見れ

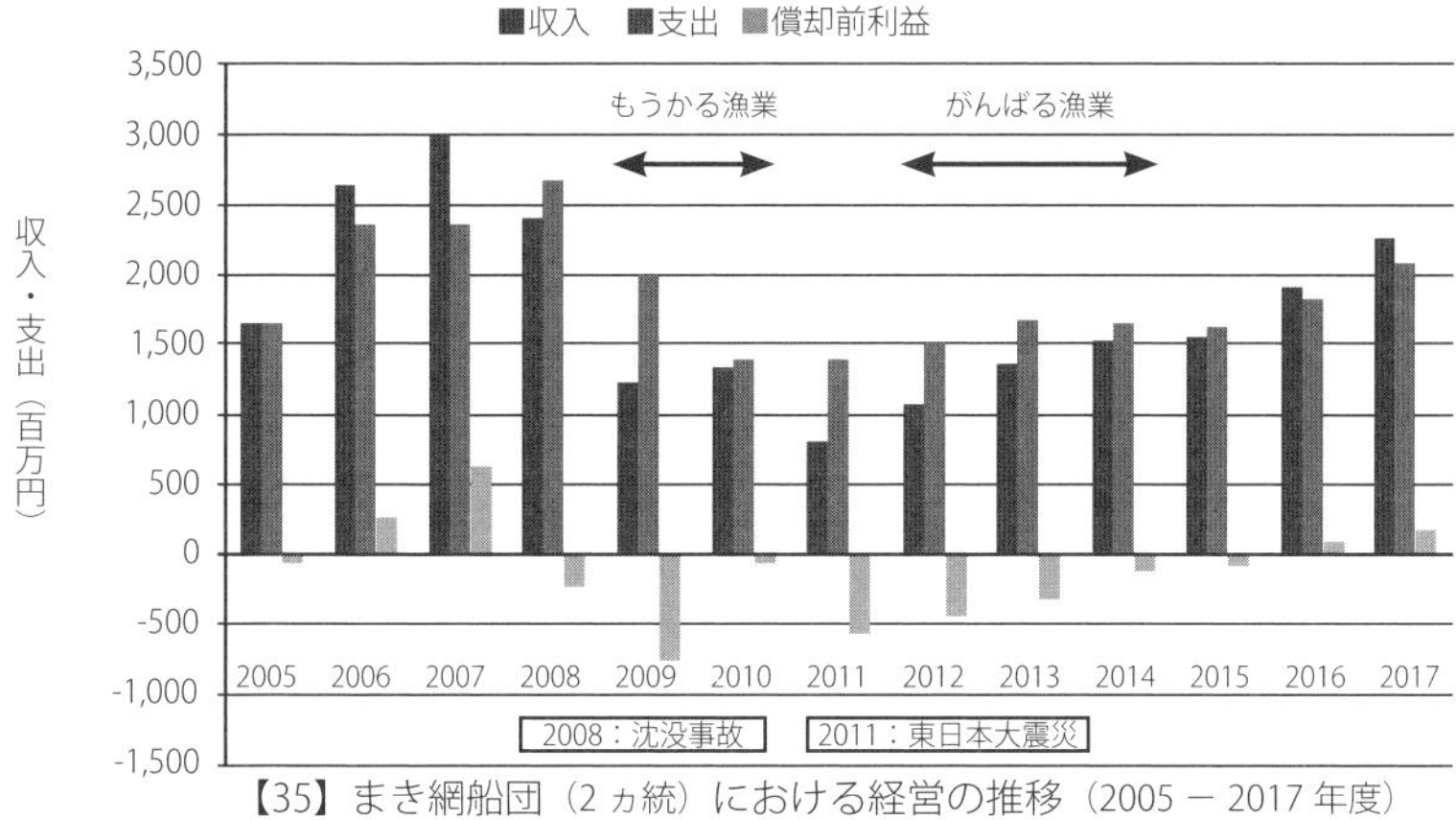

【35】まき網船団（2ヵ統）における経営の推移（2005 － 2017 年度）

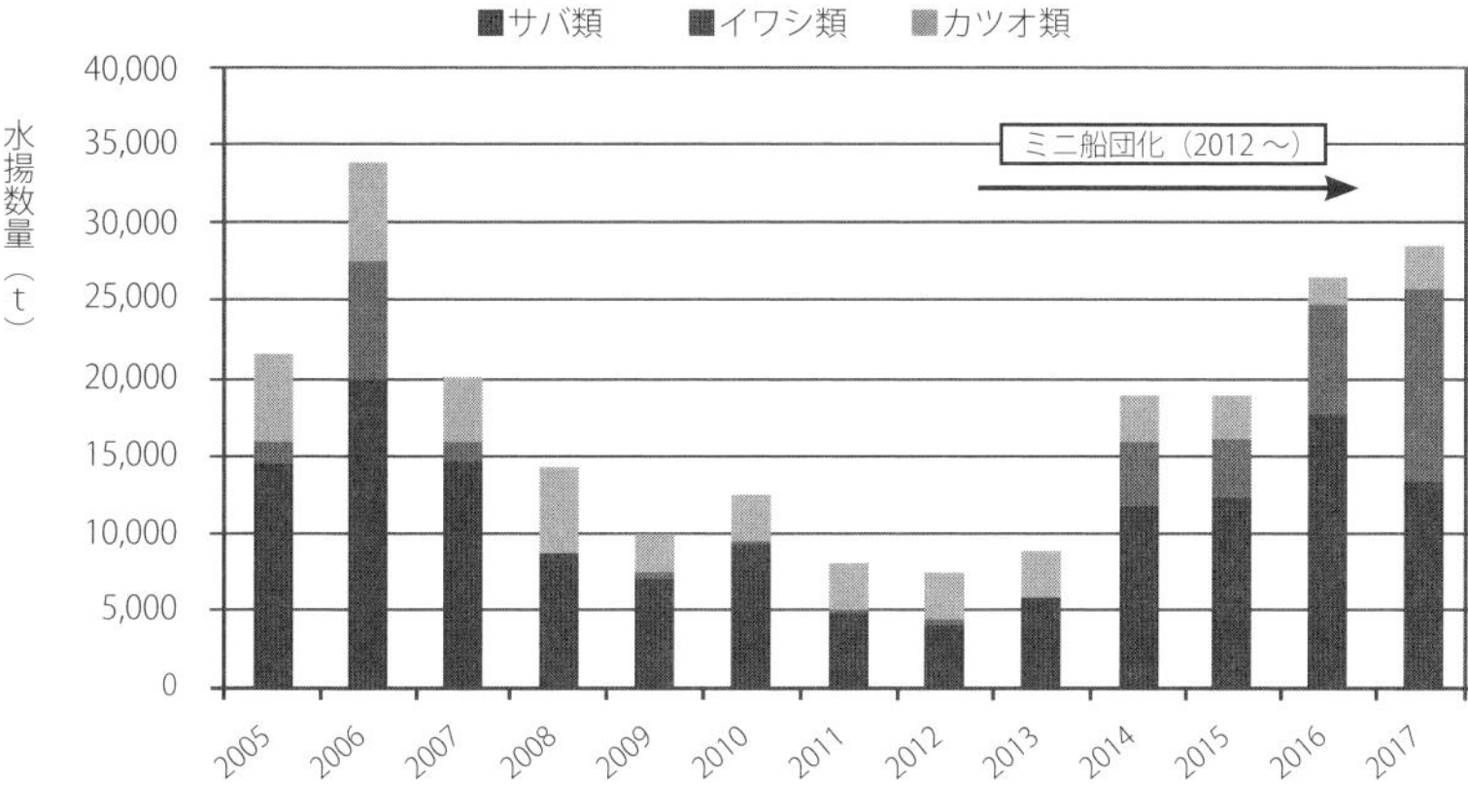

【36】まき網船団（2ヵ統）における水揚数量の推移

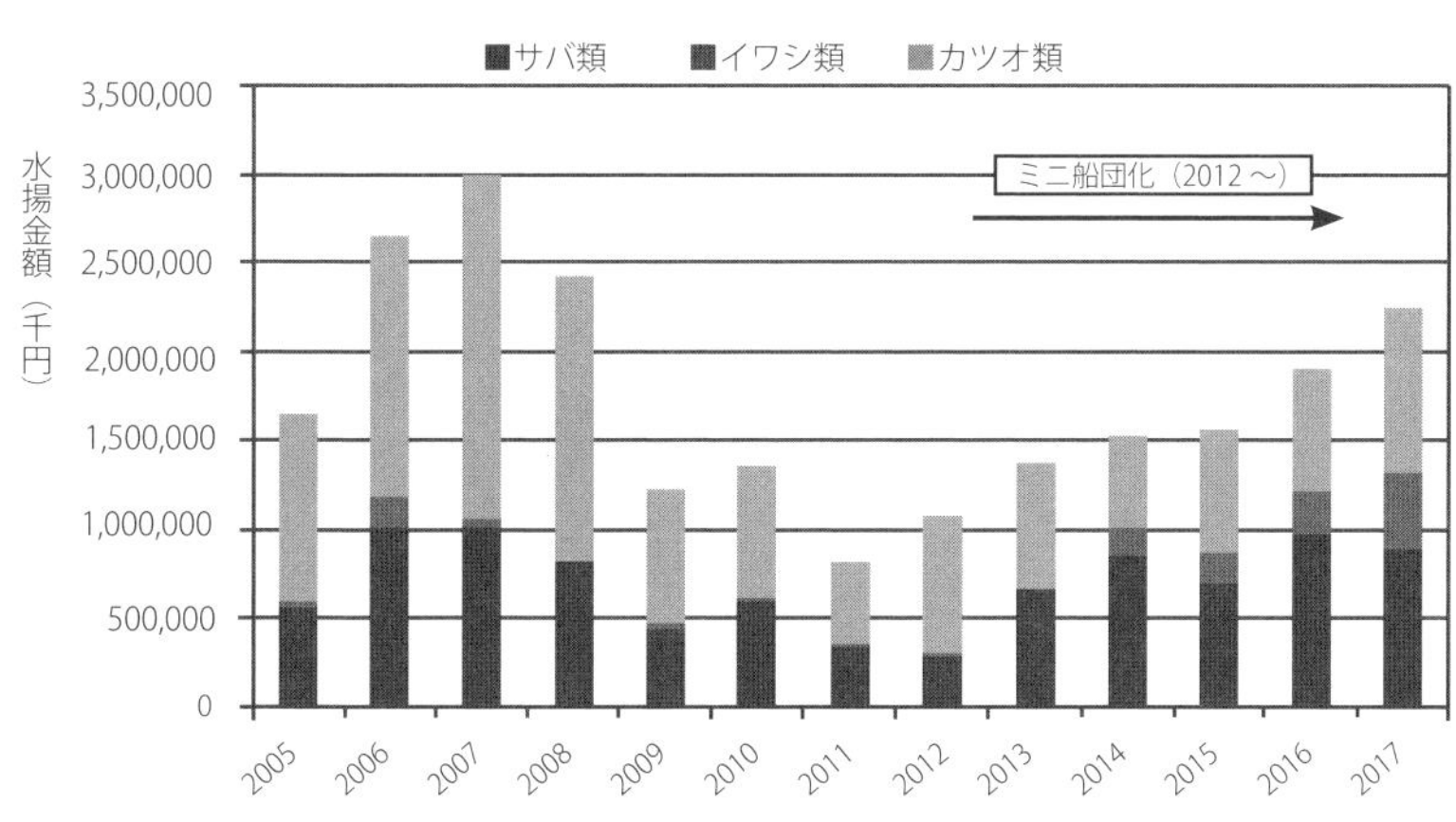

【37】まき網船団（2ヵ統）における水揚金額の推移

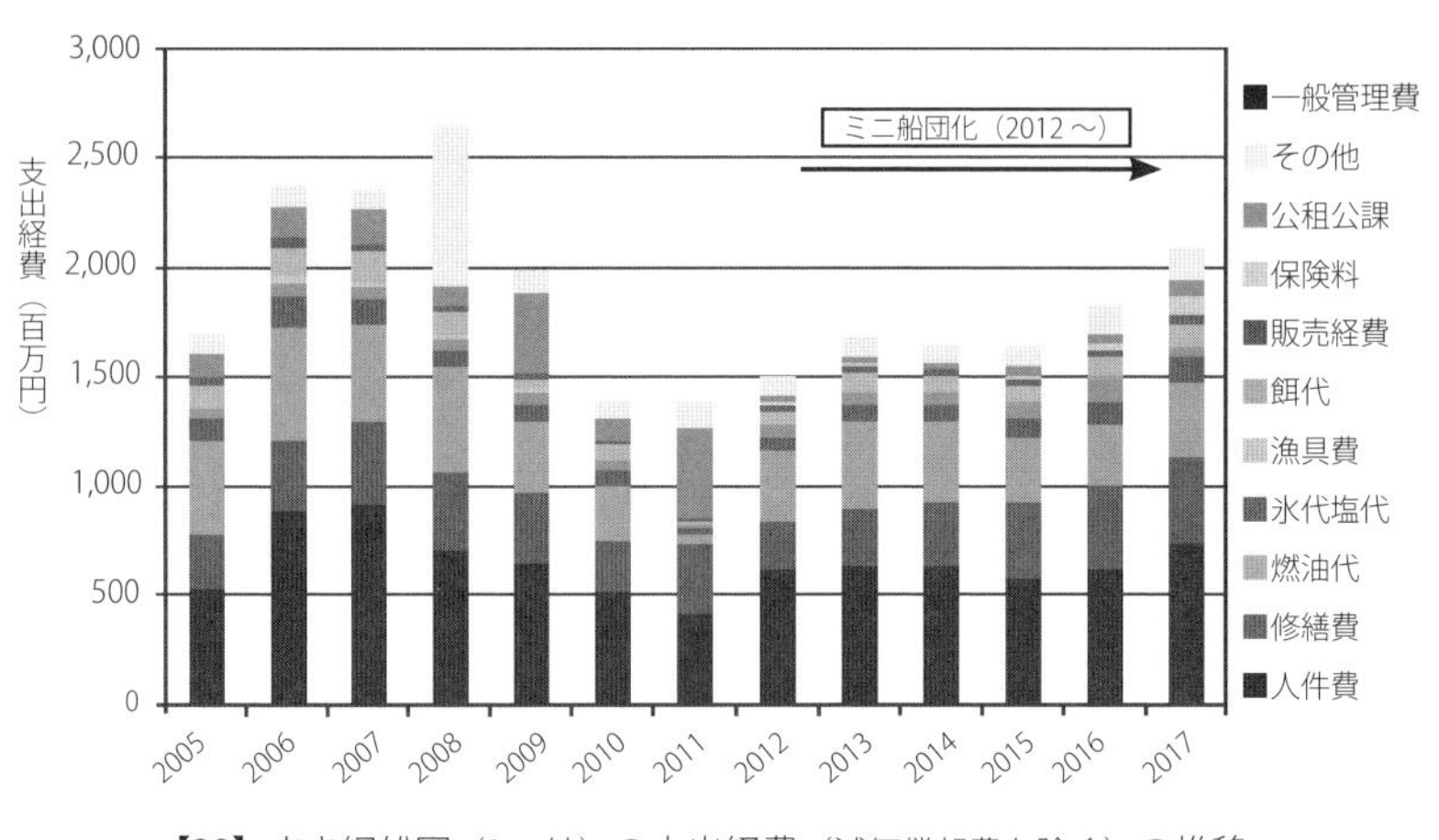

【38】まき網船団（2ヵ統）の支出経費（減価償却費を除く）の推移

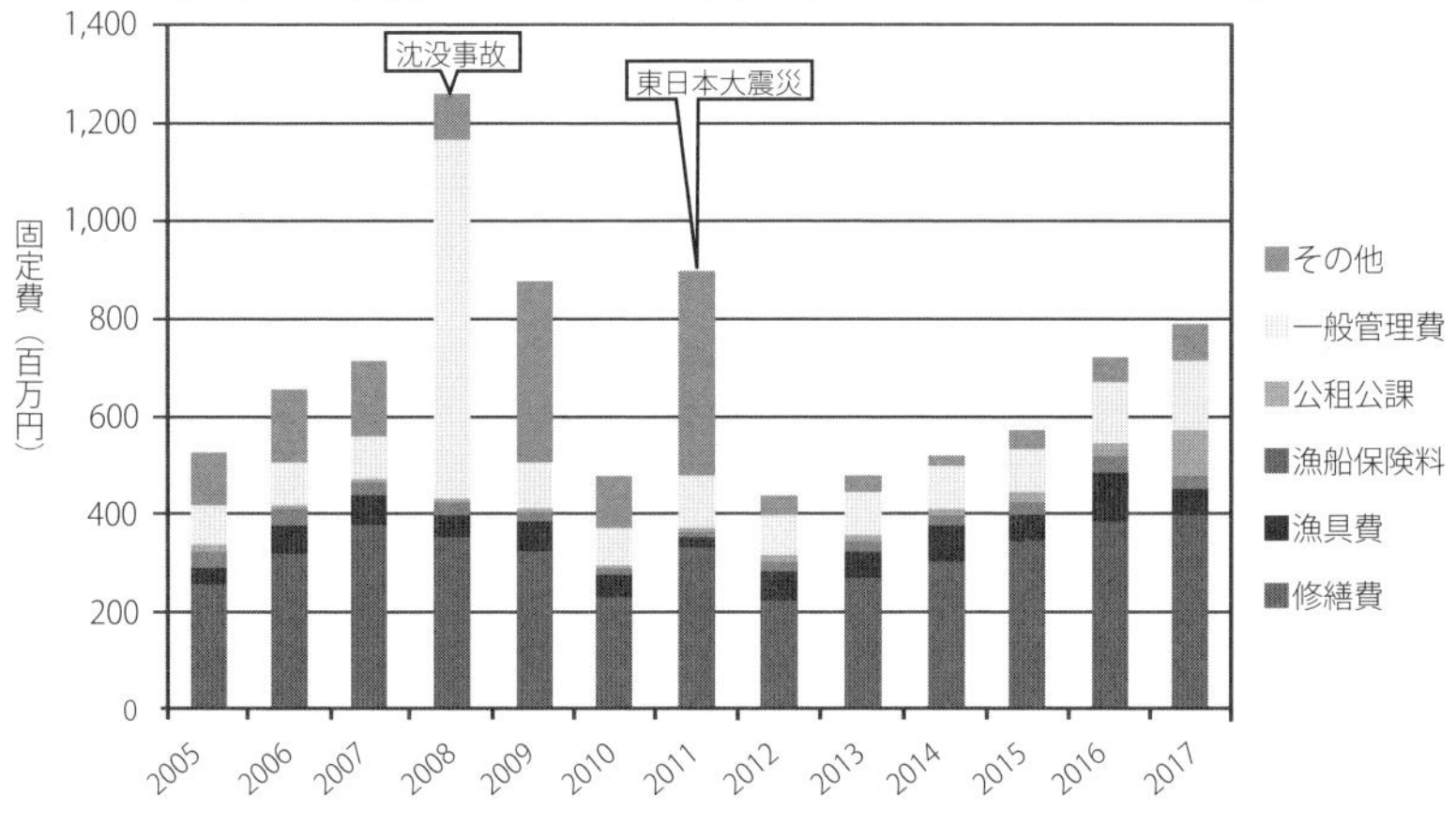

【39】まき網船団（2ヵ統）における費目別固定費の推移

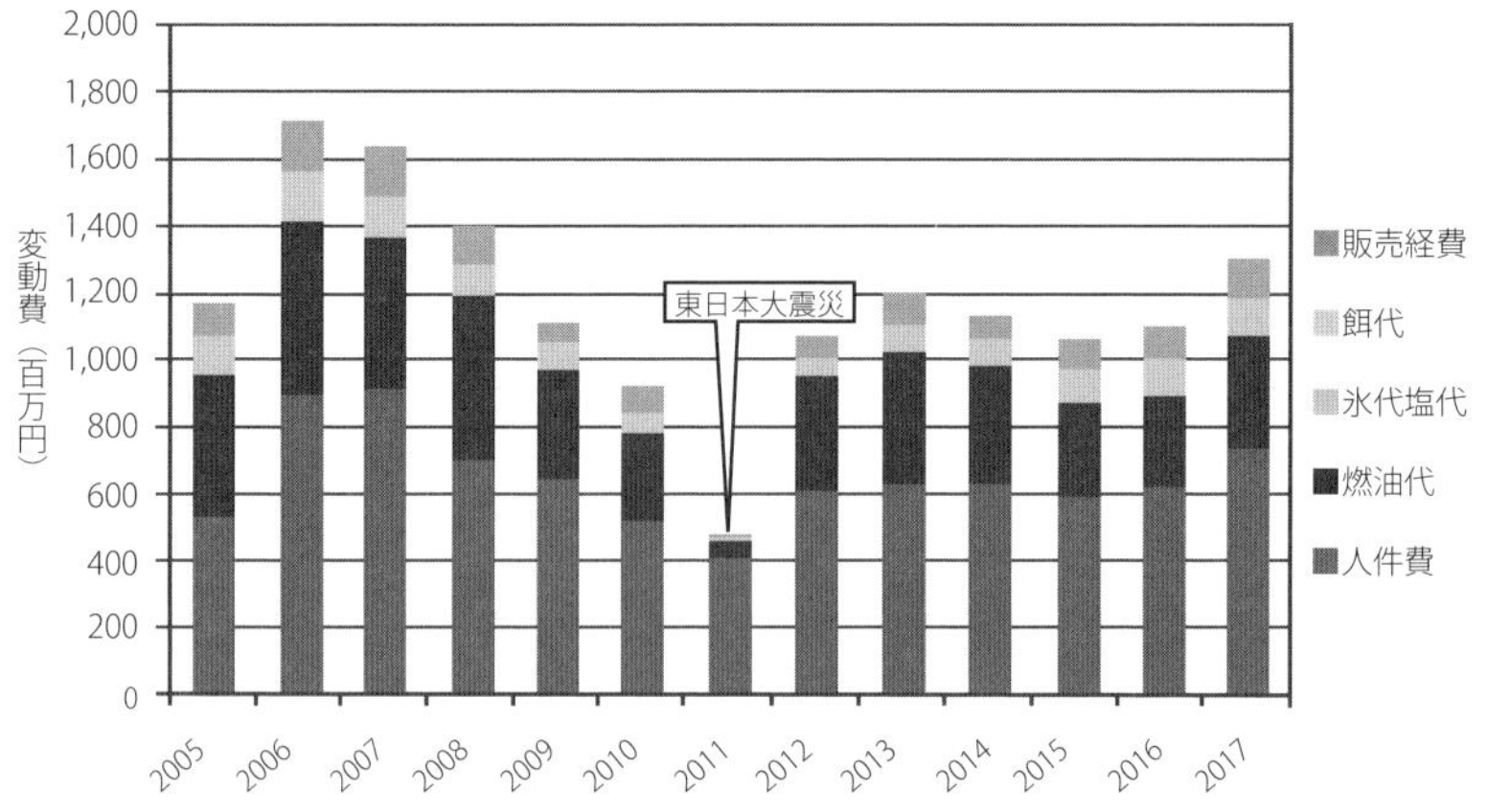

【40】まき網船団（2ヵ統）における費目別変動費の推移

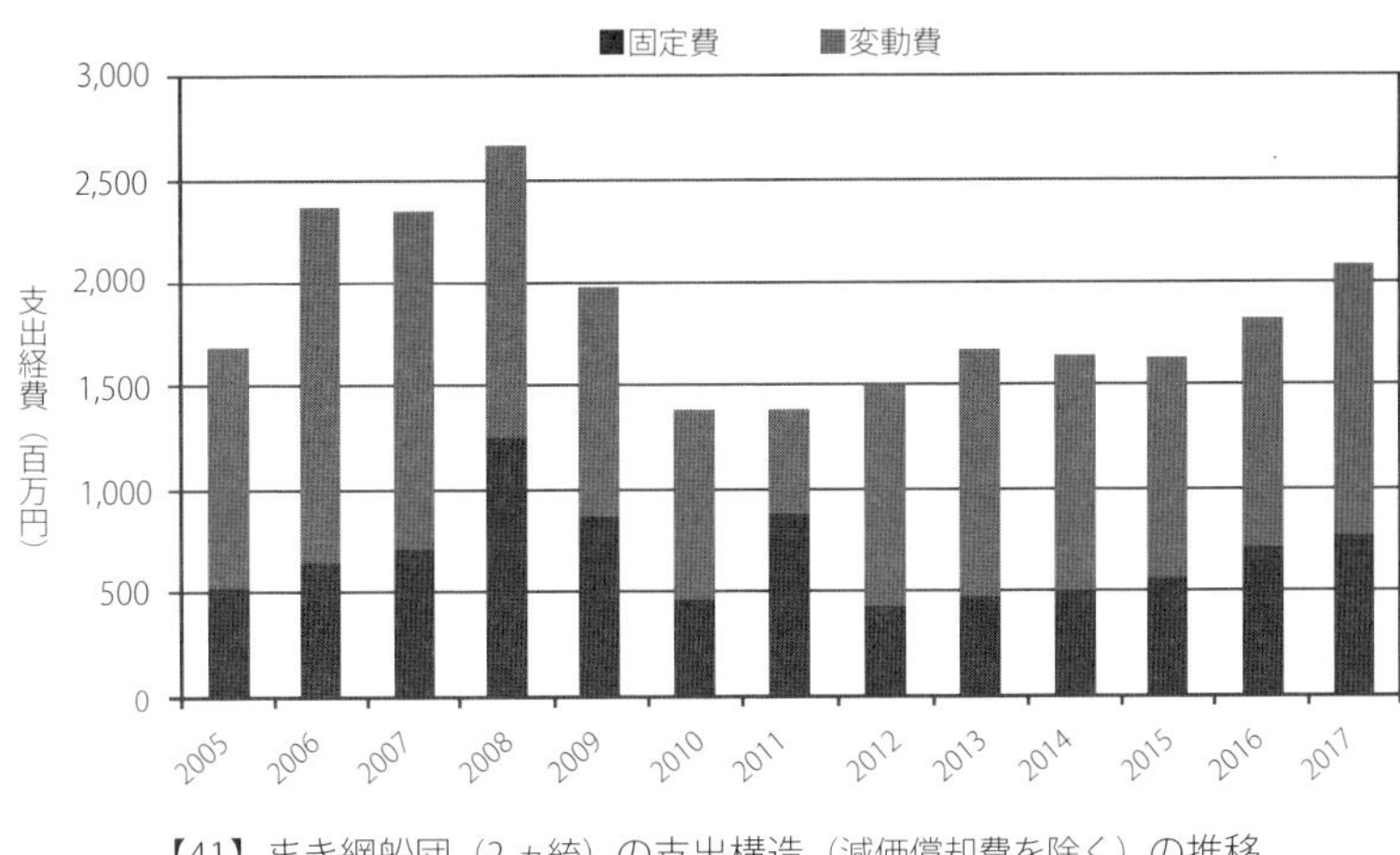

【41】まき網船団（2ヵ統）の支出構造（減価償却費を除く）の推移

ば明らかなように、両者の間には高い正の相関関係（危険率一％）が成立している。なお、この変動費の中には、未分離の固定費（約四億四千万円：関係式の切片の値）が含まれていることが推察される。また、改革（ミニ船団化）を終えた近年（二〇一五～一七年度）は、相対的に変動費の支出が減少しており（回帰直線の下側に分布）、経営改善が進展していることを窺わせる。

そこで、経営改善の状況をより細かく分析するため、水揚金額と主な変動費との関係について、人件費は【43】に、燃油代は【44】に、販売経費は【45】に、氷代・塩代は【46】にそれぞれ示した。

⑤復興計画と実績との比較

これらの図から解るように、人件費、燃油代、販売経費及び氷代・塩代は、いずれも水揚金額との間に高い正の相関関係（危険率一％）が成立している。また、人件費においては約三億二千万円の固定給（関係式の切片の値）の存在が、燃油代では水揚げに直接関係しない約一億二千万円の固定的経費（関係式の切片の値）の存在が推察される。そして、近年（二〇一五～一七年度）減少傾向にある（近似直線の下側）のは燃油代【44】であり、増加傾向にある（回

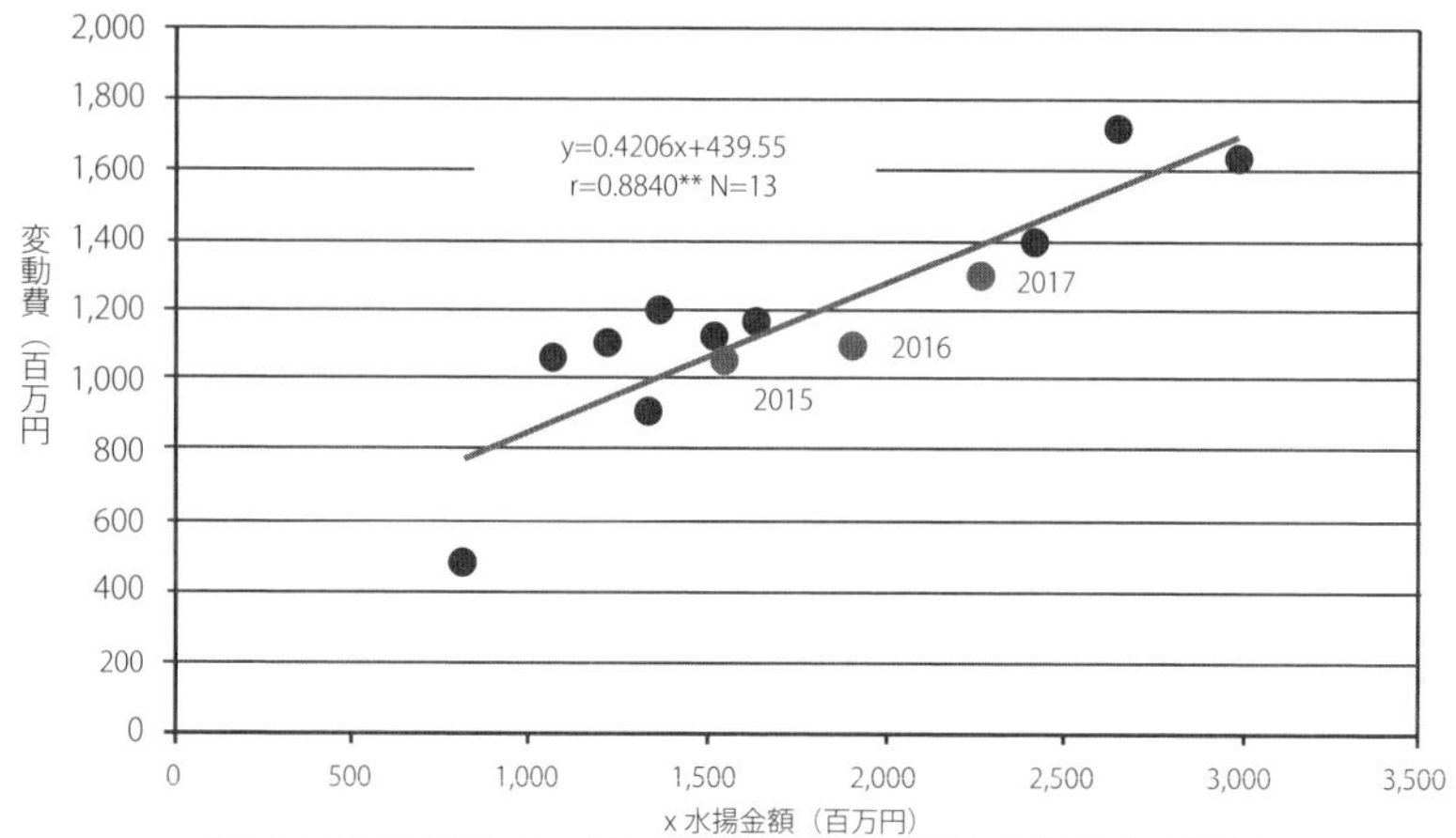

【42】まき網船団（2ヵ統）における水揚金額と変動費との関係

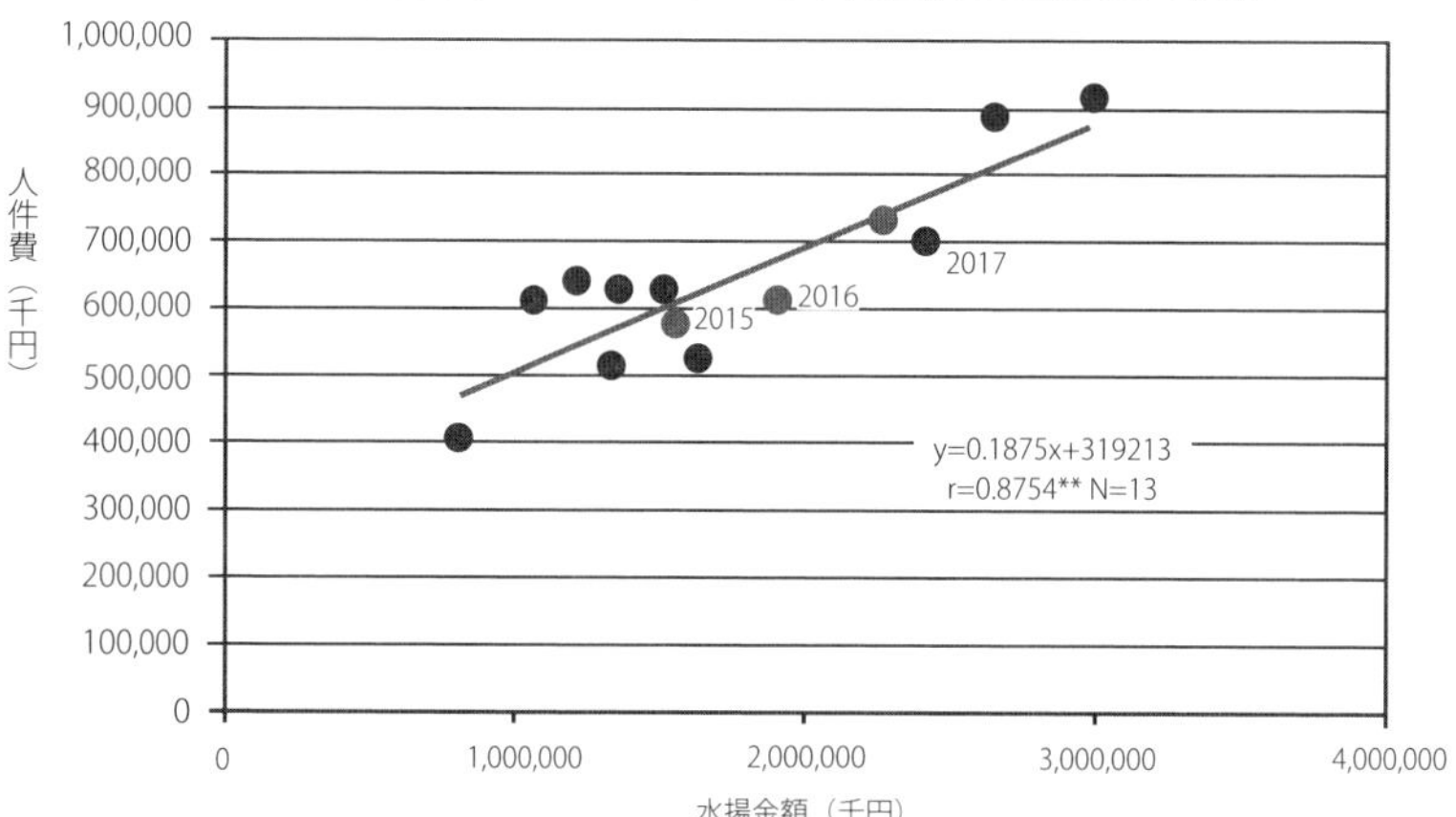

【43】まき網船団（2ヵ統）における水揚金額と人件費との関係

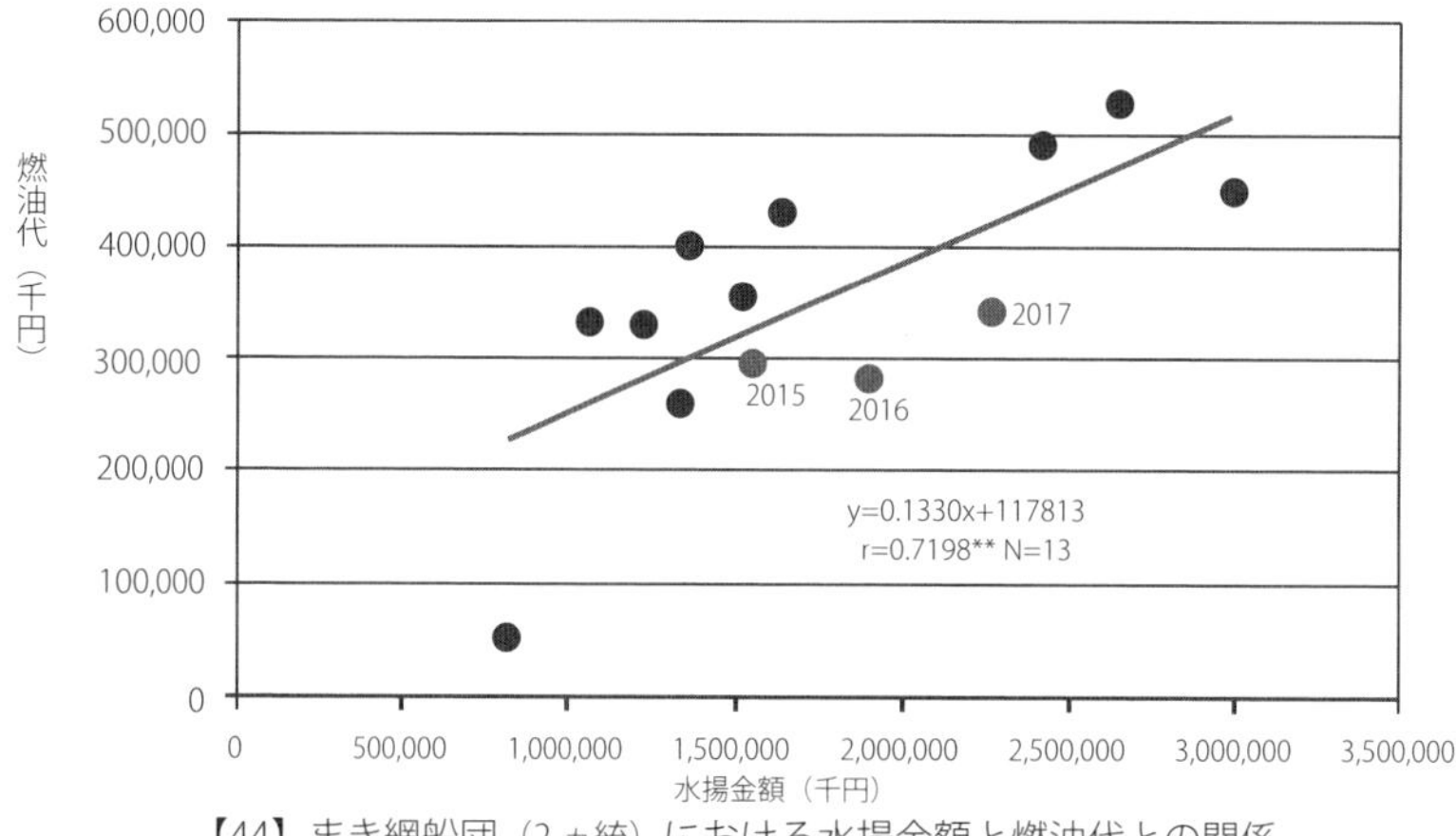

【44】まき網船団（2ヵ統）における水揚金額と燃油代との関係

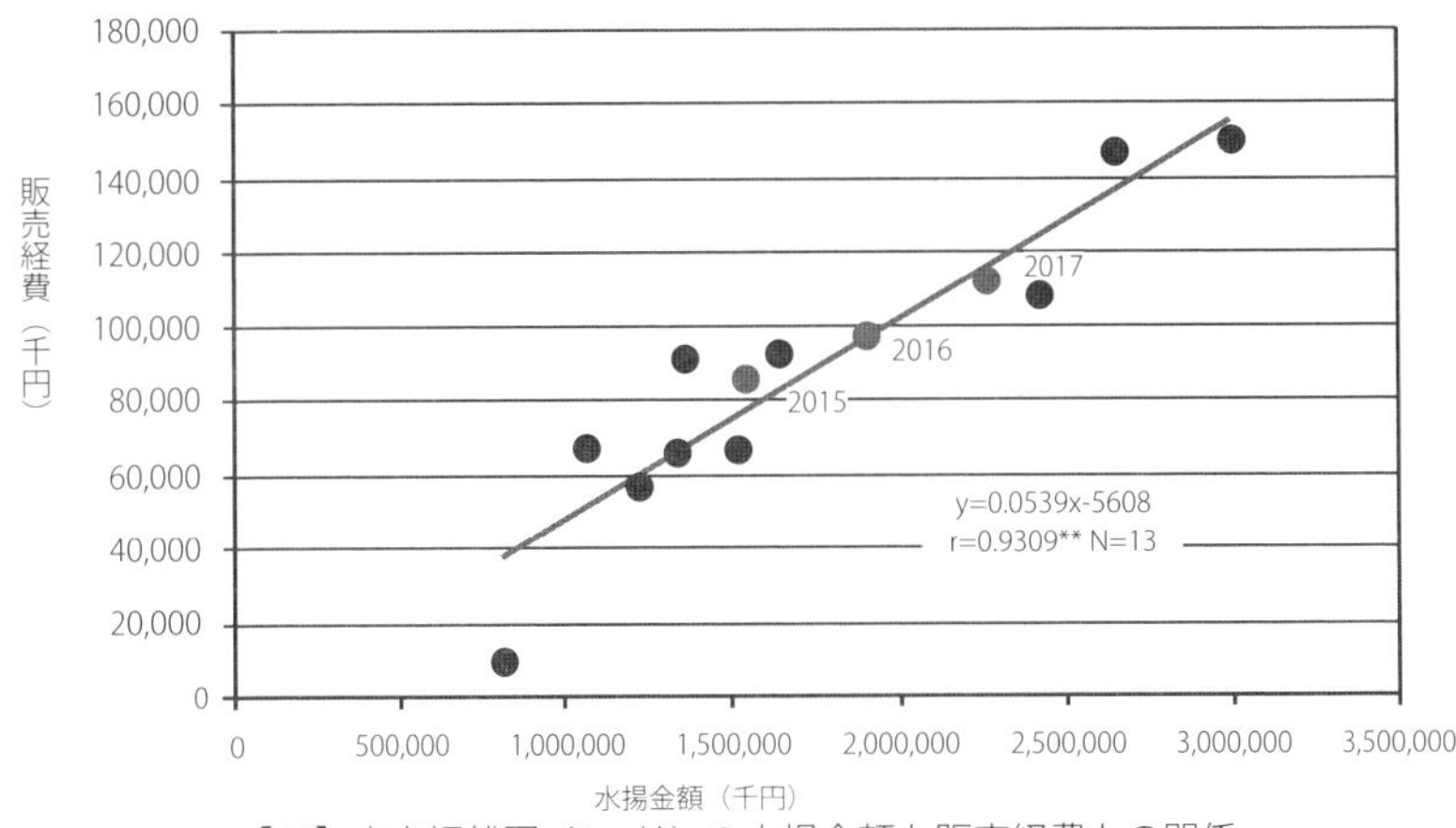

【45】まき網船団（2ヵ統）の水揚金額と販売経費との関係

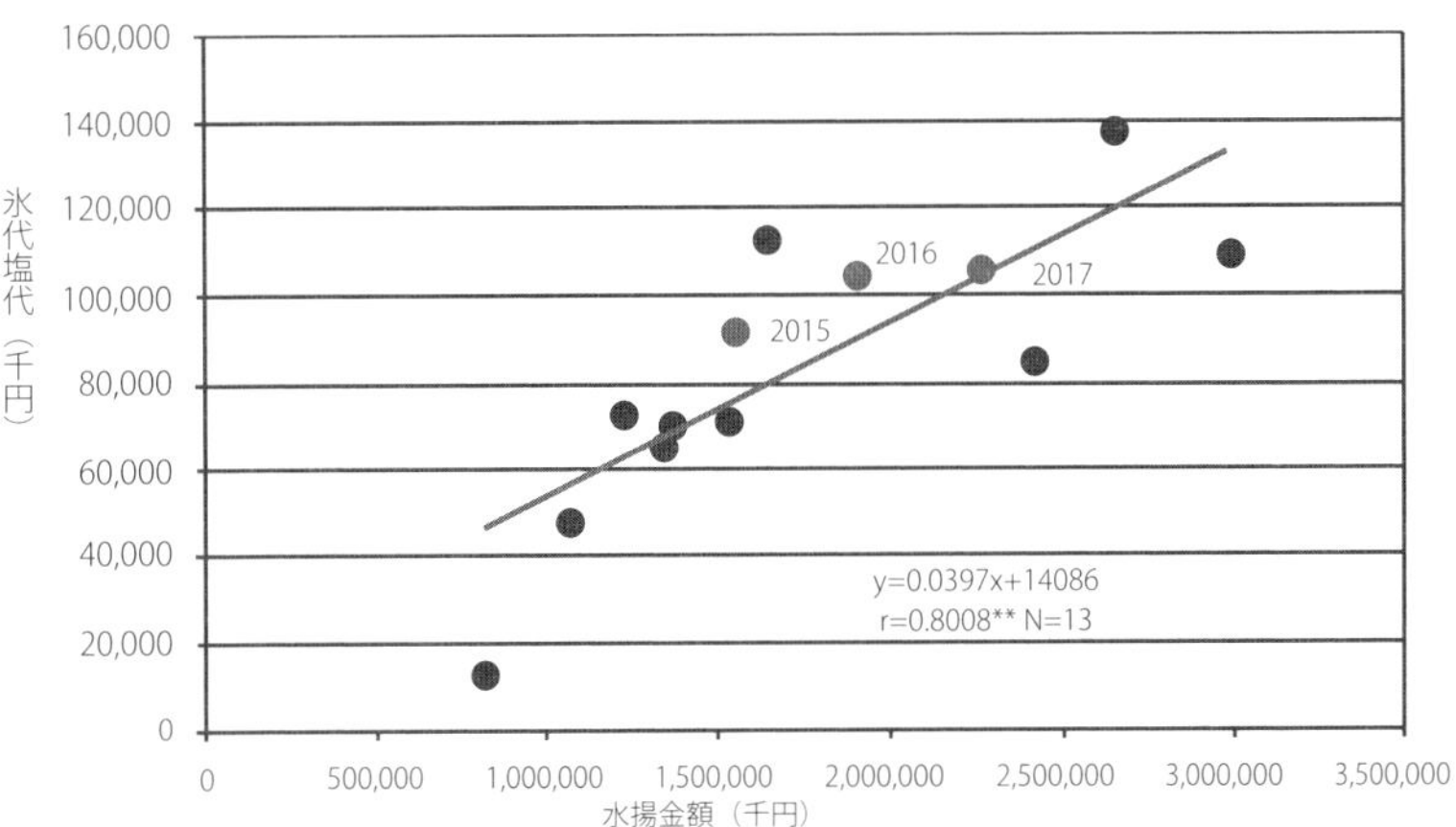

【46】まき網船団（2ヵ統）における水揚金額と氷代・塩代との関係

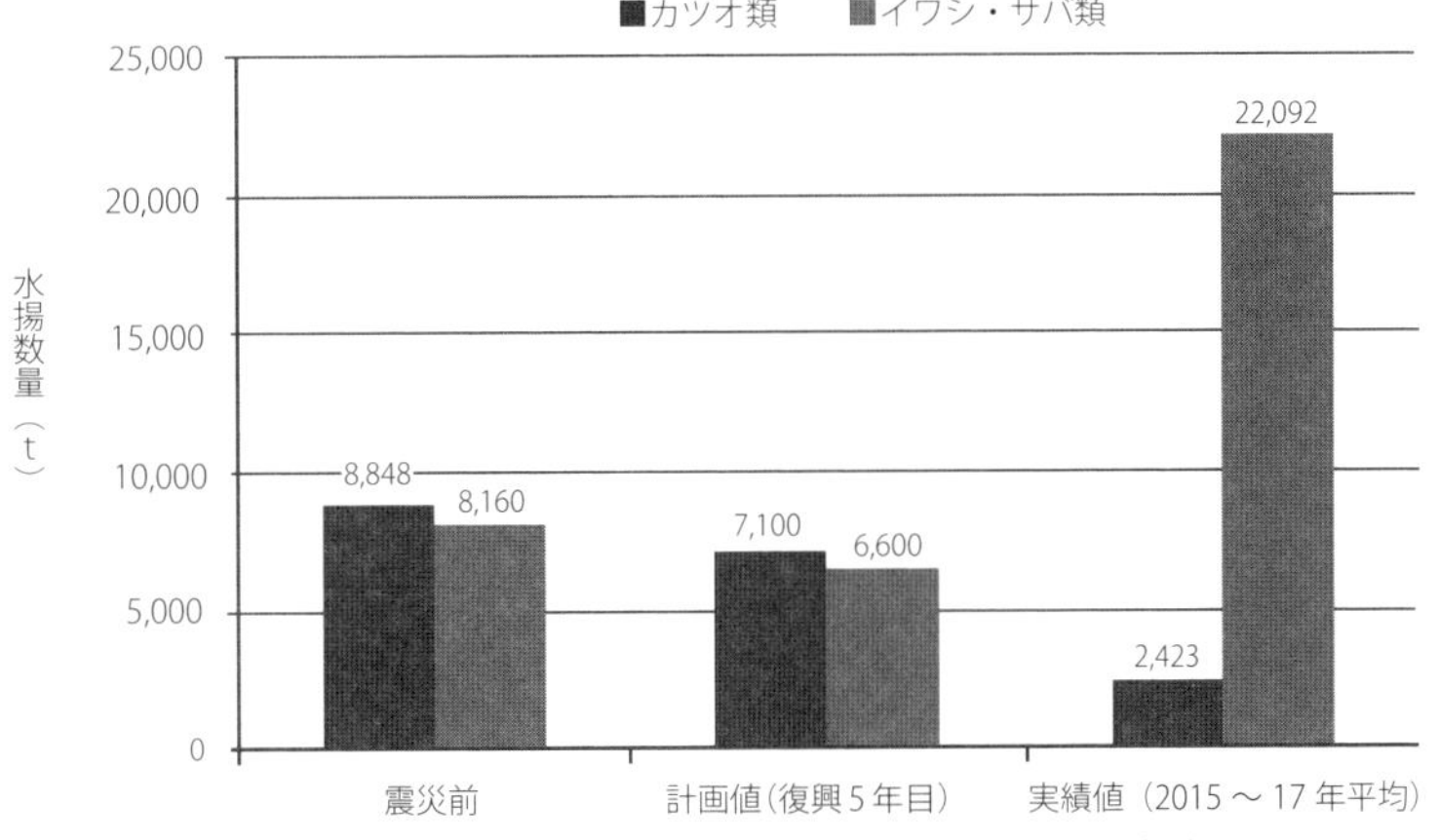

【47】ミニ船団化による魚種別水揚数量の計画と実績

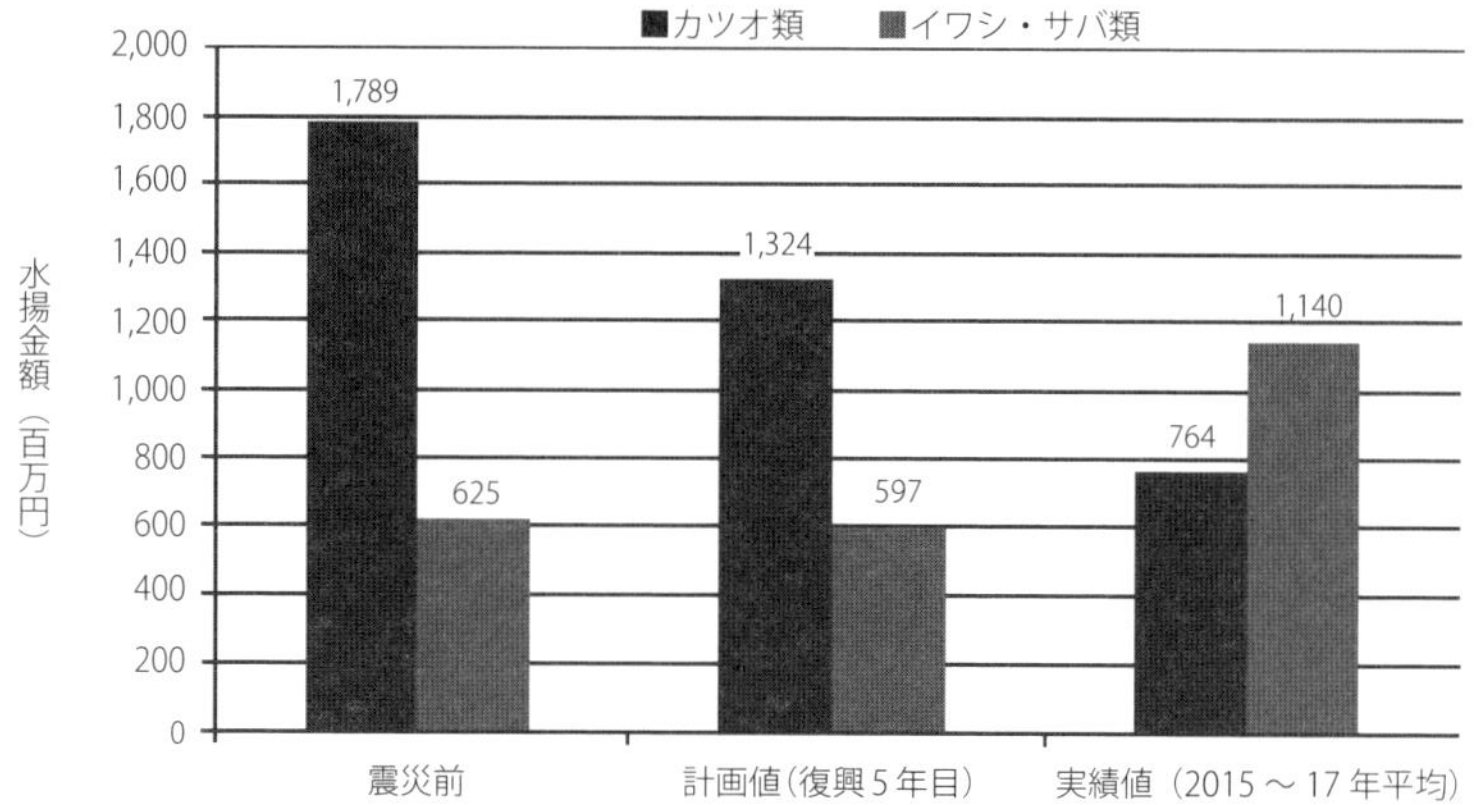

【48】ミニ船団化による魚種別水揚金額の計画と実績

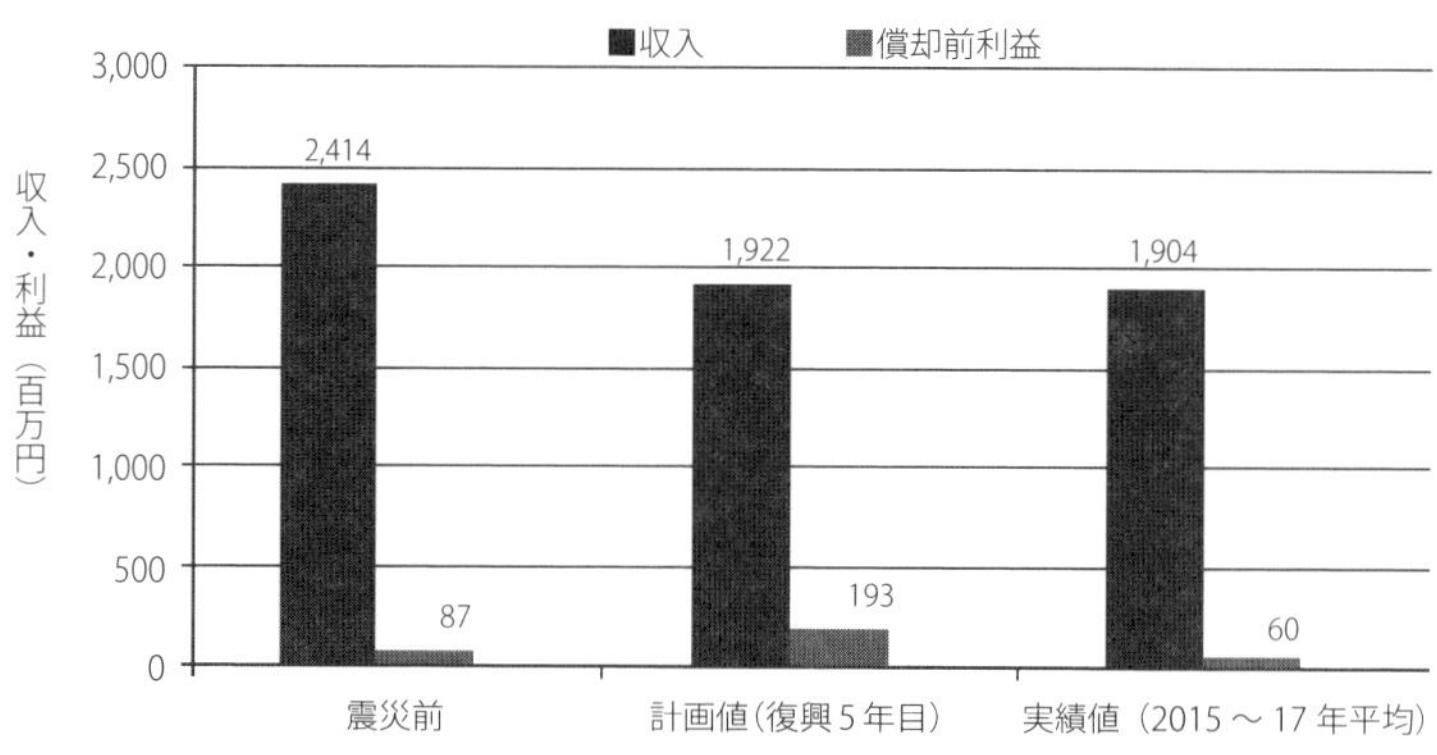

【49】ミニ船団化による収入および償却前利益の計画と実績

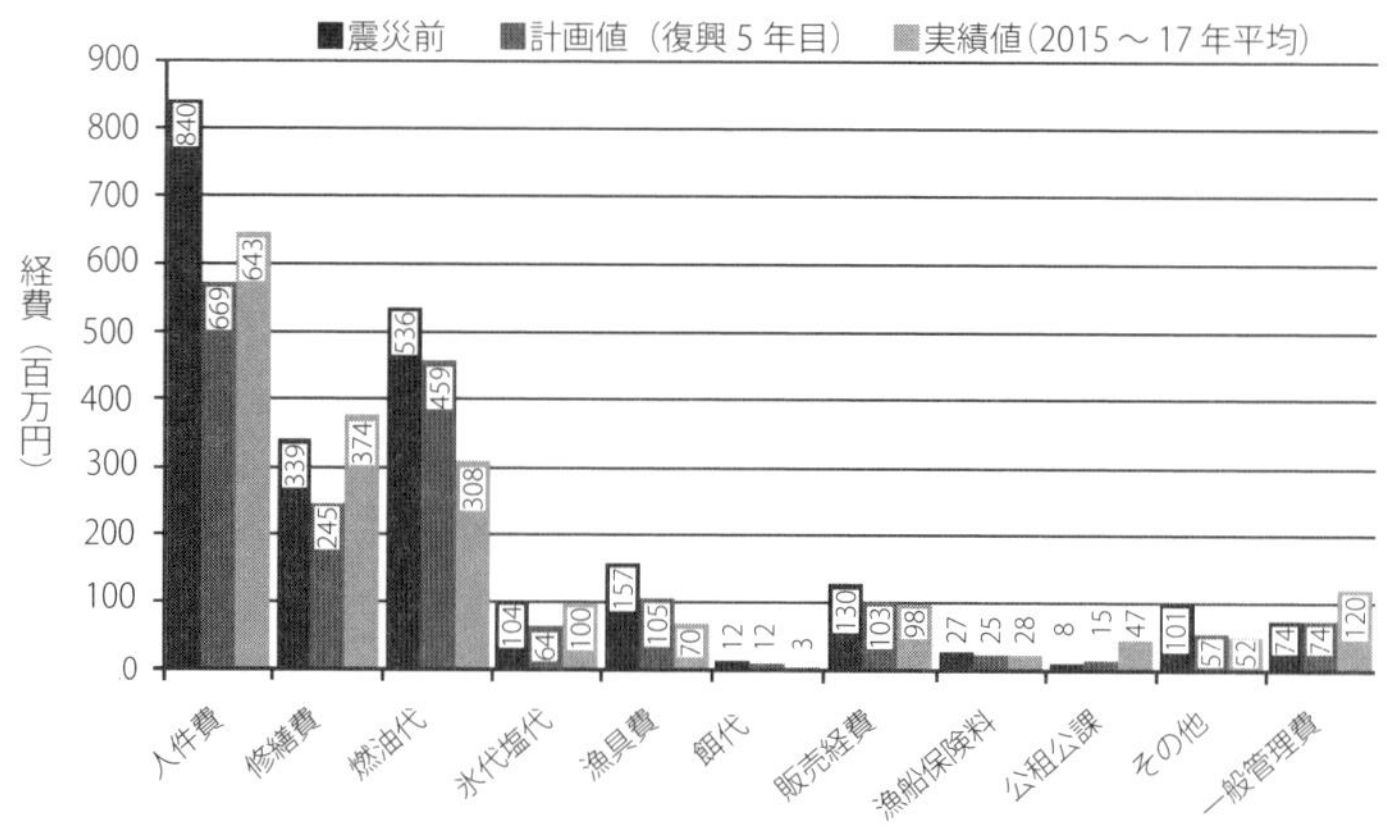

【50】ミニ船団化による費目別経費支出の計画と実績

帰直線の上側）のは氷代・塩代【46】であることが解る。

以上の分析結果は、改革（ミニ船団化）による経営改善が主として燃油代の節減によってもたらされていることを示している。

漁業復興計画（震災前、復興五年目の計画値、【33】とミニ船団化による改革後の実績（二〇一五～一七年度平均値））とを比較するため、水揚げの関係を【47】と【48】に、収入と償却前利益の関係を【49】に、費目別経費の関係を【50】にそれぞれ示した。

これらの図から、復興計画に対する実績は、①水揚げの主体がカツオ類からイワシ・サバ類に変わった（操業形態の変化）こと、②収入はほぼ計画通りであったが、償却前利益は計画に及ばなかったこと、③人件費・修繕費・一般管理費等が計画を上回る一方、燃油代と漁具費は計画を下回ったこと等が解る。

人件費は計画を上回った（一三％増、七四百万円増）が、震災前に較べると二三％減（一九七百万円減）になっている。燃油代に関しては、計画に対して三三％減（一五一百万円減）の実績であるが、計画はミニ船団化による削減（七七百万円減）を既に見込んだ値であることから、震災前に較べると四三％減（二二八百万円減）の大幅削減を実現したことになる。この大幅削減を実現した背景には、ミニ船団化による省エネ効果に加えて、水揚げの主体が不漁のカツオ類からイワシ・サバ類に移行したことによる操業効率の向上（サバIQの運用）も大きな要因になっていると推察される。

⑥ミニ船団化による改革の評価

【51】は、ミニ船団化の改革期間における水揚金額と主要経費の水揚金額比率の推移を示したものであるが、これを見ても明らかなように、改革の進展に伴って水揚金額は着実に増加傾向を辿るとともに、主要経費の水揚金額比率は低下から安定傾向を示しており、ミニ船団化による経営改善は着実に進展していることが解る。

以上のように、S社による漁業改革の取組は着実な成果を上げていると見られるが、今後ともこの成果を持続・発展させるためには、漁獲物の陸揚げ地における受入体制（加工・流通体制）の強化が必要になると思われる。

【52】は、サバ類の水揚数量と平均単価の関係を表したものであるが、両者の間には有意な負の相関関係（危険率五％）が認められ、これまでの水揚げ地における購買力（鮮魚及び凍結品）には限界のあることが示唆されている。

そこで、【53】は、この関係を水揚数量と水揚金額の関係でシミュレーションしたものであるが、主力水揚げ地におけるS社に対するサバ類の購買力は約九億七千万円（約二万一千トン）が最大値であり、それ以上を受け入れると値崩れを起こす可能性が示唆されており、漁獲物の受入体制（加工・流通体制）の強化や陸揚げ地の選定が必要と考えられる。

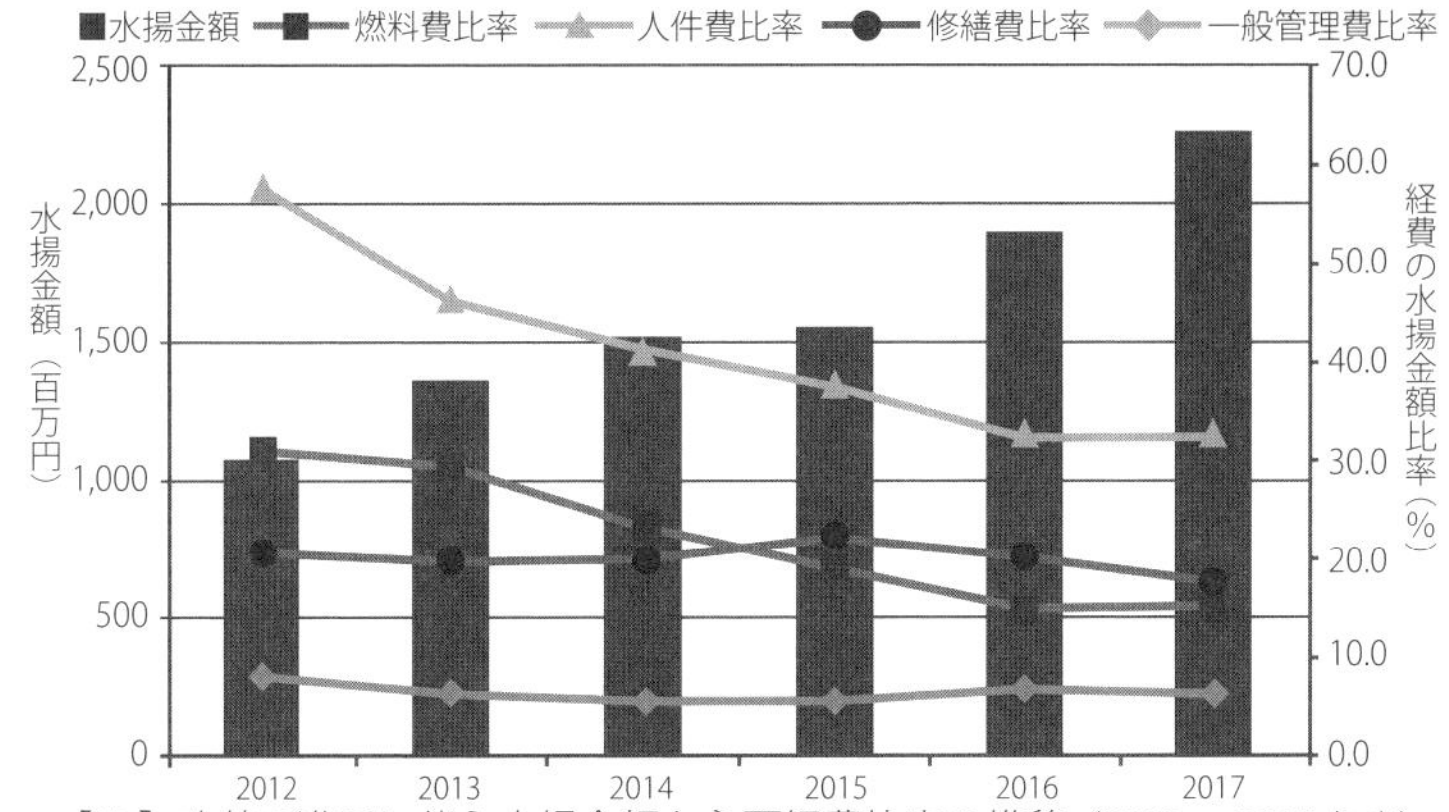

【51】改革の進展に伴う水揚金額と主要経費比率の推移（2012 － 2017 年度）

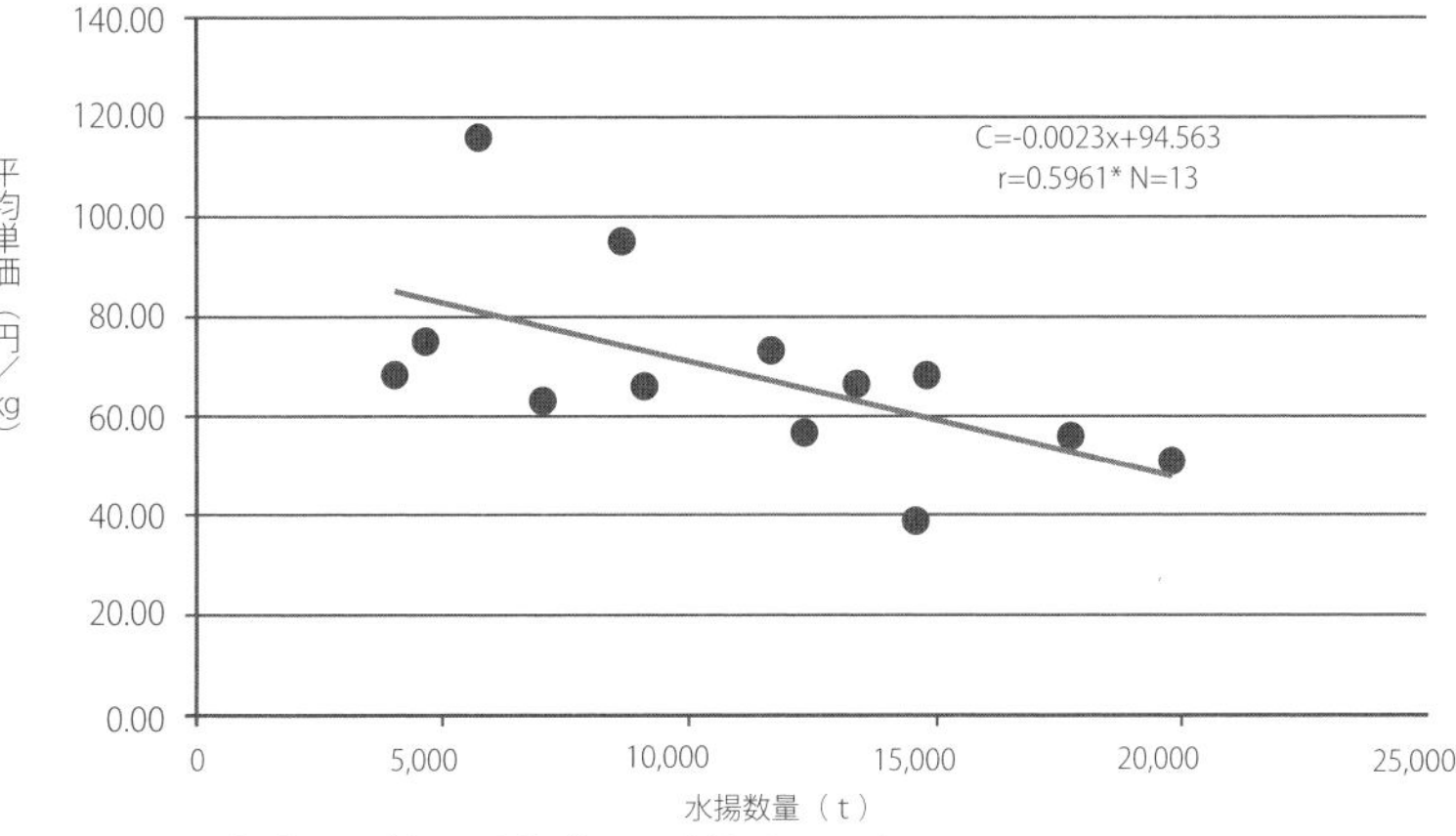

【52】サバ類の水揚数量と単価との関係（2005 － 2017 年度）

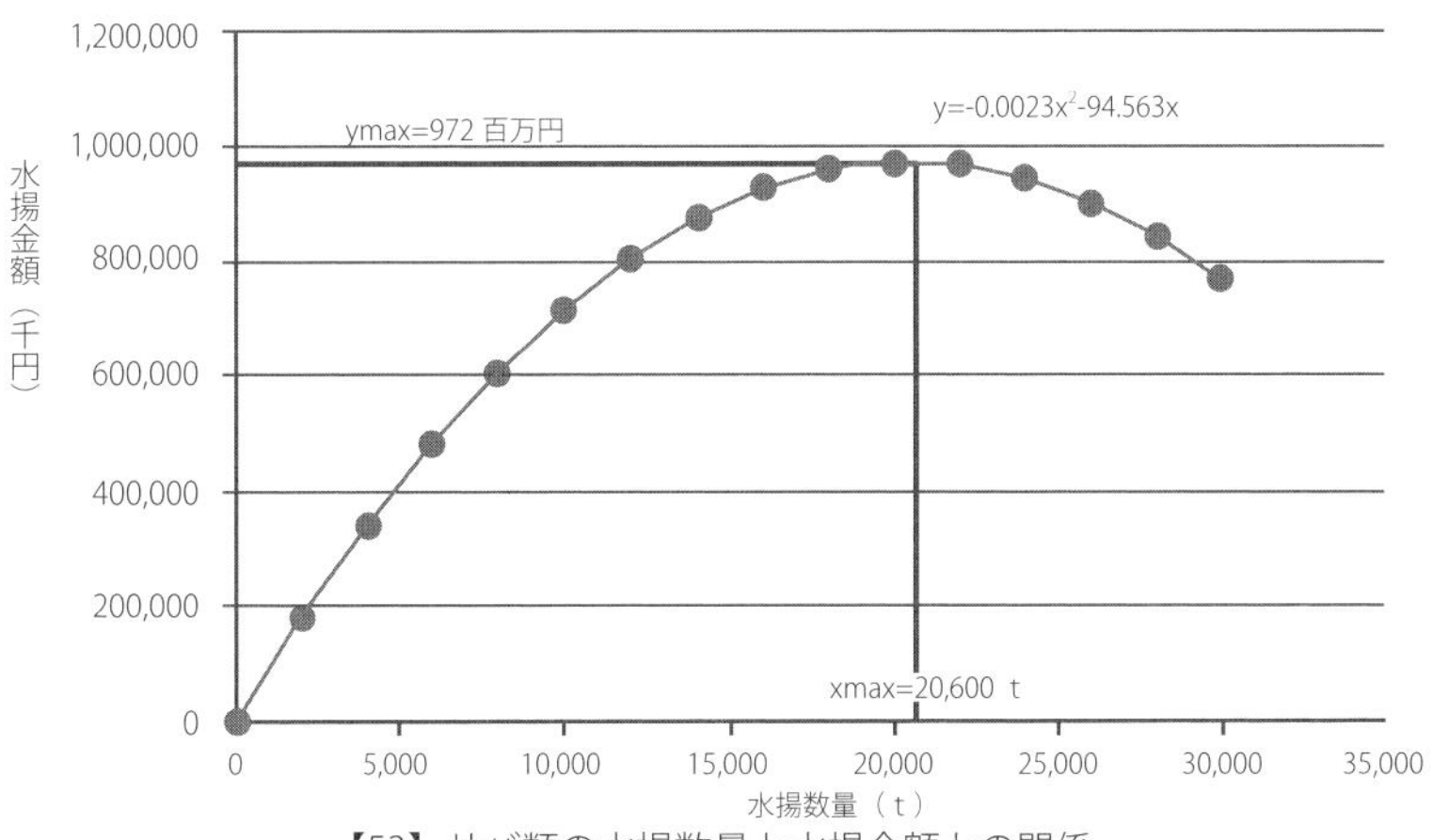

【53】サバ類の水揚数量と水揚金額との関係

⑦サバ類IQの本格的試験運用効果

【54】は、サバIQ（個別割当）の経済効果を調べるため、IQの本格的試験運用が実施された期間（二〇一四〜一七年度）の二年前からの魚種別の水揚金額と償却前利益の推移を示したものである。この図から、IQ実施期間中に償却前利益が赤字から黒字に転換し、経営改善が急速に進んだことが読み取れる。近年はサバ類とイワシ類が顕著に増加しており、そのことが経営改善に寄与していると受け止められるが、この図だけからでは判断ができない。

そこで、【55】にイワシ・サバ類の水揚金額と償却前利益の相関関係を、また【56】にはカツオ類の水揚金額と償却前利益の相関関係を示した。

これらの図から明らかなように、イワシ・サバ類の水揚金額と償却前利益の間には高い正の相関関係（危険率一％）が成立しており、近年はイワシ・サバ類の漁獲の着実な増加が償却前利益の増加をもたらし、経営改善に大きく寄与していることが解る。一方、カツオ類では水揚金額と償却前利益の間に相関関係は認められず、カツオ類の漁獲が近年の経営改善につながっているとは言い難い。

次に、【57】には、イワシ・サバ類の水揚比率（全水揚数量に対するイワシ・サバ類の水揚数量比）と燃料費比率（全水揚金額に対する支出燃料費の割合）の推移を示した。この図をみると、イワシ・サバ類の水揚比率の増加に伴って燃料費比率が着実に低下しているようであり、その割合は五年間で約一／二になっている。た

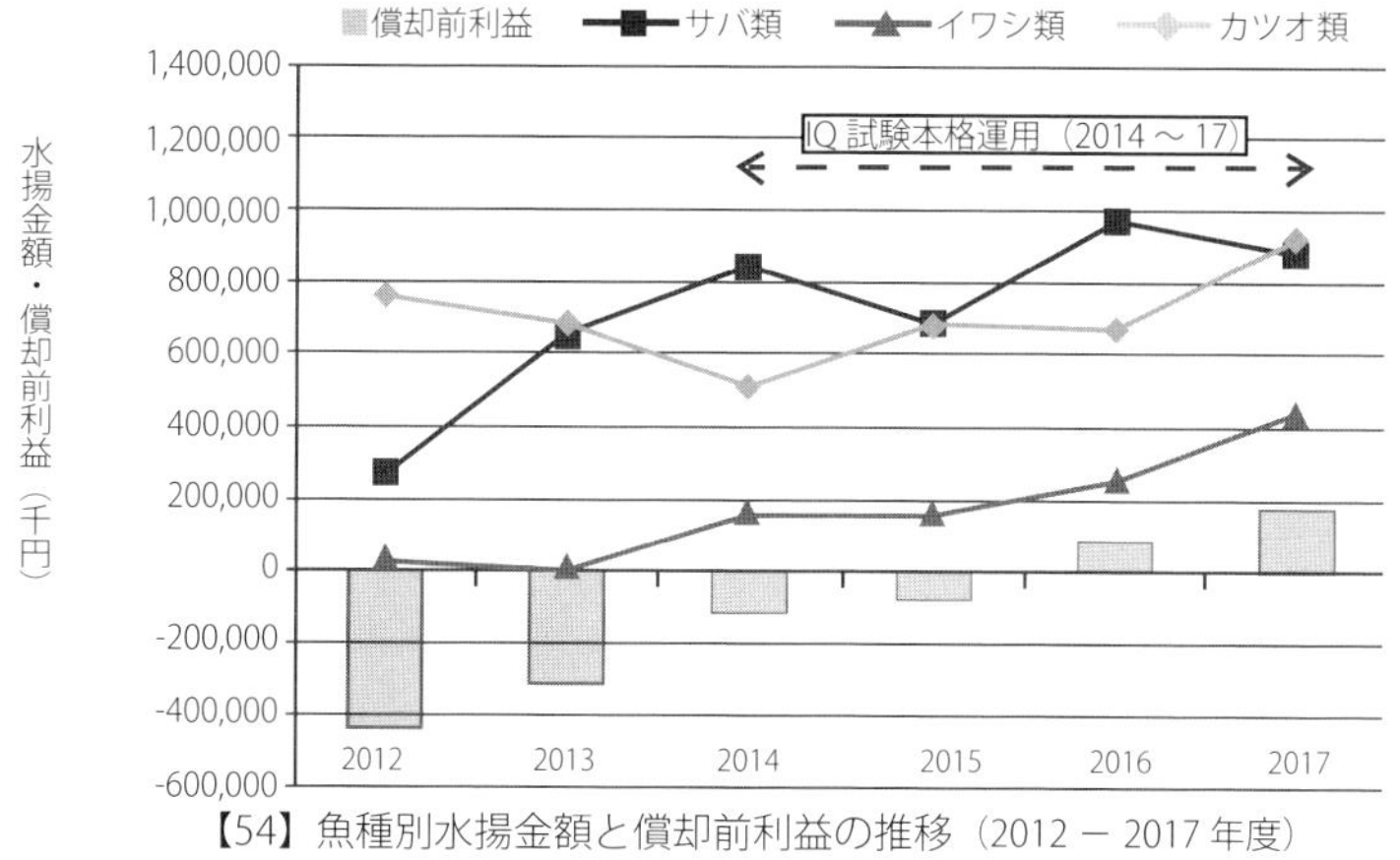

【54】魚種別水揚金額と償却前利益の推移（2012 − 2017 年度）

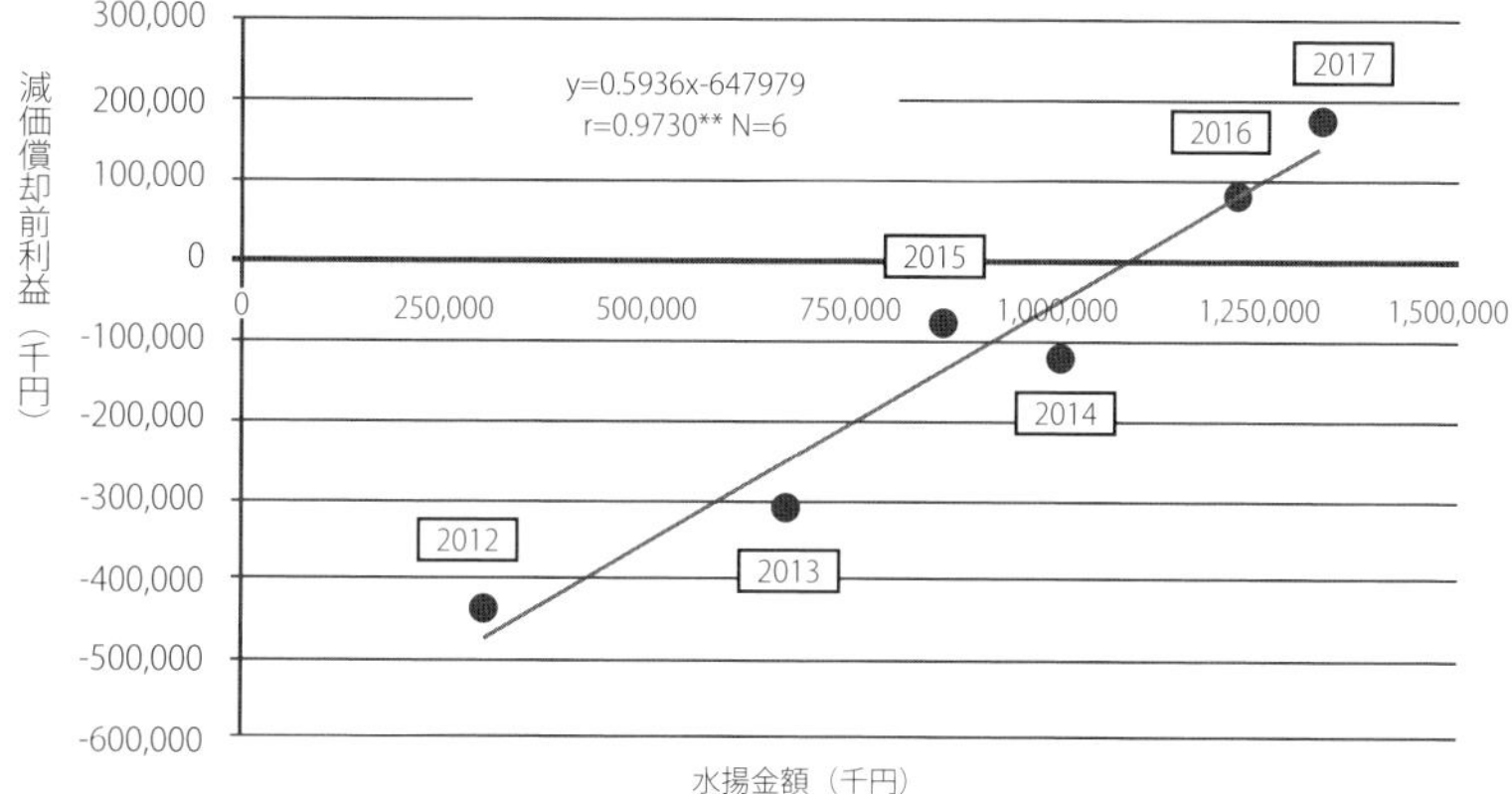

【55】イワシ・サバ類の水揚金額と償却前利益との相関関係（20012 − 2017 年度）

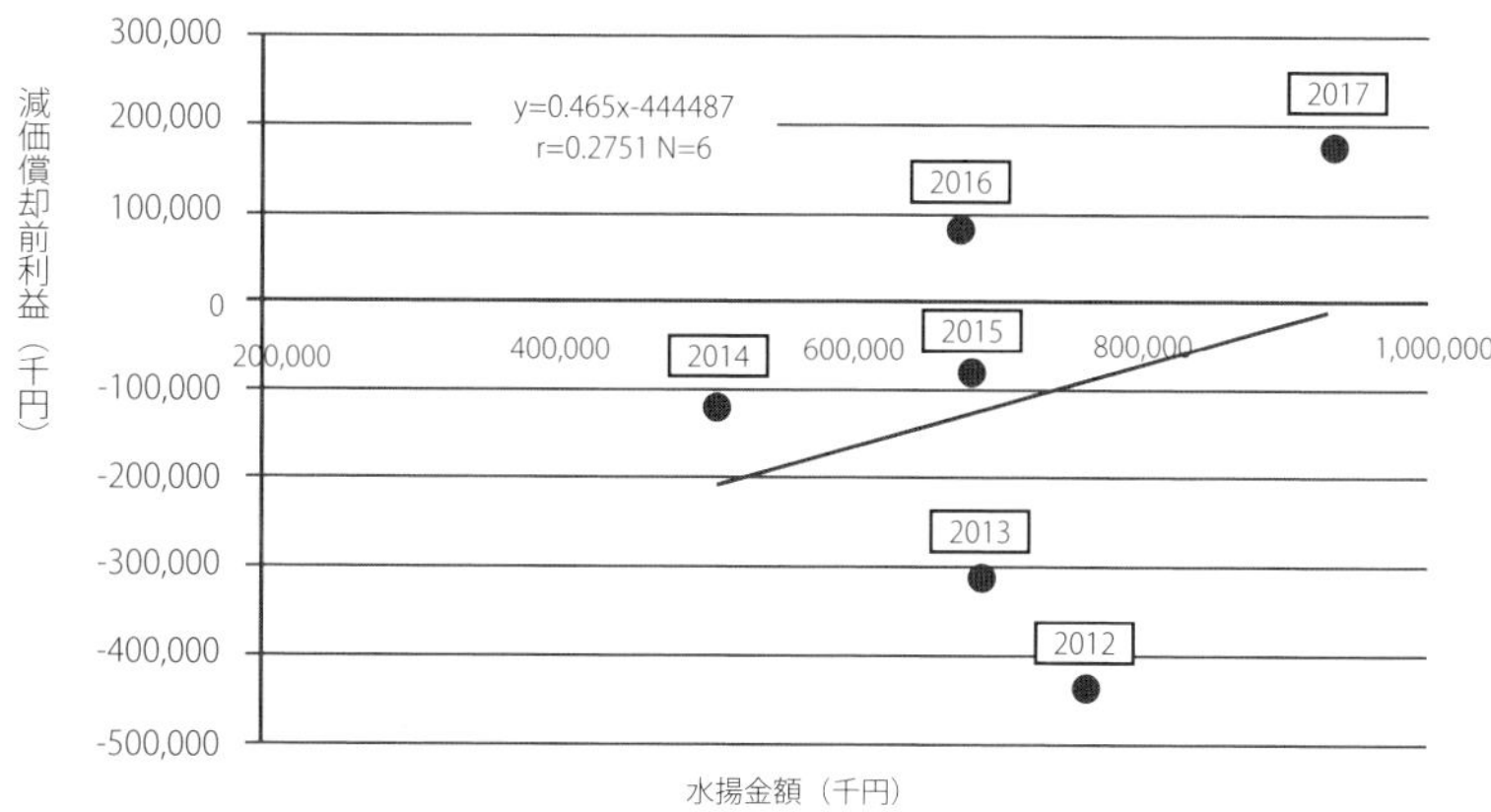

【56】カツオ類の水揚金額と償却前利益との相関関係（20012 − 2017 年度）

だし、水揚げの中にはイワシ類が含まれていることから、この【57】からサバ類の水揚げによる燃料費の節減効果とIQの運用効果を判断することはできない。

そこで、サバIQの運用効果を判断するためには、サバ類の水揚数量と燃油消費量の相関分析を行い、IQの実施期間中に両者の関係がどのように変化しているかを分析する必要がある。しかし、S社の燃油消費量と燃油単価のデータが入手できていないことから、ここでは一般社団法人エネルギー情報センター（ＥＩＣ）運営情報サイトの新電力ネットが公表している東北地方におけるA重油年平均価格(大型ローリー)を用いて、S社の年間燃油消費量を推定した【60】。

【58】、【59】及び【61】は、【60】で得られた結果を用いて調査対象期間におけるサバ類、イワシ類及びカツオ類の水揚数量と燃油消費量の相関分析をしたものである。

これらの図によって明らかなように、サバ類の水揚数量と燃油消費量の間には高い正の相関関係（危険率一％）が成立しているが、イワシ類とカツオ類ではいずれも水揚数量と燃油消費量の間に有意な相関関係が認められない。【58】において、S社のまき網船団が従来からサバ類を主対象とした操業形態をとってきたことが解る。そして、特に注目すべきは、IQの本格的運用期間（二〇一四～一七年度）における燃油消費量が相対的に低く現れていること（回帰直線の下側に分布）であり、このことは、サバIQの本格的試験運用が燃油消費量の節減につながり、近年の経営改善に寄与していることを明瞭に裏付けている。

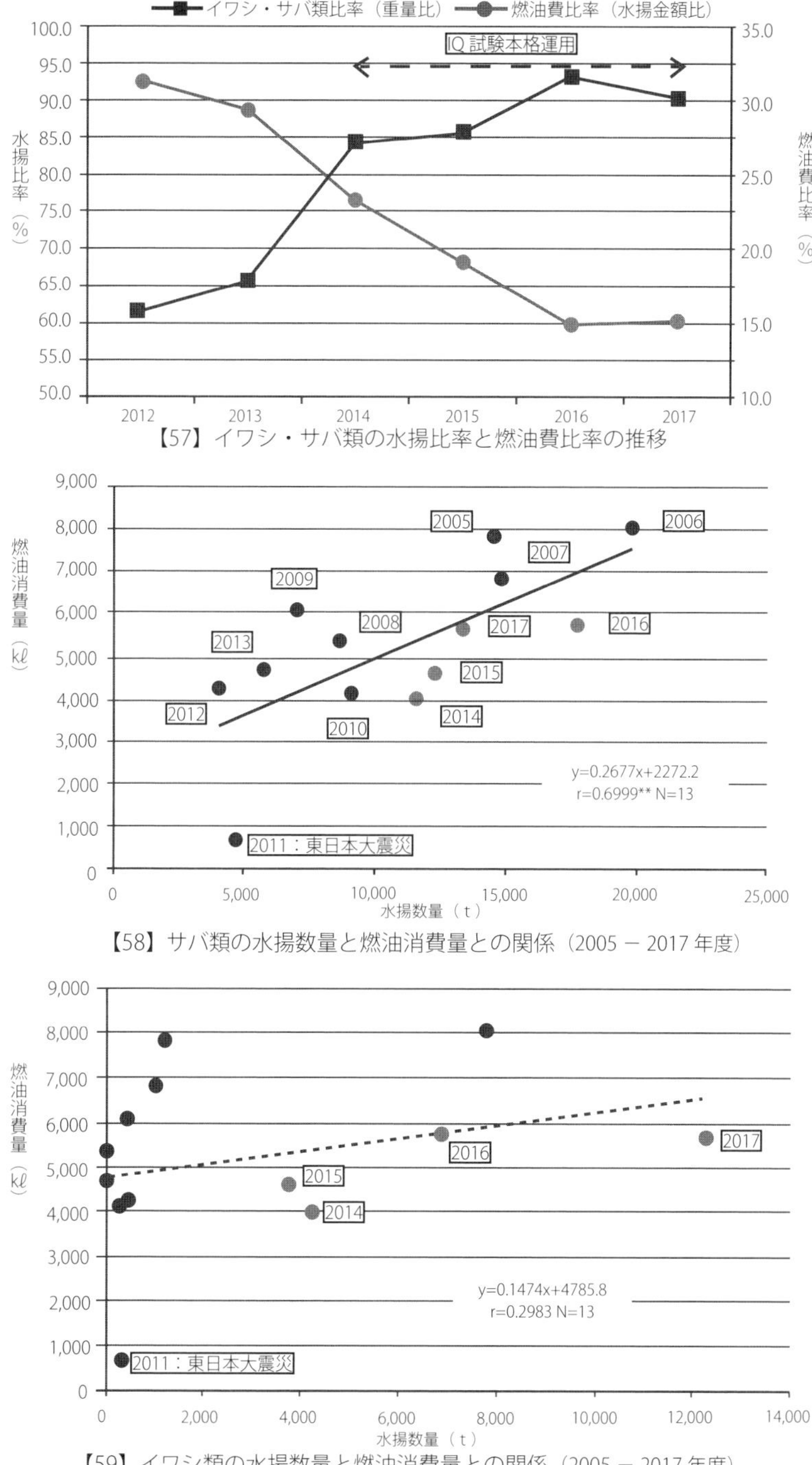

【57】イワシ・サバ類の水揚比率と燃油費比率の推移

【58】サバ類の水揚数量と燃油消費量との関係（2005 － 2017 年度）

【59】イワシ類の水揚数量と燃油消費量との関係（2005 － 2017 年度）

最後に、重回帰分析を用いて、各年度の減価償却前利益、サバ類の水揚金額及び燃料係数（燃油単価×サバ類の水揚数量）の関係を分析したところ、事例1と同様に減価償却前利益の推定値は実測値とよく一致していることが解った【62】。S社におけるこれらの結果は、サバIQの本格運用は燃油消費量の節減につながり、近年の経営改善に大きく寄与していることを裏付けている。

■結果の要約

① S社の大中型まき網漁業は、震災以前はカツオ・マグロ漁に重点を置いていたが、改革（ミニ船団化）の取組以降、イワシ・サバ漁を主体とする操業形態に移行している。

② 変動費の人件費、燃油代、販売経費及び氷代・塩代は、いずれも水揚金額との間に高い正の相関関係（危険率一％）が成立している。なお、人件費と燃油代の中には一定の固定的経費も含まれている。

③ 改革（ミニ船団化）による経営改善は、主として人件費と燃油代の減少によるものであるが、特に、燃油代の大幅削減によるところが大きい。この大幅削減（震災前の四三％減）を実現した背景には、ミニ船団化による省エネ効果に加えて、水揚げの主体が不漁のカツオ類からイワシ・サバ類に移行したことによる操業効率の向上（サバIQの運用）も大きな要因になっていると推察される。

④ 主力水揚げ地におけるサバ類の購買力には限界のあることが示唆され（約九億七千万円、約二万一千トン）、漁獲物の受入体制（加工・流通体制）の強化や陸揚げ地の選定が必要になると考えられる。

	2005	2006	2007	2008	2009	2010	2011	2012	2013	2014	2015	2016	2017
燃料費（千円）	428,419	527,952	449,013	489,848	330,916	263,541	51,505	333,130	401,149	354,697	296,197	283,431	343,332
A 重油価格（円／ℓ）	54.7	65.6	65.8	91.2	54.4	63.7	76	78.4	85.5	88.6	64.2	49.4	60.7
燃油消費量（kℓ）	7,832	8,048	6,824	5,371	6,083	4,137	678	4,249	4,692	4,003	4,614	5,737	5,656

【60】S社のまき網船団（2ヶ統）の推定年間燃油消費量

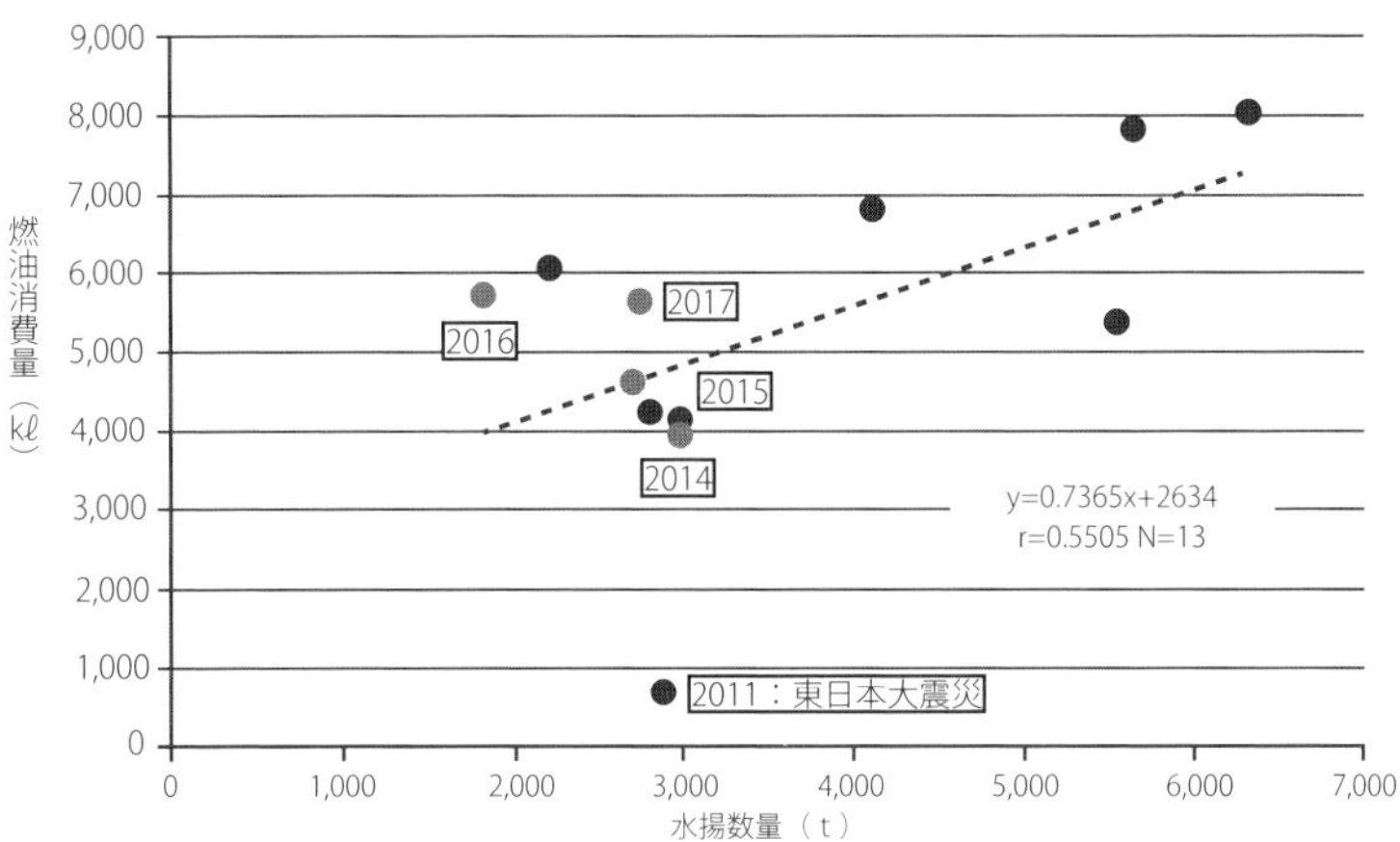

【61】カツオ類の水揚数量と燃油消費量との関係（2007 − 2017 年度）

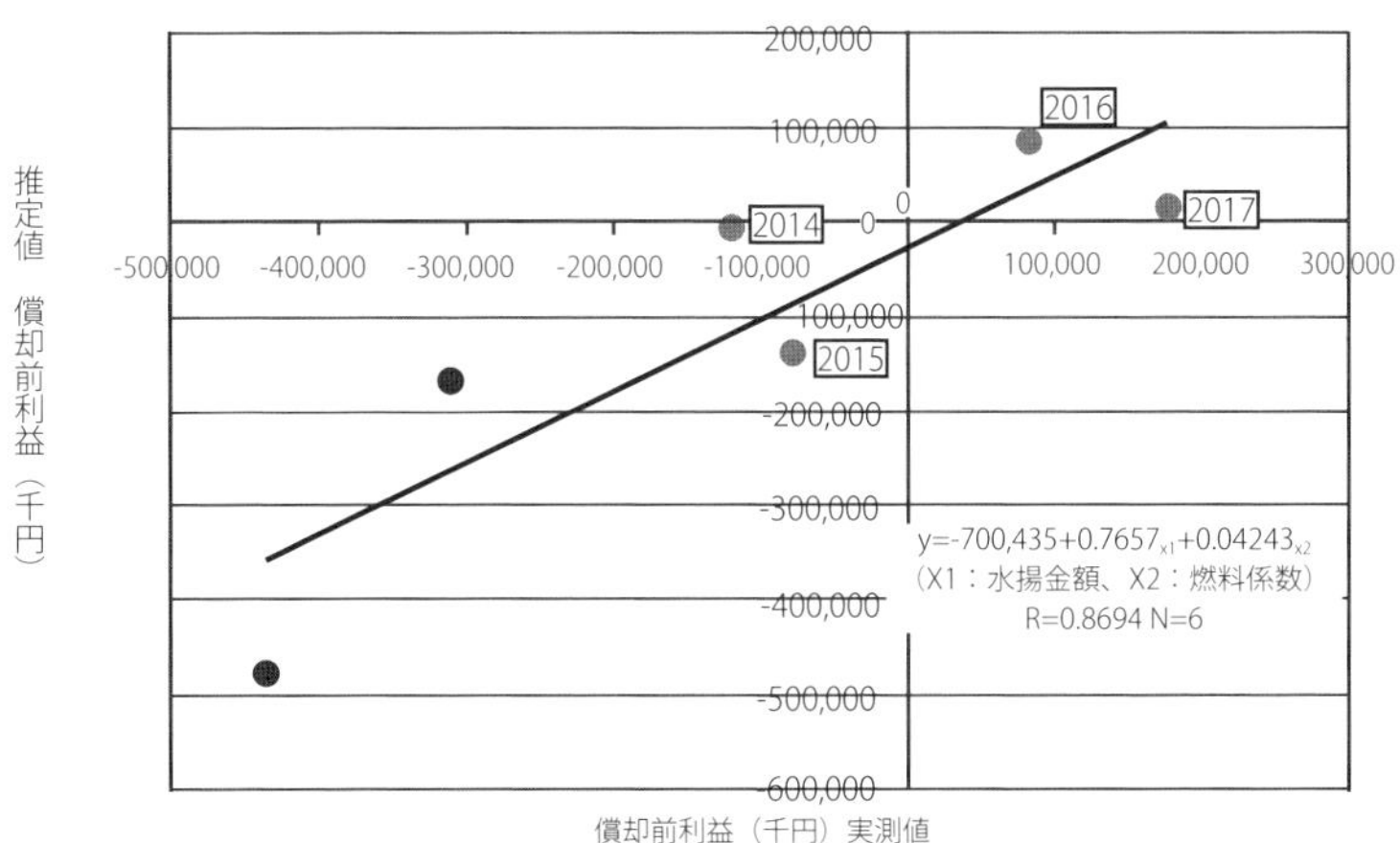

【62】重回帰分析による償却前利益の推定値と実測値との関係（S社のサバ類）

⑤　近年におけるイワシ・サバ類の水揚比率の着実な増加が償却前利益の増加をもたらしている。また、イワシ・サバ類の水揚比率の増加に伴って燃油費比率が五年間で約一／二に低下している。

⑥　サバ類の水揚数量と燃油消費量の間には高い正の相関関係（危険率一％）が成立しており、IQの本格的運用期間における燃油消費量が相対的に低下していることが解った。また、各年度の減価償却前利益、サバ類の水揚金額及び燃料係数（燃油単価×サバ類の水揚数量）の重回帰分析によって、IQの本格運用による燃費の節減が近年の経営改善に大きく寄与していることが裏付けられた。

	2005	2006	2007	2008	2009	2010	2011	2012	2013	2014	2015	2016	2017
収入													
水揚量（t）	21,408	33,863	19,955	14,184	9,683	12,386	7,909	7,306	8,790	18,829	18,764	26,410	28,372
水揚高（千円）	1,639,012	2,644,184	2,986,967	2,414,412	1,221,627	1,335,830	813,278	1,065,546	1,363,620	1,521,051	1,547,527	1,902,746	2,261,414
カツオ類水揚量	5,640	6,311	4,109	5,534	2,209	2,984	2,892	2,803	3,011	2,972	2,699	1,828	2,742
カツオ類水揚金額	1,049,785	1,452,413	1,924,441	1,593,734	747,839	721,981	449,398	765,493	692,651	513,143	684,526	676,431	932,224
サバ類水揚量	14,537	19,784	14,798	8,650	7,030	9,101	4,686	4,050	5,761	11,620	12,308	17,716	13,353
サバ類水揚金額	564,175	1,004,457	1,008,673	820,678	444,965	600,941	3,562,275	276,782	669,656	852,578	693,005	976,460	888,061
イワシ類水揚量	1,231	7,768	1,048	0	444	300	330	453	18	4,237	3,758	6,866	12,277
イワシ類水揚金額	25,052	187,314	53,853	0	28,822	12,908	11,605	23,272	1,313	155,330	169,996	249,855	441,128
支出													
変動費 人件費	527,139	886,643	914,976	701,492	644,644	518,806	409,437	614,944	630,491	580,891	613,624	734,966	
燃油費	428,419	527,952	449,013	489,848	330,916	263,541	51,505	333,130	401,149	354,697	296,197	283,431	343,332
氷代塩代	112,880	137,924	109,194	84,303	72,459	65,364	12,649	47,667	69,731	71,530	91,631	104,309	105,501
餌代	8,134	17,163	12,167	10,726	4,211	0	0	2,809	2,754	1,636	3,041	4,091	2,281
販売経費	92,506	146,966	151,331	108,685	57,110	65,831	9,292	67,408	91,503	66,595	85,740	97,121	112,317
小計	1,169,078	1,716,648	1,636,681	1,395,054	1,109,340	913,542	482,883	1,065,958	1,195,628	1,124,949	1,057,500	1,102,576	1,298,397
固定費 修繕費	250,772	318,227	377,457	348,276	320,505	227,844	324,185	219,954	267,870	303,067	342,513	384,768	395,637
漁具費	39,103	59,706	60,241	49,550	62,098	43,689	27,527	56,632	51,865	68,977	55,757	100,630	53,044
漁船保険料	32,577	29,973	27,258	23,512	19,460	16,215	9,581	21,834	21,834	26,694	24,888	27,793	30,034
公租公課	9,579	8,424	8,367	9,039	7,969	6,260	6,723	14,373	14,373	13,974	21,826	26,477	93,601
一般管理費	83,397	87,161	84,673	737,607	92,302	78,494	111,892	85,946	85,219	82,647	86,410	129,311	144,039
その他	108,714	146,090	157,182	92,006	370,712	100,081	413,784	36,550	37,549	19,261	36,816	48,029	70,587
小計	524,142	649,581	715,178	1,259,990	873,046	472,583	893,692	435,289	478,710	514,620	568,210	717,008	786,942
支出合計	1,693,220	2,366,229	2,351,859	2,655,044	1,982,386	1,386,125	1,376,575	1,501,247	1,674,338	1,639,569	1,625,710	1,819,584	2,085,339
償却前利益	-54,208	277,955	635,108	-240,632	-760,759	-50,295	-563,297	-435,701	-310,718	-118,518	-78,183	83,162	176,075

※本表には、減価償却費は含まれず。

【63】 S社における大中型まき網船団（2ヵ統）の収支実績（2005 － 2017年度）

経済的手法を用いた資源管理

ＯＥＣＤハンドブックから

寳多康弘

本章では、ＯＥＣＤ（経済協力開発機構）の資源管理に関するハンドブック『ＯＥＣＤ（二〇一三）The OECD Handbook for Fisheries Managers: Principles and Practice for Policy Design, OECD Publishing』＊（以下、ハンドブックと呼ぶ）における経済的手法を用いた資源管理の内容についてまとめる。

ハンドブックでは、短期的視野の雇用や利潤と、長期的な視野の資源の持続性をうまくバランスさせることが必要であると指摘している。ここ一〇年のＯＥＣＤの取り組みをまとめている。中でも市場メカニズムを利用して資源を管理することを最も重視している。多くの成功事例があるが、まだ引き続き課題があると述べている。

ハンドブックは、八つの章からなる全一〇三頁である。経済（学）的な視点からの議論は、第二章、第三章および第四章であるので、その三つの章に以下では焦点を当てる。

漁業管理の経済学の基礎

ハンドブック第二章二五～三三頁

ここでは、資源経済学の基礎について説明している。漁業管理によって経済的インセンティブがどのよう

＊Ｗｅｂで入手可能である（http://dx.doi.org/10.1787/9789264191150-en）。冒頭に Executive summary（九～一二頁）がある。

に形成されるかを理解し、その上で漁業管理のシステムを設計することによって、より効率的で効果的なシステムとなる。漁獲が過剰になるのは、共有する漁業資源の利用についての漁業者の経済的インセンティブに起因する。

多くの場合、漁業資源は共有されており、いわゆる「共有地の悲劇」が起きている。漁業に参入するかどうかは、漁業のコストと収入を比較して決める。コストは漁業者に直接的にかかるもので、漁船や燃料などのコストである。しかし、個人では考慮に入れない追加的なコストが社会には生じている。個々の漁業者の漁獲によって、他の漁業者が利用できる資源ストックが減って、漁獲コストを引き上げる（漁獲するのによリ長時間操業する必要がある）。

資源の枯渇は漁業者の私的利益の追求の結果として生じるのである。よって、資源枯渇の問題を解決するには、漁業政策によって漁業者の利益と行動がどのように影響を受けるかを理解することが求められる。漁業では参入が自由であるとは限らない。漁業への参入制限で過剰な利潤を得ることができる。この超過利潤のことを経済的レントと呼ぶ。レントは譲渡可能な個別漁獲割当の価格に反映され、ＩＶＱ（個別漁船漁獲割当）では漁船の価値に反映される。

参入制限と同時に、個別割当やライセンスを実施していないと、漁業者間の競争で超過利潤は消えてしまう。オリンピック方式はその典型で、より多くの設備投資をして他の漁業者よりより早く漁獲しようとする。

過剰設備になって高コストとなるだけでなく、漁期は短くなり、漁獲物の品質は悪く、漁獲物の価格は低下して利潤を大きく下げる。

個別漁獲割当の取引が可能なことが、漁業の資源配分の効率性を高める。限界便益＝限界費用が達成されるからである。取引によって売り手と買い手の両方が利益を得る。というのも、売り手は自ら漁業するよりもライセンスの売却によって多くの利益を得て、買い手はライセンスの購入費用より多くの収入がライセンスを使った漁業によって得られるからである。

インプットコントロールとアウトプットコントロールはいずれも有効な管理方法だが、状況に応じて異なる効果を持つことがある。ある量の生産を達成するために、いろいろな生産要素の投入の組み合わせを選ぶことができることは、経済学では投入要素の代替可能性（substitutability of inputs）と呼ぶ。エフォート・コントロール（漁獲努力量管理）をする場合、いくつかの限られたエフォートについて規制をする。そうすると、他の調整可能な投入要素を変更することで、漁獲の能力を維持できる。例として、漁期の規制は、漁業者が設備投資によって漁獲能力を高めるので、資源保護のために、結果として実際の漁期を短縮する傾向にある。

漁獲能力の問題

ハンドブック第三章三五〜四四頁

ここでは、過剰な設備投資による過剰漁獲能力について議論する。端的に言えば、過剰な数の漁船が少ない魚を探し回ることである。だが、過剰漁獲能力の問題は複雑で、技術的な過剰設備と経済的な過剰設備の違いを説明する。

資源が低レベルのとき、技術的な過剰設備（technical overcapacity）が生じている。なぜ過剰設備投資が行われるのだろうか。一つの理由は、それが利益になるからである。つまり、過剰設備は経済的な均衡である。

経済的な調整がうまく機能するとき、もし漁業の利潤が他産業よりも低いならば、賃金や資本レンタルは他産業よりも低く、このため他産業に労働や資本は移動するはずである。その結果、どの産業でも利潤、賃金や資本レンタルは同じになる。しかし、現実には、高い利潤を期待して参入が生じて、需要を満たす以上の技術的な過剰設備になることはある。これは経済的動機に基づく行動の結果として生じるものである。

漁業での問題は、他の通常の産業と違って、設備投資の結果、ゼロ利潤になる均衡は経済的に起きるとしても、社会的には望ましいとはいえないことである。なぜなら、漁業では共有される漁業資源を利用しているからである。資源の持続性の観点から過剰な漁獲になり得る。

資源の崩壊や自然災害などの突然の出来事によって、ＴＡＣ（総漁獲可能量）が激減したとき、調整支援が必要となる。これは予期せず起きた経済的な過剰設備（economic overcapacity）を緩和する政策である。支援策は期限を区切り、ターゲットを絞った条件付きのものでなければならない。漁業者の損失を補償する政策の場合、設備投資のリスクを下げるので、過剰な設備投資を誘発する可能性があるからである。

ＯＥＣＤでは、インプット（エフォート）・コントロールよりも、アウトプットコントロールと市場原理に基づいた漁業管理を推奨する。理由として、過剰設備問題を解決しやすいからである。

オープンアクセス（自由参入）で総漁獲量だけ管理されていると、減船は問題を引き起こす。米国ワシントン州のサーモンのオープンアクセス漁業において、一九九〇年代の三回の漁船の買い取りによる減船の実施でＵＳＤ一四〇〇万を使ったが、オープンアクセスであったため、漁獲設備の過剰問題は解決されなかった。

減船や設備削減のコストは、それによって利益を得る人が負担すべきであると考えるのが受益者負担の原則（beneficiary pays principle）である。しかしながら、多くの場合、政府がコストを負担している。

政府と民間によるコスト負担は増えつつある。政府による貸し付けだけでなく、ライセンス料の徴収、水揚げへの課税によって資金を調達することが、米国やノルウェーなどで行われている。民間と政府が一体となってコスト負担することで、資源管理の協力関係が生まれ、退出せずに残る漁業者は漁業の将来について強い利害関係を持つようになる。

オークション（auction）が、漁獲する権利（個別漁獲割当など）の価値を最もよく反映している（Box3.2 p41）。適正価格になるように、少数の買い手が結託して価格を操作することを避ける必要がある。

これに対して、漁獲する権利を固定料金（fixed-rate payments）で与える場合は、管理が容易で、透明性があり、不確実性が少ない。しかし、固定料金が、本来の価値よりも高すぎたり、低すぎたりすると、非効率な方法となる。オークションと違い、本来の価値を政府が様々な情報を集めて、適切に計算する必要が出てくる。

市場メカニズムによる資源管理

ハンドブック第四章四五〜五八頁

ここでは、市場原理に基づいたアプローチが有効であることを強調している。市場原理を考慮しない施策は、予期せぬ副次的効果を生んでしまうからである。市場原理を活用することで、漁業の効率性、持続性、利潤獲得可能性を高めることができる。

市場原理に基づいた資源管理は近年のもので、まだ広く採用されていない。個別漁獲割当が買い占められて、漁業者が減少する寡占化などによる所得分配の問題がある。また、政策当局は新たな手法の導入に消極的かもしれない。

市場原理に基づいた資源管理で最も重要なのは、漁業の経済的価値を最大化することである。市場メカニズムを利用した資源管理は、伝統的なＴＡＣやインプットコントロールなどの資源管理と同時に実施可能である。

市場メカニズムによる管理は、複数の目的を同時に達成する可能性がある。資源の回復・維持だけでなく、漁業の効率性（利潤の向上、省エネ、漁獲物の品質向上など）を高める。

資源管理は二つの主な仕組み、経済的手法（market mechanisms）と法的手法（command and control）にかかっている。経済的手法は、政策目的を漁業者の利己的な行動を用いて達成することを目指す。他方、法的手法は、インセンティブとは関わりの薄い行動についての枠組みを規定する。

譲渡可能な個別漁獲割当といった市場メカニズムを利用する利点は以下の通りである。

- 早どり競争がなくなり、需要が強い時期に販売可能
- 品質を重視した漁獲方法により高品質化、鮮度の高い漁獲物
- 漁期が長期化し、燃費の向上、漁業者の安全の向上

同時に、経済的手法で、漁業の過剰設備の問題も解決できる。個別漁獲割当の売買ができると、漁業者の数が減って集中することで、漁船の設備の無駄がなくなる。高利潤の獲得、過剰漁獲のリスクの低下、資源管理のモニタリング・コストの低下などの利点もある。

大西洋ホタテの事例（Box 4.1 p49）は以下の通りである。カナダとアメリカは、同じような環境の中、同様の技術を用いてホタテを漁獲していたが、一九八四年にカナダはＩＴＱ（譲渡可能な個別漁獲割当）を導入して、両者の間で資源管理方法が異なることになった。

■アメリカ

歴史的にはオープンアクセスであったが、一九九四年のライセンスの発行で参入が制限された。ただ、漁業者の数は資源水準に対して過剰であった。

ライセンスの移転は、ライセンスを付与された漁船を売るか譲渡することによってしかできず、他のライセンスと合計してまとめたり、他の漁船に付与したりすることはできなかった。よって漁船は過剰なままで、過剰設備のため、漁獲努力量の規制も行った。二〇〇〇年には、操業日数は二〇〇日から一二〇日に減少した。

■カナダ

一九八四年に、EA（enterprise allocation）システムと呼ばれる制度が導入され、漁獲割当が、個別の漁船にではなく、操業企業（operating companies）に配分された。

■両国の制度の違いによる結果

カナダの漁業者は設備を効率的に活用できた。他方、アメリカでは、操業日数の規制があるため、短期に集中的に漁獲しなければならなかった。

利潤獲得可能性を測る指標として、一日当たりの漁獲量でみると、カナダの漁業者は一日当たりの漁獲量はEAシステムの導入で四倍になった。サイズの大きなホタテを漁獲するなどしたからである。その結果、一九九八年の一日当たりの漁獲量は、カナダはアメリカの七倍も多かった。

漁獲する権利（個別漁獲割当など）がないと、早獲り競争によって資源の過剰利用が起き、レントが消滅する。レントの消滅自体は経済的に問題ではないが、非効率な漁獲による社会的ロスは生じる。漁獲する権利の付与についてはいろいろな方法がある（4-1/ Table 4.1 p51を参照）。

漁業者は、漁獲の権利を長期に持つことに特に関心があり、長期に保有できることで、資源水準が改善する利益を享受でき、資源ストックを保護しようとするインセンティブが生じる。漁獲権利を持つことで利益を最大化するため、望ましくない行動も生じる。例えば、高品質の漁獲物ばかりにするために投棄が増えたり、漁獲量を低く申告したりする。また、漁獲割当を超えた分を投棄するかもしれない。高度なモニタリングが必要で、制度の導入直後はそのコストは大きいが、いずれコストより利益の方が大きくなる傾向がある。

市場メカニズムの実施のための一〇の手順が提示されている。簡単にまとめると以下の通りである。

1　利害関係者にとって受け入れやすい制度にすること

制度への誤解、公的な漁業資源を私有化することへの懸念が大きな二つの問題である。制度の理解を促すために利害関係者に説明をする必要がある。公的な利益のためにこの制度は役に立つことを説明する。

2　漸進的なアプローチで実施

資源回復計画の中身、どのくらいの資源回復の期間が必要か、どの程度の資源回復率が見込まれるかは、利害関係者が資源回復計画を受け入れるかどうかにとって極めて重要である。よって、最初に、どの程度のペースで政策変更をしていくか合意する必要がある。

ＯＥＣＤ諸国では以下のような漸進的な政策を実施してきた。①まず技術的な方法で、稚魚の保護

Table 4.1. **Main management mechanisms: Examples and key features**

Market mechanism	Key characteristics and objectives	Examples of fisheries or countries where applied	Key features
Territorial-use rights	A defined area is allocated to a group, whose users share the right. The rights are usually durable and have a high degree of transferability – both formally or informally – within the group.	Ocean quahog (Iceland); oyster (United States); mussels and scallops (New Zealand); abalone (Japan); lake and some coastal area resources (Sweden); aquaculture (Mexico).	Usually allocated to a group who then undertakes fishing by allocating rights to users within the group. Usually of long duration and with high degree of formal and informal transferability within the group.
Community-based catch quotas	Quotas are allocated to a "fishing community" and rights allocated to users on a co-operative basis.	Japan; Korea; Canada; community development quotas for Eskimo and Aleut Native Alaskans (United States); allocation of permanent share of TAC to Maori (New Zealand); collective quotas allocated to producers' organisations (European Union).	High degree of exclusivity, divisibility and flexibility. Depending on community size and cohesion, have the potential to reduce the "race to fish" and allow for short-term adjustment.
Vessel catch limits	Restrict the amount of catch that each vessel can land for a given period of time or trip.	Australia; Canada; Denmark; France; Germany; Italy; Ireland; the Netherlands; New Zealand; Norway; United Kingdom; United States.	Low or moderate levels for most property rights: limited exclusivity and may not reduce the "race to fish", but do provide some flexibility and quality of title. Some innovative variants may ease short-term adjustment to biological and economical variations.
Individual non-transferable quotas	Grant one user the right to catch a given amount of fish (most often part of a TAC).	Germany; United Kingdom; Italy; Spain; Denmark; Norway; Canada; Portugal; United States; France; Belgium.	High exclusivity and flexibility enables users to use their rights in a least-cost way. The "race to fish" is almost eliminated and investments adapted to fishing opportunities. However, the absence of transferability restricts harvesting efficiency.
Individual transferable quotas	Provide a right to catch a given percentage of a TAC, which is then transferable.	Australia; Canada; Iceland; New Zealand; Norway; Poland; United States.	This instrument rates highly on all criteria. Its features permit appropriate long-term incentives for investment decisions and optimising short-term use of fishing capacities.
Limited non-transferable licences	Can be attached to a vessel, owner, or both. Must be limited in number and applied to a specific stock or fishery to be considered "market-like".	Australia; Belgium; Canada; Greece; Iceland; Italy; Japan; the Netherlands; United Kingdom; United States; France; Japan; Spain.	Help reduce the race to fish and prevent rent dissipation by restricting access to stock. But the lack of transferability and divisibility limits optimal use of fishing capacity.
Limited transferable licences	Give fishers heightened incentive to adjust capacity and effort over the short- to long-term in response to natural and economic conditions.	Mexico; United Kingdom; Norway; and (to a lesser extent) France.	Rank relatively high on all characteristics and are generally granted for an extended period. But the absence of divisibility restricts possibilities to realise short-term adjustment to economic and natural fluctuations.
Individual non-transferable effort quotas	Rights are attached to the quantity of effort units that a fisher can employ for a given period of time.	Allowable fishing days (Iceland, Belgium); limited number of pots in crab and lobster fisheries (Canada, France, United Kingdom, US); limited number of fishing hours per day in scallop fishery (France).	Rank moderate to high on some attributes (exclusivity, duration, quality of title), low for others. Provide some form of indirect exclusivity when industry is small and homogeneous, leading to sound investment when short- and long-term adjustment remain limited. Tend to be used in fisheries for sedentary species.
Individual transferable effort quotas	Same rights, but transferable.	Tradable fishing days (Australia, Spain's 300s fleet); and fishing capacity (Sweden).	Transferability makes short and long-term adjustment easier and enables better use of fishing capacities.

Source: OECD (2006), *Using Market Mechanisms to Manage Fisheries: Smoothing the Path*, OECD Publishing, Paris, http://dx.doi.org/10.1787/9789264036581-en.

【1】主要な管理メカニズム：例と主な特徴

を行い、次に過剰漁獲を制限した。②譲渡ができない漁獲割当の導入。③部分的または完全な漁獲割当の譲渡。適用範囲は、当初は大規模漁業者、次に沿岸漁業者と拡大していった。

3 一つの方法を全てに適用しない

ＩＴＱというとても強力な市場原理に基づく資源管理方法があるが、導入した国によってＩＴＱの詳細は異なり、多くの違いがある。社会的、歴史的および文化的側面などを反映しているといえる。ＯＥＣＤ諸国の経験では、イギリスでの小規模漁業者、最近までのアイスランドの小規模漁業者といった特定の漁業グループは、国全体の一般的なシステムには含まれていなかった（Box 4.3 p54）。異なる規制が混在していることは、資源管理を複雑にするわけではなく、政策目的が異なるので異なる規制があってもよい。

4 慎重に漁獲権利の配分プロセスを設計

だれに、どれだけの漁獲する権利を付与するかは難しい。初期の配分をどうするか、そして、将来についてはどうするか。理論的には、権利が自由に売買できれば、初期配分は最終的な権利の配分に影響を与えないことが知られている（たとえ特定の漁業者にすべての漁獲枠を配分しても、最も効率的な漁業者が漁獲枠を手に入れる）。しかし、初期配分は、権利による利益の分配に影響を与える（先の例では、初期に配分を受けた特定の漁業者が、漁獲枠の売却で巨額の利益を得る。というのも無償で価値ある漁獲枠を手に入れたからである）。

権利の配分は、経済的よりも政治的に決まる。分配や公平性の問題だからである。資源管理当局は、摩擦を最小限にする努力が必要である。

最初に漁業団体・グループにまとまった権利を配分して、次にその団体・グループ内で個人に権利を付与する、という方法が実践的な権利の配分方法といえる。

権利の保有期間は、漁業者の投資決定と資源政策改革の社会的合意にとって重要である。権利保有が短いと、時間のかかる資源回復は賛同されにくい。言い換えると、投資を調整することによる利益を得られるようにしなければならない。

権利はしばしば無償で配分される。既存の漁業者は、価値ある資産を費用なしで得ることになり、これは漁業者に受け入れられやすい。当初において資源ストックが少ない場合の権利は価値が低いが、資源の回復に伴って価値は上がり得る。しかし、既存の漁業者が利益を得るだけになり、公平性の問題がある。過去の漁獲実績から配分量を決めるなら、過去に漁獲量が少なく資源に負荷を最も与えなかった漁業者が、最も少ない権利しか配分されない。この問題の解決には、初期配分後に、政府が権利を買って再配分することも手だろう。または、漁業者のレント（超過利潤）に課税する方法もある。

5　市場の機能を使う

漁獲権利の取引によって、少数の漁業者が権利を保有する寡占化が生じてしまうことがある。しかし、効率性のために権利の取引は望ましい。長期的に権利の取引が可能な場合、市場は最も利益を上げる漁業者を選ぶ。

また、権利の預け入れ（banking）を認めることで、権利保有者が権利の使用を後に伸ばすことができる。借り入れ（borrowing）によって、現在の権利を増やして現在の漁獲量を増やし、将来の権利を減らして将来の漁獲量を減らすことができる。この異時点間の調整は、オーストラリアやニュージーランドで認められている。

6　権利集中の問題の克服

寡占化はどこでも見られる現象だが、一般に規模の経済により経済的利益がある。小規模漁業者が減少すると、地域問題が生じるので、状況に応じた資源管理が必要となる。

7　デモンストレーション効果を活用

政策変更の不確実性は、事前の影響アセスメントによって減らすことが可能であるが、コストがかかる。経済的手法の資源管理の場合、過去の市場原理に基づく資源管理の成功例から学ぶことができる。より多くの市場原理に基づく資源管理が導入されると、より多くの成功例があり、信頼性は高まる。

8　政策変更のプロセスに利害関係者を含める

漁業産業に従事する関係者を政策変更の過程に関わってもらうことで、良い結果を得られる。分配と公平に関連する摩擦を最小にできる。

9　漁業の特性

個々の漁業の特性に合った仕組みを構築すべきである。資源ストックの変動に併せて個別の割当を変更したりする。複数の魚種を漁獲する漁業についても、市場原理に基づいた漁獲割当が行われている。混獲の問題のために、EUではby-catch quotas（混獲割当）があり、混獲には特別な料金を払う。

10　トレードオフを考慮

市場原理の導入は、経済的効率性と他の政策目的（公平性や地域社会問題など）の間でトレードオフとなる。経済的手法を用いた制度をうまく設計することで、最大の利益をあげる中で、トレードオフの問題に対処することができる。

まとめ

ＯＥＣＤハンドブックでは、海洋資源を長期的に保護しつつ、経済的・社会的な漁業の価値を最大化するには、経済的手法を用いた資源管理が重要であると述べている。ＩＴＱといった経済的手法を導入する大前提は、資源ストックが保護されて維持されていることである。その上で、経済的手法を用いることで、従来型の資源管理政策では達成できない複数の政策目標を同時に達成できる。

資源管理には幅広い政策目標があり、それらをすべて達成するには、市場原理に基づいた資源管理政策だけでなく、それを補完する諸政策が不可欠である。従来からの資源管理政策、分配の問題、公平性の問題、地域社会問題への対策といった諸政策を同時に行う必要がある。

ＩＴＱなどの経済的手法を用いた資源管理政策の成果が蓄積されることで、より多くの国や地域で広く採用されることになると期待される。

第Ⅲ部　水産資源と環境

概要、水産資源の悪化は、漁業資源管理の失敗に帰因するものが多い。

特に、我が国の場合には、明治時代以来の伝統的な漁獲努力量の規制に重点をおいた規制を実施してきたが、それだけでは対応が出来ない。

陸上との水循環の悪化が、大きな影響を及ぼして来た可能性がある。

また陸上、海洋の生態系の劣化が進んだことも検討されるべきである。

さらには、人間生活様式の変化による汚水の増加や水量の変化に加えて、地球環境温暖化を通じた海水の酸性化などを要因にして、海洋環境の悪化が、水産資源に悪影響を与えている。


国際社会は、このような陸・海洋生態系の変化に対して、二〇一五年に国連で採決したSDGs（持続可能な開発目標：Sustainable Development Goals：一七項目）として、他の開発目標とともに、陸上と海洋における人類が今後二〇二〇年、二〇二五年、及び二〇三〇年までを目標に達成すべき事柄について提起している。

このうち、
SDGs14（海洋生態系保全）、
SDGs15（陸上生態系保全）では、国連食糧農業機関（FAO）、
SDGs6（水の保全）に関するユネスコ（UNESCO）の活動について紹介する。

生態系の劣化と資源減少——原因と対処法

望月賢二

日本の水産資源減少は、基本的には陸域から水域にわたる環境悪化により進行中の水域生態系劣化の一部として起きていると考えられる。この悪化原因は、地球温暖化等を含む「地球環境問題」などの地球規模のものから、山地から河川・地下水系を通り海域に及ぶ地域に起因するものまである。さらに、これらの自然・環境悪化や生態系劣化・生物資源減少は、基本的に人や社会との相互作用の結果であると思われる。以下、この視点から、水産資源の減少とその主原因である生態系劣化の現状・原因と対処法について見ていきたい。

まず、日本の水産資源減少であるが、これは近年の漁獲量減少を論拠に語られることが多い【1】。ここではまず議論の土台として、水産庁の資源評価状況と漁獲統計による漁獲量変動などから明らかになる点を整理していきたい。

日本周辺の国際管理種を除く主要な漁業対象種（系群）の資源評価（水産庁・水産教育研究機構、二〇一八）によると、二〇一七年度水準は低位四六％、中位三七％、高位一七％で、最近二〇年にわたり全体的に大きな経年変化は認められず低位安定している。高位水準種（系群）が少なく、低位水準が半数近くを占める。この評価自体に関する議論は保留するが、この結果は日本の沿岸（一部沖合）の主要水産資源種ばかりでなく、水域生態系全体が「低水準」状態になっていることを強く示唆している。それは生態系における多様性低下、現存量の縮小、再生産力の低下を含むと考えられる。

また、日本の最多漁獲量（養殖を含む）を示した一九八四年の総漁獲量一二八二万トンに対して、現在では四〇〇万トン台まで減少している【1】。この漁獲量減少の原因として、社会的には「乱獲」であるとして、その対処の必要性が主張されていることは既に本報告書でも指摘し、それに基づき漁獲方法に関する対処について先進事例分析を行い、方法の提案をしているところである。

上記の資源評価や漁獲統計に示された日本の水産資源の現状を考えると、従来通りの漁獲を続けることが「乱獲」、言い換えると「再生産力を上回る過剰漁獲」になっていることは間違いないだろう。その点で、「現在の資源状態から見て過剰になっている漁獲量」を「再生産量の範囲内」に抑える緊急対処が必要なのはその通りである。しかし、それだけでは中・長期的な資源の回復を図ることはできないだろう。

このことを考えるために、基本的な資源状態を示す数字を明らかにするために、まず日本の漁獲の内訳をみていこう。

日本ではほとんど忘れられていることであるが、内水面漁業（淡水域での漁業で、養殖を含む）では、少なくとも一九六〇年代以降は人工種苗育成・放流や種苗輸入等により漁獲を維持している種（アユ、アマゴ、サケ、シジミ、ウナギなど）以外の漁獲はほとんどない。まさに壊滅状況にある。さらに、沿岸域においては、一九〇〇年代末から養殖を含めた漁獲量減少が着実に進行している（マイワシ漁獲量変動を除くと、一九七〇年代から漸減傾向が続いている点に注意すべきである）。また、沖合漁業でもほぼ同様に大幅に減少している。遠洋漁業も長期的に減少傾向が強い【1】。

この漁獲量変動の分析に当たっては、基本的に遠洋漁業とマイワシ資源を除いた、「内水面＋沿岸＋沖合」における漁獲（養殖を含む）を対象にすべきである。この視点から見ると、一九七〇年代の六〇〇万トン前後が日本の基礎的漁業生産力であり、近年のマイワシ漁獲量三四万トンを除くと、それが四〇〇万トンを割り込んでいる（二〇一八年漁業白書）ことが問題なのである。また、現在の漁獲量は、漁船や漁具等の大型化や改良による漁獲能力向上と衛星情報の利用等の影響があり、実際には資源量はこの数字以上に減少していると見るべきである。これらが、日本の水域生産力を示す指標として、水産資源問題を見る時の最も基礎的なものである。

なお、遠洋漁業とマイワシを除くべき理由は、以下の通りである。

遠洋漁業では、「遠洋」といってもそれは日本から見た視点であり、行った先の国の沿岸あるいはその沖合での漁業である場合には、その国の政治・社会状況とともに陸域から沿岸域の自然環境・水域生態系などにかかわる問題である。さらに、国間の政治・経済的関係の問題でもあり、それぞれ個別に分析したうえで議論すべきである。また、マグロ類などのように、外洋の公海上で行われる場合には、それにかかわる地球

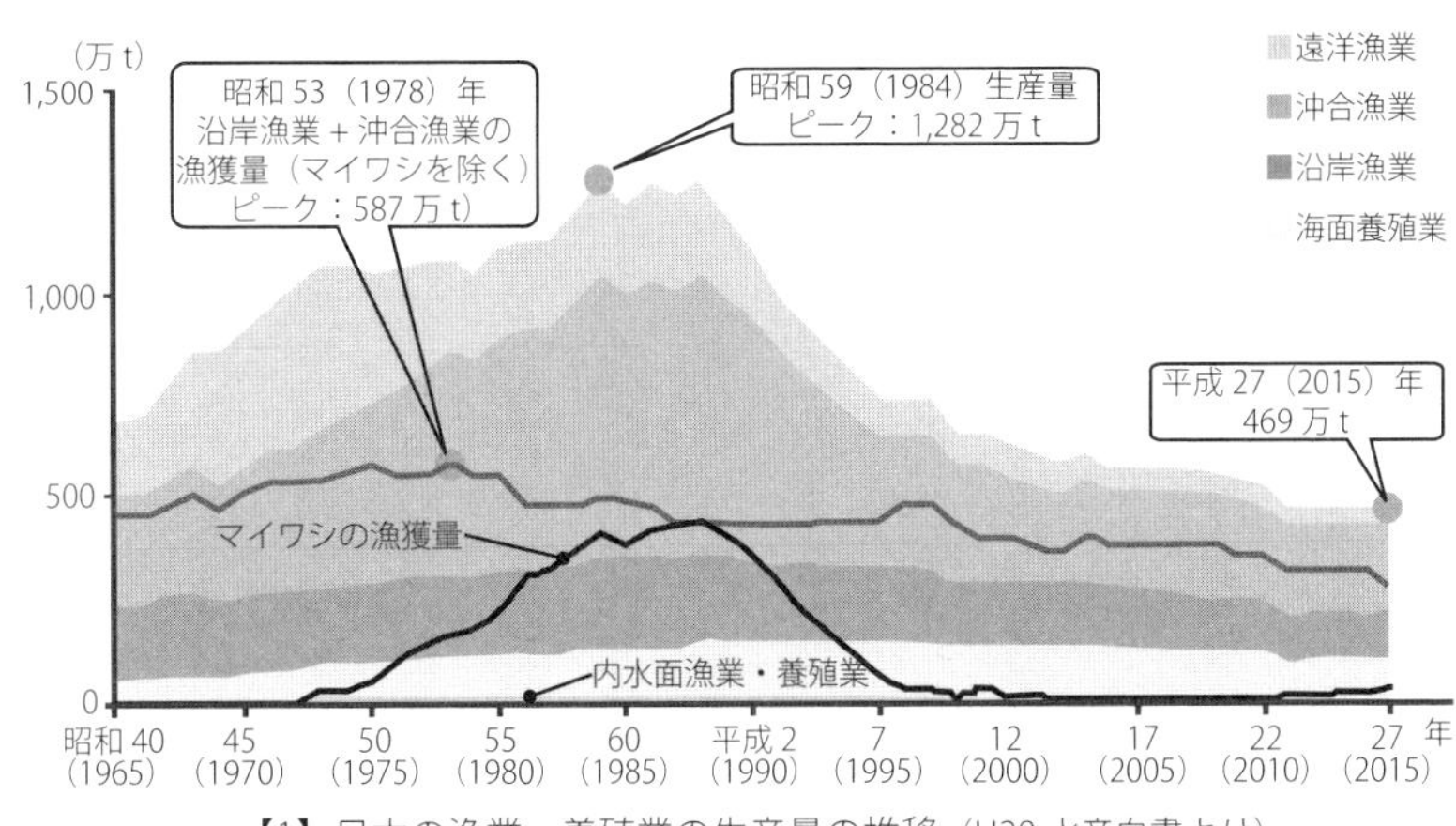

【1】日本の漁業・養殖業の生産量の推移（H28 水産白書より）

規模の環境・生態系や国際関係に左右されるためである。

また、沖合域・沿岸域で生活するマイワシは、日本の水産対象種の中で唯一、四〇〇万トンの水揚につながるような極めて高い資源水準の時期とほとんど漁獲されない極めて低い時期を繰り返す特性があることが知られているが、この増減状態にあることがマイワシの正常な資源状態と考えるべきである。最近では、この原因として同様の周期で変動する気候・海象の「レジームシフト」の影響との説も提起され（平成二九年水産白書、その他）、また従来はそれ以外の説も提起されている。これらの説の妥当性については別途議論すべきであるが、いずれにしてもマイワシはこの資源変動特性を持つために、マイワシ漁獲量を加えて漁獲動向（ひいては資源変動）を判断すると、マイワシの正常な資源変動によって、日本の漁業資源全体が見かけ上大きな増加や減少と判断されることになる。そのため、マイワシ資源についてはそれ単独で評価すべきであり、そのうえで当該水域の自然環境や漁業状況をめぐる諸条件についての総合的な評価をすべきである。

以上をまとめると、日本の水産資源減少を考えるときには、内水面から沖合域に至る水域を中心に、マイワシを除いて見ていくことが重要である。さらに、内水面の水産資源減少が壊滅的状況になり、それが沿岸域、さらに沖合域へと影響している。言い換えると、水循環系を土台に水産資源を見ると、その重要な減少原因が陸域にあり、陸域の悪化が水循環系を通して海域に影響しているということである。さらに、広範囲にわたって資源減少が危惧される状況は、これらに地球環境の悪化が加わっていると推測される。

以下、水産資源減少の原因を整理していく。

水産資源減少を考える上で留意すべきこと

なお、水産資源減少問題を考える上で留意すべきことがある。

それは、ある種の資源量が減少したとき、その種の漁獲量が減少するのは当然であるが、減少の影響はそれにとどまらないことである。それがもたらすある可能性について定性的レベルではあるが見ておこう。

自然界では、全ての動物種が食物連鎖網に組み込まれている（一次生産者の植物は、栄養塩を吸収する一方、被食者として組み込まれ、分解者としての微生物は動植物種の状態に関連して種構成や現存量等が変動するはずである）。そして、全ての動物において、卵から親個体までの全過程において、食物連鎖網中の位置が成長とともに連続的に変化することが重要な点である。被食者となる卵の時期や孵化後の卵黄生活期を除き、連続的に変化するどの位置においても、その種が他生物を餌として食べると同時に、その種自体も他種から捕食される。一方、様々な水生動物が大量の卵を産み（多いものでは数十万～数千万粒）、親になるまでにその大部分が他生物に食べられるなどし、繁殖に参加できるのはわずかな個体であることが自然界の厳しさとして語られることが多い。しかし、食物連鎖の視点で見ると、大量の卵・稚仔・幼生・若齢個体が食べられることで捕食者を養うことになり、またその種自体もそのように他の生物を大量に捕食して成長することにより「捕食者として餌生物に養われている」ことになる。それらの関係の総体としての食物連鎖網、ひいては生物多様性、生態系が健全に維持されている。すなわち、全ての種が他種とのバランスの上で生きているのが自然界であり、産卵数・産仔数も進化の過程で獲得されたそのバランスの一要素である。

従って、ある種の資源量が減少すると、その影響は食物連鎖網を通じて捕食・被食関係の修正や生態系構成種の現存量バランスの修正など、生態系全体に及ぶことになる。資源が減少した種の数が少ないほど、資源が減少した種の本来の現存量が少ないほど、それらの種の資源量減少の生態系に対する影響は小さいだろう。また、資源が減少した種数が多いほど、またその中で本来の現存量が大きい種の数が多いほど、生態系に対する影響は大きくなるだろう。その影響は、生態系の縮小（生物多様性低下や種構成バランスの変化、構成生物の現存量低下、再生産量の減少など）として現れると推測される。従って、いずれの場合も資源量減少対策は生態系全体の改善・回復策でなければならないことは明らかであり、特定種の資源量だけの回復は極めて困難だろう。なお、前述の通り、資源量増減が著しいマイワシなどでは、その資源量変動自体が生態系や食物連鎖に組み込まれている「自然の変動」であり、それと「人為による資源量減少」問題とは区別して考えるべきであろう。

また、この人為による「生態系縮小・劣化」と呼ぶべき現象は、五〇年ほど前に日本の水田生態系において起こったことである。江戸時代にほぼ完成の域に達した水田生態系は、コメの生産力の点では現代より低いが、生物多様性、現存量、再生産力などの点で極めて高くて豊かで、たんぱく質を中心にした多様で豊かな食糧の提供、人に好ましい生物の多さ、美しい景観など、当時の豊かな生活を支えていた。それは明治以降の「近代化」の影響による水田生態系の「縮小・劣化」が進行していたが、明治から昭和前期までその豊かさはかなりの程度引き継がれ、昭和二〇年代まではその恩恵に浴していた。しかし、昭和四〇年代以降の「現代型乾田稲作」化により、「水田」がイネを育てるためだけの「工場的な場」(イネ以外の生物の生息が困難な場)になった。言い換えると、同じ「水田」と呼ばれるものではあるが、水田構造や営農法、水田生態系などの点で全く異質なものに変わったのである(現在この違いはほとんど意識されていない)。その結果、「水田」に生息する生物種数が大変少なく(生物多様性が大変低く)、イネを除く生物の現存量は大変小さく、生息生物の再生産力も大変小さい(あるいはできない)ものに代わるなど、それまでの水田とは全く異質な「水田」

生態系に変化した（縮小した）。詳細は後述するが、山林荒廃、河川・湿地・水域の人工化・埋立、都市集中社会化などとともに、これが日本の淡水生態系を劇的に悪化させ、内水面漁業がほぼ壊滅した主要原因の一つであったことは疑いようがない。さらに、この影響は河川水等を通して河口から沿岸域まで及んだのではないかと推測される。この水田をめぐる事例に類似する変化が沿岸域自体で起きている可能性を含め、沿岸漁業について見ていく視点が必要であろう。

以上のように、資源量減少は、その種の問題としてだけとらえるのではなく、生態系や食物連鎖とそれらが存在する水域環境の中において総合的に見ていかなければならない。ただし、このような資源減少に伴う諸現象が直接見える状況になることは少なく、それに関する研究はこれまでほとんどなされずに来た。今後定量的な調査を積み重ね実際の変化・影響について明らかにしていくことが重要である。

以下、主な水産資源減少原因についてみていきたい。

生態系劣化・資源減少の原因と主要対処法

■主な資源減少原因

資源量減少が起きる原因として多数考えられるが、その主なものを見てみよう。

第一に、最も根本的なものとして、生息環境悪化とそれに伴う生態系の「劣化（縮小）」である。これは、主に人為による直接的変化と、地球自体の環境変動による影響がある。地球温暖化は、前者の影響を主としつつ、両者との相互作用的な働きが加わっている可能性がある。また、これによる資源減少が進むほど「乱獲」になりやすいことは明らかである。

第二が、資源に対する「過剰漁獲」で、これが「乱獲」である。これは、その時々の資源による再生産力を超えて、言い換えれば次世代を生みだす親個体の漁獲が多過ぎることで、産卵（産仔）数が減少して食物連鎖を経た後の親の数が前の世代より少なくなることが長期間継続して起こることである。

第三が、対象種を捕食する生物の急増や病気の蔓延などにより、個体数が減少することである。また、餌をめぐる競合関係にある生物が異常に増殖するなどして、餌生物の現存量が減少したことで利用できる餌の量が不足する場合がある。これは、外来種の侵入などに伴って起きることが多い。

■乱獲の原因と現状

現実の日本の水産資源は、主に第一原因を中心にして進んでいる生態系劣化（縮小）の一部として資源量減少が進む一方、漁獲努力量が一定又は増大する（大型化・高効率化等を含む）という第二原因が重なって、「乱獲状態」に陥っていることはほぼ間違いない。内水面漁業が壊滅し、沿岸域を中心とした水産資源の多くが低位水準にある状況は、緊急に乱獲に至らない漁獲方法を見つけ出さなければならない状況である。同時に、それだけでは不十分で、第一の原因に対する対処を並行して始めることが極めて重要である。

① 乱獲になりやすい漁法

ここで「乱獲」についてより詳しく見ていきたい。漁獲の資源への影響は漁具や漁法により大きく異なる。一般には釣類より網類の方が乱獲になりやすい。また、網類でも、定置網のように待ち受けるものより積極的に探して捕獲する方が、乱獲に陥る可能性が大きく、小型漁具より大型漁具の方が大きく、漁船もそのサイズや馬力が大きいものの方が大きい。事前に、群れのいる可能性が高い海域が分かることにより漁獲効率が格段に良くなり、「乱獲」になりやすくなる。

ここでは、資源への影響が大きく乱獲になりやすい漁法を二例見ていこう。

第一が、サバ科魚類、マアジ、イワシ類など大群を形成して回遊する浮魚類を漁獲する旋網類である。これは、群単位でその全部を漁獲していくために、漁獲効率は大変高く、それだけ資源への影響も大きい。さらに、近年では人工衛星情報により魚群のいる可能性の高い場所を見つけだすことで、効率を大きく上げている。このため、さらに急速に資源減少が進む方向に移行していると考えられる。また、このような情報を容易に得られることから、旋網ほど効率が良くない延縄や一本釣りでも、資源減少を進めやすくなっているといえる。また、沖合や外洋の中層で大群を形成する魚群を捕獲する「中層トロール」もこれに準じて影響は大きい。

第二が、海底を曳回して、定住あるいは産卵目的で集まる動物などを捕獲する底曳網類がある。この場合には、対象資源への漁獲圧が高いことと、海底を曳回して生息環境を破壊することの両面で資源を減少させる可能性がある。この時、昔は「やまたて」により自船の位置を知って（あるいは目的の場所に行って）操業を行っていたが、今ではGPSなどで正確に自分の位置を知り、また自動航法による目的地への容易な移動が現実になり、さらに魚探の発達で容易に魚群を発見するなど、漁獲効率は格段に上がっていることにも留意すべきである。

②乱獲に対する緊急対処法

次に「乱獲」になる可能性が高い時、乱獲になった時における対処法である。

これには、前述の第二の原因に対する緊急策と、第一の原因に対する根治策の二本立てで考えることが必要であるが、ここでは緊急策について述べる。根治策についてはその内容が膨大かつ複雑多様であるために、次項以後内容を整理したうえで議論したい。

乱獲に対する緊急対策は、乱獲が「再生産力を超える漁獲が続くことにより資源量が減少する現象」である以上、漁獲量を「その時々の再生産力の範囲」にとどめること以外にない。そのためには、毎年対象資源の漁期開始前にその漁期で漁獲してよい総量を決め、それを超えないようにすることが唯一の方法である。そのためには、全国くまなくリアルタイムで漁獲量を集計し、設定量に達した（あるいは達する恐れが出た）時点で全漁獲行為を停止させることである。あるいは、漁期内に漁獲してよい量を組織または個人・船などに対して事前に割り当て、それぞれはその割当量の範囲内での漁獲とする方法である。

これらの方法を成功させるためには二つの条件がある。一つは、許可する総漁獲量が科学的に正しい値であることである（ただし環境の変化等で結果的には乱獲になる年が出現する可能性はあるが、この場合は複数年でそれを吸収し資源量を維持することで解決することになる）。このためには、対象資源と自然環境に関する基礎データが長期にわたり十分な質と量で取得され、適正に分析されなければならない。「長期に」とは、原則的には地球環境の中・長期的変動をカバーできる範囲であり、その中で対象資源の短期〜中・長期変動をその要因を把握できる範囲である。これは、この視点による取り組みが開始される時点では実現不可能であるが、重要なのはこの視点でデータを積み重ね、年々それに近づけることである。もう一つの条件は、漁獲データをリアルタイムで正確に把握でき、そのデータが許容量に達したときに直ちに漁獲行為を停止させられるシステムの構築、または漁期内の実漁獲量が割当量以内であることを常に確認できるシステムの構築である。

この時に難しいのは、特定の魚種に絞って漁獲できる業法ばかりでないということである。例えば、定置網や底曳網のように、網に入った種々雑多なものに含まれるものまでその総漁獲量に含めるかということである。それが極めて少ない場合には問題になりにくいだろうが、操業件数が多いほど、また操業機会が多いほど無視できなくなる。また、このような事を「言い訳」に漁獲する行為が出る可能性もある。今後の研究課題になるだろう。さらに、「密漁」も大きな問題として浮かび上がってくるだろう。

一方、これらを漁業者の立場から見ると、新制度の下でより多くの可処分所得を得ることが必要条件になる。このためには、総量規制下あるいは割当量規制下であることから、より単価の高いものを選択的に漁獲することが望ましいことになる。各自がばらばらに漁獲している状況では、いつ漁獲打切りになるかわからないため、獲れるときに出来るだけ多くを漁獲せざるをえなくなる。これでは乱獲は避けられても、漁業者の生活ができなくなる。このため、各漁業者が漁期前にあらかじめ漁期内にどれだけとってよいかが確定している必要があることになる。

以上から、「乱獲」を防ぐ方法は、以下の点に集約される。

第一が、事前の科学的な資源量の予測に基づく、対象資源の漁獲許可総量の決定である。これが高いレベルでできることが、「乱獲」を防ぐあるいは「乱獲」からの資源回復の基本的絶対条件になる。これを可能にする、基礎的な自然・生態系に関する基礎情報の収集・蓄積・分析の開始と継続が伴わなければならない。

第二が、組織または船、個人への漁獲許可量の割り当てである。

第三が、実際の漁獲量の正確な把握である。これまでは、漁獲データはその正確さの点で多くの問題があり、実態とかけ離れていると言われる状況では「乱獲」を防ぐことはできないだろう。

以上を踏まえたうえで留意すべきことがある。それは、前述のとおり、生息環境悪化による生態系劣化とそれに起因する資源縮小が進んでいる状況下で、乱獲の緊急対策を実施したとしても、今後かなりの長期にわたり水産資源の減少傾向が続くことが避けられないということである。このばあい、組織・船・個人などへの割り当てによる漁獲量規制が続けられるかどうか難しい問題である。まして、「譲渡可能」な許可の場合には更に難しくなるだろう。

③ 付記

日本では「乱獲」問題とその根底にある資源減少問題にあたって、（人工）種苗放流と人工漁礁造成だけが「根本的な対策」であるかのように、あたりまえのこととして行われている。現実はそれぞれが一大産業化し、毎年多額のお金が投入されている。しかし、これらの方法は、「乱獲」や資源減少の原因に対する視点が全くなく、またその効果に関する科学的検証もこれまで全くなされていない。この現状の見直しは、資源減少問題を解決していく上で直ちに見直されなければならない課題である。

■人為的水循環系悪化による生態系劣化・資源減少とその対策（概論）

前述の通り、生態系劣化と資源減少原因として考えられるものにはいろいろあるが、これには第一の「生息環境の人為的悪化とそれに伴う生態系劣化」があり、これが根本的な問題であると考えられる。水産資源減少においては主に「人為的な水循環系悪化」である。

この「人為的水循環系悪化」は、極めて多様で相互に複雑な作用を及ぼしあうものである。主なものには、地球温暖化に基づく環境悪化（変化）、山林の人工針葉樹林化とその放置林化の拡大、湿地・水域の埋立、河川や湖沼等の水循環系内における（コンクリート製）人工構造物設置、地表水の地下浸透量の減少と地表水・地下水間の水移動の阻害、強度の水利用と排水、水田を中心にした農業の近代化、ゴミや有害物質問題（これはそのまま地球規模の問題につながっている点に注意が必要）、海岸・平地の都市化とそれに伴う自然改変（破壊）、以上を推進する人・社会の変化などがある。

これら人為による水産資源の生息条件悪化・消滅などは、根本原因の除去、緩和、代替などの対処が必要である。

これらについての詳細は次項で整理し、詳述する。

■他生物による影響

第三に、主な減少原因が寄生生物や食害生物などの異常繁殖、外来生物の空間・餌・繁殖資源などの独占や割り込みと交雑などの場合である。資源規模が十分大きく、健全な状況にある場合には大きな問題になることは少ないが、資源が低水準になった場合、特に絶滅が危惧されるような場合には大変深刻になる。

このような被害の例には、アサリに対するカイヤドリウミグモの寄生やサキグロタマツメタの食害などがある。また、サンゴ類に対するオニヒトデの食害もある。近年の垂下式のカキやホタテガイの養殖における外来種ヨーロッパザラボヤの付着被害と餌をめぐる競合なども知られている。また、日本海沿岸で大量発生して定置網漁などに多大な被害を出したエチゼンクラゲなども記憶に新しい。このような事例は対処法がほとんどなく、基本的に「予防」が第一になる。この予防を可能にするためにも、そのような異常繁殖現象や被害が発生した背景まで戻って研究しなおすべき事項である。

また、これらに類似した問題に、伝染性の病気がある。この例としては、「コイヘルペス」の蔓延などがある。また、近縁種の導入による交雑で発生する雑種化等による遺伝上の問題もあり、これには真珠養殖で導入した中国産のヒレイケチョウガイと在来のイケチョウガイの交雑やタナゴ類の種間雑種などがよく知られている。また、人為的に造った雑種種苗の大量放流が、影響調査が全くされずに行われている。また、一部魚種で遺伝子組み換えや遺伝子編集研究や事業が進められているが、野外に流出したときの影響は様々な影響の可能性が考えられる。

このような事態に対する対策は一般に極めて困難である。有害生物の直接的駆除や繁殖阻害、あるいは生息環境（条件）への対処などが考えられる。このような場合、陸域では問題種を捕食する動物を他から導入した例が多数ある。これは、導入生物が対象生物以外は絶対に捕食しない（できない）場合には成立するかもしれないが、そのような例は考えられず、有用・希少生物への食害や導入生物の大量繁殖被害などで実施した全事例で失敗していると思われる。まして水域では直接的目視観察が困難であることから、何がどう進行しているのか正確に知ることは困難であり、この方法は絶対に採用すべきではない。

生態系劣化・資源減少に至る人為的水循環系・水環境の悪化（各論）

水産資源減少とその背景としての生態系劣化の主要な原因と考えられる事項は前述のように多岐にわたる。これらに対する基本的対応策は、「原因除去」や「影響の軽減」や「代替措置」などであろう。本項では、主に内水面から沿岸域において、水産資源減少の主要原因と推定される①地球規模の環境悪化、②海岸域を含む陸域の「人為的環境変化」とそれらとの相互作用の結果生じた人と社会の変化について整理し、水産資源を良好に維持するための当面の緊急策と中・長期的方策を考える基礎としたい。

■地球温暖化

「地球環境問題」として人類が直面している課題は、人口問題、食料問題、ごみや化学物質・資源の過剰消費等の問題、自然・生態系破壊問題などを含む極めて多様で相互に作用しあう複雑なものである。その中で、水産資源減少問題や生態系劣化問題に直接関連する最重要課題に「地球温暖化」がある。

地球温暖化は、大気圏から海洋全域にわたる環境の、急速かつ大きな人為的変化として、水産業を始めとした食料供給の状況や、陸域から海域に至る自然・生態系を根本から変えてしまう可能性を有している。以下、気象庁、環境省等のホームページ、大学や研究機関の報告等を参考に以下見ていこう。

「地球温暖化」は、歴史的な人の活動拡大に伴う大気・海洋中の「温室効果ガス」増加により、過去一〇〇〇年以上にわたって続いている現象である。それは一九〇〇年頃から顕著になり、20世紀後半以降年々加速化の程度が進行している。これによる現象には、大気や表層から深海までの海水温上昇、氷河・氷床の溶解による縮小、大雨や干ばつの起きる地域の変化とそれらの激化や増加、熱波の発生などが指摘されている。また、海水中に溶け込む二酸化炭素の増加による酸性化などもある。

この温暖化を引き起こす主な温室効果ガスには、二酸化炭素（CO^2）、メタン（CH^4）、一酸化二窒素（N^2O）、フロンガス類などがある。

この地球温暖化の仕組みは以下の通りである。地球は、太陽熱により大気・海水の温度が上がり、夜間地球外に向かって赤外線が放出されることで下がる。大気中の温室効果ガスは、この地球外へ放出される赤外線を途中で捕らえ、再び地表に向けて放つことで、温室効果ガスがないときに比べて高い温度が維持される。温室効果ガスの中で、二酸化炭素の影響が一番大きいと考えられている。この二酸化炭素増加の主原因は、石油、石炭、天然ガスなどの化石燃料やそれを原材料とした製品の燃焼などである。しかし、近年温暖化が進んだことで、北極海の夏季の氷域縮小による光反射率低下や永久凍土溶解に伴うメタンの大量放出などで、今後更に加速される可能性が指摘されている。更にフロンガス類の人為的放出が今後も進むであろうことから、温暖化の速度が年々加速されることが危惧されている。

温暖化の結果、我が国の陸域では、イネを含む農作物への悪影響、熱帯・亜熱帯性生物の北方向への分布拡大と冷温性生物の北方向への分布域縮小など、温暖化に伴う様々な変化が進行中である。また当然淡水域でも類似の影響が進むと考えられるが、水産資源種の多くは、水域を超えての分布域の拡大や移動が困難で、多くの場合絶滅水域の増加とそれによる分布域縮小や資源縮小として現れるだろうが、実際には人為的環境悪化による絶滅が進んでいるため確認は難しいだろう。海域でも、これと同様の変化が進行すると推測される。特に、熱帯、亜熱帯域の生物の高緯度地帯への進出、温帯域生物分布域の高緯度地域への移動、冷水系生物の分布域の高緯度地域への縮小などとして現れることになる。

この温暖化の影響を既に受けていると推測される冷水性の生物資源がある。その筆頭にサケがある。日本のサケの回帰数（産まれた川に戻った親個体数）は、一九七〇年代に大きく増加した人工種苗放流により増加し、一九九〇年代半ばにピークを迎えたが、その後人工種苗放流数はほぼ同じ水準を保っているにもかかわらず親魚回帰数の減少が続いている。この減少率は北海道より本州で大きい。一方、ロシアなどでは人工種苗放流数増加を上回って増加している。回遊経路の違いなどから、一概にこれだけから温暖化の影響とは言えないが、減少のパターンや時期から考え、その可能性は大きいと推測される。また、冷水起源のイカナゴでは、分布域の南限に位置する瀬戸内海や伊勢湾の系群の減少傾向が著しい。これも温暖化の可能性が大きいと考えられている。今後温暖化の進行と漁業動向を詳細に見ていくとこのような例は増加していくと考えられる。

また、海域は大気との間で熱や二酸化炭素のやり取りをおこない、その収支の結果として熱や二酸化炭素の一部が海水中に移行している。その結果、海流や海水大循環に大きな影響を与える可能性が指摘されている。また、海水温上昇により水面から蒸発する水蒸気量が増加し、大気圧の発達や台風の巨大化や降雨状況の激化などが指摘されている。

また、地球規模で見ると、地域により干ばつの進行や降雨状況の激化による洪水の頻発などが指摘され、それらに伴う土砂流下量の変化、山林や農業の変化などが進み、それらに伴う水循環系を通しての河口・海域への影響が考えられる。

また、海水中に移動する大気中の二酸化炭素が増えて、水と反応する炭酸ガス量が増加することになる。これにより生成される炭酸塩の増加により、海水中の水素イオン濃度が増加し、水素イオン指数（pH）が下がることになり、結果として酸性化の方向に働く。これらにより、海域の環境が大きく変化することで、そこに生息する石灰質の殻などを持つ生物に様々な深刻な影響を及ぼすと考えられている。また、この様な直接的影響による一部生物種の現象は生態系の悪化として海域全体に深刻な影響を及ぼす可能性が考えられる。

以下、この地球温暖化の水産業等への様々な影響を詳しく見ていこう。

■地球温暖化の水産業への影響と今後の方向性

前述の通り、「温室効果ガス」増加による地球温暖化は、地球の大気・陸域から海洋に至る自然に対し広範囲で大きな影響を与えると考えられ、実際に世界各地で様々な現象が報告されている。また、今後も温室効果ガス増加が続く場合、その影響の程度はさらに深刻になると予測されている。

この現象は、当然水産業に対しても大きな影響を与えるだろう。以下、その影響の主なものについてみていこう。

① 水温上昇に伴う影響

水温上昇が進むと、海面から蒸発する水蒸気量が増加し、降雨量の増加、台風や低気圧の発達とそれらによる災害の発生など、様々な影響を及ぼすと考えられている。

水温上昇は、第一に冷水系生物の分布域の低緯度からの消滅により高緯度域へ偏った（縮小した）分布としてあらわれる。また、暖水性生物分布域の高緯度方向への拡大として現れる。また、極域を中心とした最寒冷地生態系の種の絶滅を含む急激な悪化を伴う。具体的には、熱帯・亜熱帯域に分布するヒョウモンダコなどの本州中部沿岸での出現もある。また、前述の通り、サケの回帰数減少が北海道より本州で激しいこともこの例の可能性が高い。淡水域の場合、冷水生物の分布南限域における絶滅が進むことになる。これには、瀬戸内海や伊勢湾のイカナゴ、陸封されたサケ科魚類やトゲウオ類などの隔離された水生生物の絶滅や減少が予測される。また、冷水系海生生物のより深い場所に偏った生息状況になる可能性が予測される。

また、海水温上昇がある一定のレベルを超えると、造礁サンゴ類の白化現象が起きる。これは、サンゴ虫の体内に寄生してサンゴ虫に栄養を供給している褐虫藻が体外に出てしまうことで発生し、それが長期に続くとサンゴ虫は栄養不足で死亡するものである。これによる熱帯・亜熱帯海域の生態系の悪化を引き起こし、ひいては水産業や観光業などへの広範な悪影響を及ぼすと予測される。この現象を含め、熱帯から寒帯に至る各地での水域生態系が変化し、水産対象種とその資源量変動、漁獲対象種の交代、これらを通しての漁業や人活動への影響が大変大きいと言える。

この環境変化は地球規模で発生し、世界中の自然、生物、生態系、水産業に多大な影響をあたえる可能性があると推測される。

②海水中の二酸化炭素（炭酸塩）量の増加に伴う影響

海水中の二酸化炭素（炭酸塩）量が増加することにより海水のpH値が低下する（酸性化）。長期に安定した環境の中で生息してきた海の生物にとって、pH値低下は深刻な環境変化であるが、当然その影響の受け方は種によって異なると考えられ、実際それを示す研究成果も報告され始めている。これまで報告されてきた成果を見ると、炭酸カルシウムの骨格や殻を持つ植物・動物プランクトン類、貝類、棘皮動物、サンゴ類などで、炭酸カルシウム結晶の生成を阻害し、これらの生物の減少や死滅などが起きることが危惧されている。これらの影響は、海域生態系や食物連鎖の変化を引き起こし、さらに水産資源の減少や交代を含めた漁業への影響、更には人活動への影響が考えられる。

ただし、海水中の炭酸塩増加により炭酸カルシウム生成が阻害される生物がいる一方、促進される生物種もいるとの報告もある。その場合には、生態系における種の交代や食物連鎖系の変化が起こり、これによる水産業への影響が出る可能性が考えられるが、詳細は不明である。

このような影響は、前項の水温上昇とともに、世界規模で自然や生態系、生物生産、水産業等に、多大な影響を与える可能性が大きく、最大限の注視と予防的対応が求められる事項である。

③ 海水面上昇等

大気温や水温の上昇により、北極・南極とその周辺の氷や高山の氷河などが大量に溶け出すことになる。実際に、北極では夏季を中心に氷で覆われる面積が減少を続けていること、南極では棚氷の流出と縮小が続いていること、世界各地で氷河の縮小が続いていることなど、この現象が進行していることを示すニュースが続いている（南極では氷の総量が増加しているとの報告もあるが検証が必要である）。この結果、海水位の上昇が引き起こされるとともに、それによる気候への影響も懸念されている。

また、水温上昇は水自体の体積増大を引き起こし、それによる海面上昇が起こることになる。実際に、これらの進行で、最近一〇〇年間に平均一七㎝の海面上昇が観測されている。今後も温暖化が進むと海面はさらに上昇すると考えられている。これにより、海岸に接する低地への海水の侵入が進むことになる。太平洋の島嶼国によっては島全体の水没が危惧されている。これらに対して、現在の陸域を守るためには堤防の大幅な嵩上や海岸における諸設備の改修や作り替えなどが必要になり、水産業でも大きな投資が必要になる。同時に、この様な海岸域の施設の拡大や巨大化は海域環境悪化の原因になる可能性がある。さらに、これらにより人と海の関係の分断が進み、生活や社会的意識の変化などが進むであろうことから、水産業を含む人と社会に対する複合的な影響があると推測される。

④今後に向けて

温室効果ガス増加による地球温暖化の進行は、地球の自然・生態系へ、そしてその一部を形成する水産資源へも深刻な影響を与える可能性があることが指摘されている。当然ながら、そのような事態が起きる前に、今から打てる手はすべて打つことが最善の道であろう。これは、一口で言えば、あらゆる形での化石燃料への依存を限りなくゼロに近づけることと、化学合成物質依存から再生可能な天然資源への切り替えの二つであろう。これらを実行していくためには、人口問題や社会の在り方（特に戦争や紛争を未然に防ぐための国や民族の在り方を含む）の問題など、多面的な取り組みも必要になるはずである。

さらに、地球温暖化に関わる環境や生態系の変化とそれによる水産資源への影響を根本的な所に戻り考えなおすためには、多様な非生物的環境データ、生態系および生物資源を構成する主要種に関する基礎データ、水産業に関わる諸データなど、基礎的データを長期にわたり継続的に収集・蓄積し、それらの間の複合的な相互関係を分析していく地道な作業がなければならない。生物資源の状態や水産業の動向から類推できる原因らしき事項をあらかじめ選定したうえで両者の関係を比較する手法では、根本的な原因の洗い出しに至らない可能性が高く、このような方法はとるべきではない。

ただし、現状においては、このような検証のための継続的な基礎的調査データは存在しないと思われる。今後の取り組みの中で、一刻も早くこれを実現していく以外にない。この点が今後の重要課題である。

陸域の自然環境の改変

日本の自然・生態系の最も主要な特徴は、人の働きかけ（利用）により時代時代の姿が変化してきたことである。さらに、その人の働きかけの結果である自然・生態系の変化が、人の生活、五感や感性、考え方などを変化させ、結果として人（社会）を育ててきたという点である。その結果として、社会の発展があり、豊かな水循環系が生まれ、「里山」等に代表される豊かな「二次生態系」が生み出され、それに依存して人も豊かな生活を送ったのである。それが淡水生態系・生物資源、さらに沿岸から沖合の海域生物資源を育んできた。

しかし、産業革命を契機とした人と社会の変化、特にエネルギー等の化石燃料への切り替えと地球規模の資源調達化による変化が地球規模で進行したことで、日本でも明治以降殖産振興による富国強兵化が強力に進められ、地域の自然や資源に依存した社会からの脱皮が図られた。その動きは二〇世紀後半に急速に加速され、地域の豊かな自然・生態系は利用されないまま管理放棄されるか、あるいは「再生」を考慮しない利用による根本的破壊が進行した。この結果として淡水生態系の極度の悪化と内水面漁業壊滅があり、その影響が海域まで及ぶことで、我が国の沿岸・沖合水産資源の縮小が進んでいることは間違いない。

この陸域の自然・生態系の悪化（破壊）の直接的原因と考えられるものには、①水資源を生み出す山林の人工針葉樹林化（特に戦後の拡大造林政策）とその利用価値低減による放置（管理放棄）とそれによる荒廃林化による水資源の衰弱、②コンクリートを多用した水循環系の「人工化」と水資源の過剰利用、④大量の「下水処理水」放出とそれによる生態系劣化、⑤都市化の急激な進行と都市への人口集中、⑥農薬・化学肥料多用と大型機械化を土台にした農業「近代化」と水田の現代型乾田化（それに伴う周辺水系の人工化を含む）、⑦陸域・沿岸域における湿地消滅やコンクリート構造物の急増、⑧ゴミや汚染物質による悪影響、⑨外来生物の急激な侵入・定着・拡大とそれによる在来生物との置き換わりなど、主なものだけでも枚挙にいとまがない。また、これらは相互に作用しあい、極めて複雑な様相を呈している。

この様な自然・生態系の悪化（破壊）の進行の背景には、それを肯定し、受け入れる社会（人）がある。言い換えれば、人と自然の関係の根本的な変化が起きているといえる。ここに日本の水産資源問題の根本原因があり、それを解決・改善するためには、当面の課題と合わせ、この人と自然の関係という根本原因に対する対処を深く分析し、将来に対する展望を明確にし、全力で取り組む以外にない。

以下、これらのことを念頭に、自然・生態系、ひいては日本の水生生物資源（水産資源）に悪影響を及ぼしている原因として挙げられる主要項目についてみていきたい。

■人工林荒廃と水循環系、土砂流出

①人工針葉樹林拡大と利用放棄で進む荒廃と水循環系、土砂流出

高木層から下層植生までバランスが取れた森林、あるいは適切な維持管理が十分投入されている森林は、豊かな生態系とともに水資源涵養力がある。

降雨は一部樹冠にとらえられ（樹冠遮断）、再蒸発していくが、その他は地表に達する。直接地面に到達した分を含め、地表に達した雨水は、一定量までは土壌に浸透して、一部が不圧帯水層（不圧地下水）として貯留される。さらにこの一部は、岩盤の割れ目等を通って地下浸透し、被圧帯水層となる。降雨量がその場所の浸透能を上回った場合や不圧帯水層の水面が地表に達した場合、雨水の一部はホートン型地表流、復帰流、飽和地表流などになり地表を流下する。バランスの取れた植生を持つ森林や十分な維持管理がされている森林では、地表面に大量の有機物が含まれる地層が発達し、大量の雨水を保持するために、この様な森林では地表流が発生することは少なく、浸透後に地下水となり湧出することで安定した河川流が維持される。すなわち、一定時間を経てから湧出して河川水になることから、高水時の流出水量を調整する洪水緩和機能として働くとともに、低水時においても一定の湧出があることから渇水緩和機能が働く。こうして、山地森林は安定した河川流量を維持する役割があるとともに、この過程で生物に適した良質の水となり湧出することで、多くの河川上・中流域における豊かな水生生物相を支えていたと推測される。また、流出土砂の状態を良好にする役割もある。

このような豊かな森林は江戸時代において一つの頂点を実現した。明治期以降、戦争や殖産事業などとの関係での森林の伐採や荒廃、それに対する植林などがあったが、江戸時代までの遺産としての手入れの行き届いた豊かな森林が一定程度残っていたようである。

それが大きく変化したのは一九五〇年代以降の「高度経済成長期」であった。戦後日本ではスギやヒノキの植林が奨励され、実際にこれらの樹種に適さない土地であってもやみくもに植林が進められている（拡大造林政策）。しかし、その一方で、輸入自由化政策により安価な外国材輸入量が急激に増加し、国産材は価格競争力を失った。同時に、第二・三次産業立国を目指す政策により、地方の若者が「金の卵」として大挙して大都市に向かい、山村・農村では若年労働層を失った。さらに、江戸時代農村部にも貨幣経済が浸透していったがまだ自給自足的側面が色濃く残っていた社会から、多額の現金が必要な社会への転換が進み、中高年労働力は秋〜春の農閑期に大都市に出稼ぎに行かざるを得なくなり、高齢化・過疎化が進み、山林の手入れを行うべき冬季にその働き手を失った。また、燃料が薪炭から化石燃料に、肥料・飼料が化学肥料や配合飼料に、山や川等で自ら調達していた自給自足の食材は店頭購入になった。これらの結果として、利用目的がなくなったため山林の維持管理の必要性がなくなり、人材や管理ノウハウ等が地域から無くなって管理しようにもできなくなり、補助金があるので植林はされるが放置されるようになった。同時にこれらのことは、人の意識や感性の変化を伴い、さらに「地域の自然に主体的に関わり、それに依存した地域社会」という人と自然の関係を根本から破壊していった。

こうして放置された森林は、いくつかの特徴的な様相を呈する。

第一は、樹冠が林全体を密に覆い林内や林床が暗くなり、健全な樹木にならなくなることである。これは、人工針葉樹林造成方法と関連する。造成では、皆伐後に幼木を密に植え、成長に応じた間伐で適切な樹幹間隔に維持し、林内に均等に光が行き届くことで、真直ぐに育った同じ高さと太さの木からなる森林にする。それが放置されると、成長に見合った間伐がおこなわれないため、過密で十分な光合成ができずに栄養不足で樹幹が太れず、光を求めて高さだけが伸び、頂上付近にだけ葉があるひょろひょろした樹形になり、林冠部は葉が密生するため林内が薄暗くなり、林床生態系や低木層が貧弱になるとともに林床の裸地化が進む。このような基本現象に加え、倒木や倒れかかったものが増え、樹冠が曲がったものや病弱木が増え、ツタ類も絡まってくるなど、荒廃が進む。

これらのことから、様々な現象が派生する。

その派生現象の第一は、地表面の枯葉や枯枝の多い層が細り、地表が裸地化するため、葉や枝先からの大型化した雨滴が地表面に直接衝突するようになることである。この落下衝撃により地表付近の土壌の団粒構造が破壊され、飛び散る飛沫には微細な土粒が含まれ、それが地表付近の目詰まりを引き起こす。これが地表面を覆う薄い被膜（クラスト）となり、雨水の地下浸透能を低下させてホートン型地表流を発生させやすくなり、この地表流による洗堀で表土浸食（＝土砂流出）が進む。

第二に、大雨時の急な増水と短時間での減水である。

前述の通り、本来は山地森林に降った雨水の多くが地下浸透し、一定時間経過後に湧出して流れを作り出すことで安定した河川流が維持される。本来の河川では、大雨による増水時でも、少なくとも河川水の七割は地下水由来であるという。

一方、地表流が増えると、雨水は一気に河川に集まり急な増水を引き起こすとともに、間もなく減水する現象が進む。実際、放置人工林が増加した現在、平水時の河川水量の減少が進み、大雨時の急激な増水とその後の速やかな減水が進んでいるという情報は多い。実際には、大都市や工場への送水用の取水や地下水（伏流水を含む）取水が加わるので定量的評価は難しいが、実際にこの現象を前提に河川・河口から沿岸域への影響を検証する必要がある。

② 水産業に対する放置人工針葉樹林の影響

次に、人工針葉樹林の放置が長期間続いた場合における水産資源への影響を整理しよう。

まず、森林の高水時と低水時における流出水量調節機能が十分機能しなくなることである。その結果、河川において大雨時に一気に増水し、まもなく急速に減水するとともに、平水時の水量が減少する。ただし、普段私たちが目にする、日本の主な河川における平水時の水量は、用水取水後のわずかな「維持水量」だけを流す方式による人為的なもので、この山林の荒廃による現象以上に少なくなっているはずである。河川水の平水時水量の減少による影響としては、生活史の中で淡水域と海域を行き来する動物を含め、多くの水生生物にとっての深刻な行動阻害要因になることを始めとして、淡水生物にとっての強い生活阻害要因になる。また、良質な河川水の流下量減少につながるが、これは河川内ばかりでなく沿岸域への大きな悪影響を意味する。人工針葉樹林の放置による地下浸透量減少が地下水量の減少につながったときには、河川水量の減少とともに、沿岸域で湧出する地下水量減少の可能性が考えられ、その結果として沿岸域の生態系や生物生産に影響する可能性がある。以上は、定性的には、河川から沿岸における生態系の衰退から始まり、内水面漁業と沿岸漁業の衰退の方向に働く変化である。

このような山地の人工針葉樹林放置による河川水量変化は、当然土砂の流下状況の変化を伴い、河川内ばかりでなく河口から海岸、さらに沿岸の海底などの底質状況に影響することにより、結果として水産業に対して様々な影響を与えるはずである。

また、近年、全国的に沿岸域の海藻類の減少・消滅（「磯焼け」として知られている）や海藻養殖における不振に関するニュースが増加している。この原因として、一つには下水処理水の問題（後述）があるが、根本的には河川水・地下水の水質低下と流下水量の減少があるはずである。この中で、「磯焼け」の原因と指摘される「フルボ酸鉄」減少を始めとする河川水・地下水の質の低下問題があるが、これは基本的に広葉樹を中心とする落ち葉や枯枝の厚い層が地表を覆う山地森林があって初めて上質の水が流下することに対し、放置による山林荒廃が進行して地表の裸地化が進んだことによる問題である。言い換えると、「磯焼け」の問題は山林荒廃が主要原因であり、沿岸域における「磯焼け」問題以前に河川内の自然環境や生態系に深刻な問題を生じていることは間違いない。

これらの問題の真の解決は、問題が人工針葉樹林放置による森林荒廃から生じる水循環系の悪化によるであろうことを考えると、その維持管理の改善による水循環系の回復とそれによる水質改善・水量増によることでなければならない。

■河川・湖沼等水循環系の人工化・破壊

日本では、源流部の細流、水田や畑の中を流れる小河川から、大河川、市街地の河川など、ほぼ全ての「川」や湖沼、湿地帯でコンクリートを用いた人工化が進んでいる。また、地下水系については、地表から地下にいたる工事等に伴う破壊が、地下浸透の阻害や過剰利用などを伴い、損なわれている。

河川や湖沼等の地表における人工化の主なものは、流路構造に関するもの（下記の㋐）と流す水・流れる水に関するもの（下記の㋑）との二つがある。

㋐ コンクリート等を用いた護岸・河床化、河床洗掘・岸土流出等の防止用コンクリートブロック設置、流路の固定・掘下げ・直線化、湿地・川岸などの埋め立てによる陸地化、道路の併設、ダムや堰などの河道横断施設の設置、周辺湿地の埋立など。なお、河川に影響を与えるものとして河川に沿う山地斜面の崩落防止コンクリート枠設置なども含まれる。

㋑　堰やダムを用いた流下水量の管理（流すか流さないか、流す場合の水量をどれほどにするかなど）、取水による流下水量減少、伏流水・地下水などの湧出量の減少または消滅、さらには増水による遷移した自然のリセットの減少など。

これら両方の影響から、流下する水の量的な減少（時にほとんどないと思われる）と水質悪化が進む。また、山林の荒廃林化等による土砂の流出状況の悪化とも関連し、河川あるいはその周辺における土砂堆積状況の変化による河川から沿岸域における環境の悪化が進んでいると考えられる。

①　河川等の人工化

構造的な人工化が最も進んでいるのは、都市、特に大都市における「市街地の川」で、川とは名前がついてはいても、水が流れる以外に本来の川とは類似点がほとんどない「三面コンクリート排水路」であり、生物はほとんど生息していない。時に都市の三面コンクリート化河川（水路）で「多数の若アユが遡上」などという報道も見られるが、その個体数は問題にならないレベルであり、さらに生活史を全うすることはない。

このような河川・湖沼の人工化の目的には、護岸崩落防止、流路・水辺脇の平地・湿地・斜面などの埋立てによる陸地面積確保、河川・水辺に沿った道路用地拡幅や利便性向上などである。また、流路直線化・

掘下げなどは、蛇行部解消により水を速やかに下流に流すことによる洪水防止の目的もあるが、これは下流部における増水負荷の増大から新たな洪水発生の可能性や、河川環境多様性の低下にともなう生態系の衰弱化など多くの問題がある。

また、河川人工化に伴い、本来不必要な段差を新たに作りこんだ例が各地で見受けられる。これによる悪影響は、連続した自然の分断を意味し、渇水期における絶滅の促進、水生動物の上・下流方向の移動阻害など、自然にとって大きなマイナス要因となる。

また、河道の大部分で伏流水がなくなるか、河川水と伏流水・地下水の間の出入りが大きく減少する。地下水の湧出も大きく減少していると思われる。さらに、河川の基本的な役割としての適度な土砂流出が失われる。構造的人工化により、瀬や淵あるいは河床の起伏や底質の多様化などの河川が本来持っているはずの環境多様性が失われる。

さらに、景観の質が大きく損なわれている点で、地域社会のなかにおける河川・水域の役割が大きく損なわれている。

これらの現状を考慮すると、「人工化が進んだ河川」は自然の機能や役割の点で河川ではなく、単なる「下水路」であると言える。また、水辺の人工化の場合、自然の機能は大きく損なわれ、水域生態系の劣化が進むことは避けられない。これらは内水面漁業がほぼ壊滅したことにおける、最も主要な原因と見るべきであり、その影響は水量や水の流れ方、生物にとっての水質の良好さ、底質を作る土砂やその堆積などの点で、河口・海岸・沿岸域に対して極めて深刻な負の影響を与えていると思われる。

②ダム類、取水堰、砂防堰、潮止堰等の河川横断型構造物

日本の山地の沢や河川では、ダム類や堰類などの横断構造物が極めて多い。それには、用水（利水）用ダム、発電用ダム、洪水防止用ダム、砂防ダム、土砂止め堰、農業用取水堰などがある。河口近くには海水の遡上を防止し、水を淡水資源として利用するための潮止め堤あるいは河口堰などもある。さらに、河川の自然環境に対してこれらと類似の働きをする堰堤を連続的に造った河道を階段状にしたものもある。

貯水量の多い大型ダムの場合、用水確保・発電・洪水防止などの複数の目的を併せ持つ多目的ダムであることが多い。この多目的ダムにおいて、用水確保と発電の目的では貯水量が多いことが、洪水防止目的では貯水量が少ないことが望ましいという本質的矛盾を抱えている。このため、通常はできるだけ貯水量を増やし、大雨が予想される場合などには事前放水で貯水量を減らしておくという、天気予報を睨みながらの運用方法でこの矛盾に対処する以外に方法はない。しかし、予報が外れるなどで事前放水のタイミングを逃すなどで洪水被害を大きくするような事態も起こりえる。

用水（利水）用ダムでは、貯留した河川水を、その河川の集水域の内外の都市や工場、農地などにおくるもので、必然的に稼働を流れる河川水や伏流水の水量をそれだけ減少させる。このことは、後述の農業用取水堰や水道・養殖・灌漑などの目的での伏流水取水でも、同様に河川水・伏流水減少が進む。これは、水量の減少やそれに伴う水質悪化（コンクリート溶出物を含む）などにより、河川から海岸・沿岸域に至るまでの生態系・生物資源に深刻な悪影響を及ぼすことは避けられない。

また、これらダムでは、必然的に土砂堆積が進むため、貯水量は減少していく。土砂堆積が一定以上進むと、ダム設置の目的を達成することが困難になる。これに対しては、土砂流入量をできるだけ少なくする、堆積した土砂を掘り上げる、あるいはダム外に排出する（排砂ダム）などの対応が考えられる。このため、大型ダムのダム湖に流入する沢などでは、土砂流入を防ぐための砂防ダムを設置していると思われるものが多数ある。これは一時的に効果を発揮するだろうが、それが土砂で埋まってしまった後の対処は極めて困難である。

いずれにしてもダム類は土砂流下を阻害することにより、流下土砂が河川から海岸・沿岸域までの良好な自然環境を産み出し、維持するという機能を甚だしく阻害する。また、ダム湖中に長く漂う微細な土粒（シルト粘土など）だけを選択的に流下させるが、この土粒が河原・河床の石の間に目詰まりを起こし、伏流水と河川水の間の水に行き来を阻害することにより河川や海岸に様々な悪影響を与えている。また、排砂ダムとは、ある程度土砂堆積が進んだのちに排出するために、堆積し還元化するなど、変質した土砂を、増水時の水勢に乗せて一気に排出するもので、ダムより流下の河川から海岸・沿岸域に対して多くの悪影響を与えることで様々な問題を引き起こすことは避けられない。

また、ダム類は、河道途中に異質な環境である止水域を挿入して、自然の連続性を分断することで、生物の移動阻害、本来生息しない生物の侵入、流下水の水質悪化など様々な影響をあたえるもので、その影響はダムから下流方向に沿岸域まで及ぶと思われる。これらは当然のことながら、河川から沿岸域に至る水産資源に対して様々な悪影響を与えるはずである。

農業用取水堰は、中・小規模なものが多いが、設置数は大変多い。ただし、最近では河床下から伏流水をくみ上げるものが一定程度増えていると思われる。これらは、規模による程度の違いはあるが、共通して河川に対して様々な影響を与え、それが沿岸域まで及ぶと考えられる。以下その影響を見ていこう。

第一は、規模の違いはあるがダムと同様に、流下土砂を堰堤内にとどめ、流下を阻害することである。もし、堰堤内が土砂で満たされた場合は、貯水可能量が小さくなることで用水を供給するという機能の低下になる。これらに対して、取水口への水の流れを確保するための堀上などの作業が必要になる。また、この場合堰上流側の河道内に傾斜の緩い箇所が生じることになり、本来なかった緩傾斜の流れという異質な環境が入ってくることになり、その影響は大きいと推測される。

第二は、生物の移動を阻害することである。特に下流側から上流側への移動は基本的に困難になる。また、上流側から下流側に流され、あるいは下ることはできても、再び戻るのが困難であることから、そこを通って行き来することはできない。これに対して「魚道」を併設する場合もみられるが、時に一部の動物には限定的効果はあっても、十分機能していないと思われるものが多いと思われる。さらに、この取水堰に魚道を付けたとしても、自然の連続性をそこで分断することによる影響はさけられないだろう。

第三が、これら施設による取水により、河川内を流れる水量が減少し、その影響が激しい場合は河道内に水がない「涸れ川（水無川）」になり、生物の移動を妨げる方向で働き、栄養塩や土砂等の物質循環の量を減少させるなど、河川内から沿岸域までの自然に大きな影響を与える可能性が極めて大きいと考えられる（前述および後述参照）。

③ 堤防

堤防は、河川域とその周囲の陸域の間を仕切るもので、増水時に河川水が陸域に流れ込まない（洪水または外水氾濫を防ぐ）ように造成するものである。堤防間の河道断面積と増水時の河川水の流下速度により、洪水を起こすことなく河道を通過させられる流量が決まってくる。現在は、一定の降雨量を想定して、その時の推定水量をもとに、堤防の高さを決定している。

一般に、沖積平野を形成した河川は平野内にいくつかの特徴的な地形を残している。洪水時に河道位置が変化することはしばしばあり、その痕跡が旧河道である。また、増水時に運ばれてきて砂が河道脇に堆積した自然堤防があり、これは旧河道との関係で残されている。それ以外は広く湿地となっており、後背湿地と呼ばれる。自然堤防上は周囲より盛り上がった砂地であり、やや乾燥し、洪水被害を周囲よりは受けにくいことから、人家や畑地などで利用されることが多い。後背湿地や旧河道は、その環境特性から江戸時代に水田として開発、利用されることが多かった。しかし、現代では堤防の建設が進み、排水技術の向上、給水網の発達などで、市街地形成が進んでいるのが一般的で、都市化の主要舞台になっているといえる。このため、堤防の役割はこの沖積平野部を中心に拡大しており、より強大化が進んでいる。

堤防は、洪水（外水氾濫）による被害を防ぐため社会的に重要なものであるが、河道内の水位が堤防の高さに対してある一定以上の高さである場合、陸域に降った雨による水（内水）を自然流入やポンプによる排水で河川内に送り込むことが困難になり、内水氾濫にいたることになる。

また、堤防は、河道脇に形成される自然堤防とその外側に形成される後背湿地（水田）との間の自然の連続性を壊すもので、河川とその周辺生態系の劣化につながる可能性がある。水循環系を基礎にした自然の観点からは、自然の基礎が壊れる点で様々な問題を含んでいる。

■水資源の過剰利用と排水処理した水の排水の問題

① 水資源と取水

日本における淡水資源の利用とそれに伴い出る下水処理水について、国交省ウェブサイト資料等によりその動向を見ておこう。

日本の降水量（一九八一〜二〇一〇年平均値）は約六四〇〇億㎥／年であるが、一／三は蒸発散する。残りの約四一〇〇億㎥／年は理論上利用可能な最大量（水資源賦存量）で、その内実際の使用量は約二割で、八割は地下水や河川水として海へ流下する。

日本の水使用量は、一九七五年は八五〇〇億㎥／年であったが、漸増し一九九〇年代に八九〇〇億㎥／年を記録した後漸減し、二〇一一年には八〇九億㎥／年である。その内訳は次の通り。

生活用水　一九七五年に一一四億㎥／年だったが、漸増して一九九〇年代に一六五億㎥／年になった後、漸減に転じて二〇一一年には一五二億㎥／年であった。

工業用水　一九七五年一六六億㎥／年を記録後に漸減し、二〇一一年には一一三億㎥／年になっている。

農業用水　一九七五年の五七〇億㎥／年の後漸増し、一九九〇年代に五八〇億㎥／年を記録した後漸減し、二〇一一年には五四四億㎥／年である。

これらの動向を見ると、水資源利用の二／三が農業用水で、残りが工業用水と生活用水であるが、その割合は一九七五年には生活用水が四割であったが、その後生活用水の増加と工業用水の減少傾向を受け、二〇一一年では生活用水が六割となっている。

また、二〇一一年人が使用した水は、約九割の七一七億㎥／年が河川や湖沼から、残りの約一割の九二億㎥／年が地下水からである。

以上を参考に、以下取水施設や方法等についてみていこう。

巨大ダムによる貯水と送水は、遠隔地である大都市を含め、普通に行われている。また、全国の河川では、中小規模のダムや堰などの河川横断型構造物で集水し、水田や畑地などに送水されている。伏流水や地下水をくみ上げ供給するケースでは、河川水量に影響すると思われる。

また、河川水は、用水用あるいは発電用さらには農業用などと、基本的に水利権による配分量に従って利用が行われており、河川には「維持水量」と呼ばれる最小限の水が流されることになっているが、河川環境や水生生物といった自然を良好に維持するために必要な量にはなっていず、伏流水を含む河川水の減少が沿岸域の環境や生物資源・水産資源にどう影響するかについては考慮されていない。ここに、日本の沿岸域の自然や生物資源にとっての極めて大きな課題である。河川を中心にした内水面漁業の復活と沿岸域の生態系の回復と水産資源の構造的減少を改善する視点での再点検が必要である。

地下水については、それぞれの地区で生活用水、工業用水、農業用水などとして、二〇一一年では九〇億㎥/年が汲み上げられている。一方、山林の荒廃や水田の現代型乾田化・休耕化等の急速拡大、都市や道路等の舗装の拡大、河床の目詰まりなど、雨水や地表水の地下浸透力の急激な減少が進んでいる。さらに近年では、地下水を容器詰めした飲料用の水の販売が急速に増えるなど、新たな利用も拡大している。ここで一つ考えるべきことは、数十年前までは今とは比べ物にならないほど多数の地下水の湧出個所があり豊富な地下水が湧出していたが、戦後の高度経済成長期以降湧出個所が急速に減り、湧出量も急激に減少していることである。これは、平水時の河川水量が減少していることと関連していることは間違いなく、また沿岸域における地下水湧出の衰退が進んでいることを示唆していると思われる。これらのことは日本の地下水資源は現在深刻な状態になっていて、陸域から沿岸域までの自然生態系や生物資源に対して様々な悪影響を与えているはずである。

また、工業用水では、前述の通り水処理と再利用システムの開発で新規取水の量は減少しているとされるが、その内容について再点検が求められる。また、大都市の用水用に遠隔地からの送水も普通に行われていることから、水循環系と水域環境の視点からの、再検討が必要であろう。

さらに、大型機械を使う現代型乾田稲作のための秋～春の水田干し上げのため、地下水面が浅く干し上げが難しい場所では、地下水のくみ上げにより地下水面位置を下げることが行われているが、その実態は明らかにされていない。

②下水処理と排水

一般的に、利用後の水は利用前とは異なった成分が含まれている。そのため何らかの処理をして、できる限り元の状態に近い水にして、あるいは「問題を起こさない」レベルにして野外に放出することになる。これが下水処理である。

汚水（下水）処理施設には、地域の汚水を処理場に集めて一括処理する下水道（公共下水道、流域下水道、都市下水道など）、農業集落排水施設、合併浄化槽などがある。下水道のない地域では、今では法的に合併浄化槽（し尿と生活雑排水を合わせて下水処理場に準じて処理する）が義務付けられているが、地方では法施行以前にできた単独浄化槽（「みなし浄化槽」：し尿のみを処理し、他の生活雑排水はそのまま放流）や汲み取り方式（し尿のみ業者が回収・処理し、生活雑排水はそのまま放流）の家もまだかなりあるようである。

下水処理場方式には、規模や構造に様々な違いがあり、BOD濃度を基準値まで下げることを主目的にしているが、中には窒素やCOD、さらにはリンなどの除去を含むものもある。多くの場合生物処理法で行われており、これには浮遊生物法と固着生物法（生物膜法）があるが、浮遊生物法（活性汚泥法：下水中に浮遊する程度の小さな微生物の塊（活性汚泥）を生じさせて、それにより有機物を分解する方法）を採用しているものが多い。家庭などで使用が義務付けられている合併浄化槽も原則的にこれに準じ、嫌気的条件下で固体分離や有機物分解を行う嫌気ろ床槽、送風機で空気を送り込み好気的条件下で有機物を分解する生物ろ過槽、さらに沈殿槽を経て、薬品（塩素）を用いて消毒する処理槽を経て、野外に放流される。放流水のBOD濃度は、二〇mg／リットルと定められている。

また、下水道方式では、雨水と下水を別の管（雨水管と下水管）で集め、雨水は河川等に放流し、下水は処理場に送る「分流方式」と、雨水と下水を「下水管」と呼ぶ同一の管で集めて一括して処理場に送る「合流方式」がある。現在では、合流方式が多く、一定量以上の雨が降ると処理場の能力を超えてしまうために、「下水は雨水で薄まっている」、「街を浸水から守る」などとして未処理のまま放流している実態がある。これは、野外に汚染物質がそのまま出されるという点で大きな問題であり、早急な分流方式への転換が求められる。

また、畜産業で出る家畜し尿の処理と排出には独自の基準がある。しかし、法に適合する処理をした場合でも、下流側で明らかな富栄養化の兆候が認められる場合があり、今後調査が必要であろう。

下水処理場からの排水が流れる水路やそれが流入する河川では、生物多様性が低く、現存量も小さいようである。その一因には、処理水中の栄養塩量が少なく、植物の生育阻害が発生し、動物も生息しにくいことがあると推測される。佐賀県では、養殖ノリの質が低下するなどしたために、あえて十分に処理しない下水処理水を放流することで、ノリの質を向上させたとの報道（二〇一八年二月）があったが、これはその一例であると言えよう。また、千葉県のある小河川で、流域下水道の整備により、それまで流入していた家庭下水がすべて下水処理水に置き換わったときに、見た目では水はきれいになったが、それまで生息していた多数のヘイケボタルや魚類が大きく減少した例を体験したことがある。これも、処理水における栄養分不足の結果と考えられる。

また、前述の通り、下水処理は基本的にＢＯＤ低減を主目的にし、時に窒素やリン、ＣＯＤなどの除去を行う場合も出始めている。しかし、合成化学物質は基本的に除去されないため、そのまま野外に放出されている。これらの物質はほとんどが量的（濃度的）には微量なものであるが、種類数は極めて多い。これらが生物に対してどのような影響を与えるかほとんど検証されていない。まして、複数の物質による複合的影響は全く調べられていない。免疫系疾患の増加などを考えると、野生生物に対しても何らかの影響がある可能性が大きく、水産資源の減少問題も含め、今後重点的に取り組むべき課題である。

また、訪問した各地で、浄化槽の維持管理が適切になされず、汚水がそのまま流出しているケースが多々あると聞く。また、長年の空き家や放置された別荘などで、処理槽に溜った汚水が漏れ出ていると思われるケースもあるようである。また、単独浄化槽や汲み取りの場合、し尿以外の汚水がそのまま放出されるため、そのようなケースが多い地域では河川等の水質が明らかに悪くなるが、そのような個所は各地でしばしば見られる。

今後、下水処理の方法と実態、下水処理水の放出、維持管理の実態など、様々な点から下水問題を深く検討すべきであり、下水および下水処理水が地下水を含む水域に対してどのような影響を与えているのか、さらには河川から沿岸域に至る環境、生態系、水産資源などに対する影響も明らかにしていくことが必要である。

■湿地・干潟・浅海域等の埋め立て、ごみ処理

干潟や陸域の湿地は、「現代型乾田稲作化」以前の水田とともに、日本の豊かな自然を形成する核になる部分であった。特に、規模の大きい前浜干潟は、高い生物多様性・現存量・再生産力を有し、幼稚仔の育成場としても機能するなど、内湾から沿岸域の水産資源の豊かさを支えていた。

しかし、二〇世紀半ば以降、干潟・浅海域・湿地などの陸地化が急速に進められ、市街地・工業用地・農地・道路や鉄道等の交通路用地などとして利用されてきた。その開発地とその外側の土地の間はコンクリート壁で明確に仕切られ、自然が必要とする連続性は失われている。

現在我が国では干潟や湿地はほとんど残っていない。残っているものも、流入河川自体の悪化、河川との関係の悪化、湧水減少、後背湿地消滅、沿岸域の人工化など、その場所が持つ本来の自然の仕組みや機能が失われた。その結果、生物が棲まないか、住んでいてもどこにでも普通にいる生物からなる劣化した生態系からなる場になっている。

また、干潟埋立の代替措置としてつくられた「人工干潟」もあるが、それは本来の干潟とは全く異なる「干潟」には値しないものであることに留意が必要である。今では、多くの専門家を含め社会的にそのことが忘れられてしまい、干潟や湿地の自然とは本来どのようなものであり、生物多様性や生物生産が大変大きく豊かであり、水産業の主要な柱であったことに目が向かなくなっている。

ここで、典型的な湿地の例として、本来の干潟（前浜干潟）とはどのような特徴を有していたかについて以下整理しておこう。

干潟は、河川が海と出会うところにできる、特徴的な環境や生物相を持つ自然の形態である。この干潟には前浜干潟、河口干潟、潟湖などのタイプがあるが、その中でも大河川が流入する内湾の比較的静かな海域環境下でできる「前浜干潟」が我が国では最も規模が大きく豊かであった（干潟の種類（タイプ）として海外を含めこれら以外のタイプを干潟として認定するものもあるが、「干潟」という語の定義の問題があるとともに、日本の自然生態系を考える場合にはこれら三タイプで十分である）。この前浜干潟が健全な状態であったときの資料を見ると、干潟を産み出した大河川の河口付近の河川内に形成される河口干潟と河口外の沿岸に沿って形成される前浜干潟が連続して存在しており、両者が一体のものとして機能していたようである。ただし、河川からの流下土砂が、強い波浪で流出して前浜干潟が形成されない外洋に面した浜でも、河川がある程度以上大きい場合には河口干潟は形成されることから、両者の形成メカニズムは異なる。

前浜干潟の形成と維持の仕組みおよび環境等の特徴に関する基本的点は以下の通りである。

① 出水時に大河川から流下した土砂が一旦河口沖（三角州とその周辺）に堆積し、その後の適度な波や流れでその土砂の一部（主に砂泥）が周辺の海岸に再堆積してできる平坦な地形である（この形成メカニズムは砂浜・砂利浜海岸のそれと同じである）。この平坦地形は、時に海岸線から数kmあるいはそれ以上になる。また、波や流れが強すぎる場合は土砂が流失して平坦な地形はできず、弱すぎると再堆積するのは微細な泥分に限られ、発達した前浜干潟はできない。

② 干潮時に干出し、満潮時には水没する海側の半分（潮汐平定）と、その陸側に広がるほぼ同規模のアシ等の抽水植物が茂る塩性後背湿地の組み合わせである。

③ 後背湿地では多数の淡水湧出があるとともに、満潮時の海水による水没と干潮時の干出の繰り返しがあった。

④ 潮汐平定域においても、豊富な地下水の湧出があった。

⑤ 潮汐平定では、波や流れ、潮汐などで形成される複雑な表面地形があり、それは海側に行くほど明確であった。この表面地形には、㋐「澪（みお）」と呼ばれる樹枝状の溝地形で満潮時の海水侵入と干潮時の排水における主要水道（みずみち）（なお、航路等の目的で掘られたものも含めてこう呼ぶ点に注意）、㋑「ス」と呼ばれる土手状の盛り上がり（干出することのない前置斜面上部のものを除き、上部が干潮時に干出し、多数の海岸線に平行な筋状に並ぶものが多いが、異なる角度のものもある）、㋒「スマ」と呼ばれる大潮の干潮時でも干出しない「ス」と「ス」の間の溝状地形（浦安沖では人の背丈を超える深さまであった）などがあり、これらが組み合わさって波あたりが異なる場所や複雑な流れを生み出すなど、極めて高い環境多様性を作り出している。

なお、潮汐平定上の凹凸は、基本的に波や流れ等の働きで形成されるため、その状態によってさざ波状の小規模なものから上記のようなス・スマまで、大きさや形態は様々であり、それなりの環境の多様性を生みだしている。

⑥ 河川水や湧出する地下水と干満、風、波などで活発に動く海水の組み合わせで、様々な塩分濃度の

水塊が接して活発に動き回り、水没と干出を繰り返すなど、常に激しく変化する水環境であった。

⑦この水の活発な運動に伴い砂や泥の活発な流入・出入があり、一見安定した平坦な地形も、この土砂の流入と流出のバランスの上に形成・維持される「動的平衡状態」にある。この低質の活発な運動により、底生生物にとって公的な生息環境を提供していたと考えられる。

⑧台風や集中豪雨等による河川からの出水で、しばしば大きなダメージを受けたが、回復は早く、これが干潟を特定の初期状況に戻し、その後の急速な回復で健全で良好な状態に維持していた。

⑨場所により砂、砂泥、泥等の異なる底質が堆積し、それらに適応した異なる生物を育んでいた。一般には、岸よりの水の運動が弱まる場所には粒径の細かい泥やシルトなどが、潮汐平定の沖側の縁付近やそれに近いところでは波や活発な海水流動によって粒径の大きな砂を中心にした組成になる。また、スやスマの配置により、波当たりや水の流れ方の違いで低質が異なっていた。

また、後背湿地や陸域の湿地は、江戸時代以降本格的に水田開発されたが、この水田は本来の湿地に近い自然を持ち、高い生物多様性と豊かな生産力で地域社会とそこにおける人々の生活を支えてきた。また、前浜干潟に隣接する水田（現代型乾田化水田より前の伝統的な「田んぼ」であることに注意）では、横の水路に汽水生の魚類（スズキ、ボラ、ウナギ、アカエイ、エビ類など）が入り込み、淡水魚と一緒に生活していたとの聞き取り調査は多く、干潟との有機的な関連をもって生態系が形成されていたと考えられる。

しかし、戦後の高度経済成長で多くの干潟が都市開発やそれに伴う道路建設、畑地造成のための埋立などで失われた。残った水田も、現代型乾田化政策による米だけを作る場所として、圃場整備による水田構造と水環境の人工化、さらに秋から春にかけてのイネが水を必要としない期間の水田内完全干し上げ、化学肥料・農薬・除草剤の大量使用（世界の中で日本はこれらの使用量がとびぬけて多い）などにより、生物多様性の低い、自然がほとんどないものに変わってしまった。このような環境変化は、河川・地下水に広がり、さらにはこれらを通して海域まで様々な影響を及ぼしているはずであるが、このことに関する研究はほとんどない。

■ゴミ（廃棄物）の集積と処分、化学合成物質の排出

現在、日本国内では大量の「ごみ」が排出され、自然環境や生態系への大きな負荷を与え、ひいては生活環境の悪化など様々な社会問題の原因になっている。世界的には、海洋のゴミ集積問題、マイクロプラスチック問題とそれに関係した使い捨てプラスチック問題などに代表されるゴミ問題が地球環境の深刻化として、地球温暖化とともに語られている。以下、プラスチックの多用が世界的にも進んでいる日本を中心にこの問題の一端を、水生生物資源の視点を中心に見ていこう。

内湾浅海域は、そこに隣接する都市の格好のごみ捨て場として使われてきた。この場合、ゴミやその焼却灰を積み上げられるだけ積み上げ、最終的に土をかぶせて植物を植え、公園や公共施設、港湾施設、市街地などに利用している。こうして内湾は埋め立てで狭められ、自然にとって極めて重要な干潟や波打ち際が消

え、海域面積の減少による海水流動の低下による生態系の悪化があり、さらに汚水漏出等も重なり、豊かさを誇った生物の多様性や生産力は大きく損なわれた。こうして、内湾という水産業で極めて重要な海域が劣化し、その影響は当然沿岸域一帯に及ぶはずであるが、このことに関する研究は見当たらない。

また、山間部の谷などでも同様にごみ埋立てが行われ、土をかぶせて注意しなければそこにごみ処分場があったことが分からない場所が各地にみられる。このようなごみは、時間がたつと分解され、その分解物質が外部に出てくることは避けられない。また、山地の谷は水循環系の重要な源流部にあたるが、それが乱されることになる。これに限らず、山間部の谷や窪地は格好なごみの不法投棄場所になっており、それによるごみの散乱は水循環系に大きな悪影響を与えていることは間違いない。さらに、平地も含め、野積みされたゴミや廃棄物の大小の集積地は各地にみられるが、これは当然雨水等を経由して水循環系に影響している。ゴミにさらされた水は、淡水域から海水域まで循環することから、ゴミによる影響の内容や程度についての実態を把握することは、自然や水産資源の将来を考えるうえで重要な課題の一つであると思われる。

「ゴミ処分場」では、その内容により様々なタイプがあり、それぞれに従った管理がされるとされている。外部に汚水が漏れる可能性のあるものはそれに応じて処理するとされている。しかし、実際には汚水が外部に漏出しているとの報道も見かける。あるいは、ごみを集積した山が、長期に放置されているものも存在する。水産業の将来を考えるためにも、慎重に精査すべき事項である。

また、生活や社会の隅々まで極めて多様なものが浸透している化学合成物質問題は、目に見えない大変厄介な「ゴミ」として、ゴミと類似の問題を含んでいると思われるのでここで述べる。

現代社会においては、極めて多種の化学合成物質があり、市場に出回っているものだけでも数万種、あるいはそれ以上あるといわれている。これには、食品保存料・着色料・甘味料・増粘剤・芳香剤・ビタミン剤・栄養補助食品など直接口に入るもの、医療用薬剤、殺菌・殺虫剤・除草剤などの農薬や化学肥料、直接肌に塗布する化粧品、衣類に付着して肌に接する洗剤とその添加物、生活の中で空気を介して体内に入る芳香剤や消臭剤などがある。さらには、生物が取り込んでそれを人が食べるルートで体内に入る化学物質、合成樹脂類と可塑剤等その原材料、散布された農薬や工場等からの漏出物質が地下水等を通して人の身体に入るもの、アスファルト等の道路舗装用材などが微細粒子になって空中を介して人の身体に入るものなど極めて多様で複雑な状態である。この中には生物が分解処理できない物質も多くその影響の広がりは複雑である。

これらの中で、人が口にし、肌につけるなど直接触れるものでは、健康被害に関する一定の検査はされているようであるが、その検査内容は急性毒性、変異原性など極めて限定的である。それ以外の物質は考慮されていないと思われる。さらに、生活環境や自然界に対する影響は全く考慮されず、さらに複数の物質が影響しあって働く複合的影響については全く調べられていない。この複合的影響については、組み合わせ等が無限にあり、全てを行うことは現実に不可能であり、その実施には経済的負担が大きい。また、影響が出たと思われる場合でも、それが何によるかを調べることは大変困難であり、直ちに責任を求められるという「現実的なリスクがない」という現実もある。

一方、現代社会において様々な免疫系の疾病が増加するなど、化学合成物質の（複合的）影響の広がりの可能性を窺わせる状況もある。この免疫系疾病が人で増加しているということは、自然界の多くの生物に対する影響の可能性を強く示唆する。水産資源の安定的な維持を考えるのであれば、このような側面を注視すべきである。

また、一時期「環境ホルモン」として話題になった、ある特定の発生時期などに、特定の濃度で生物に対して特異な働きをする物質について、近年日本ではあまり研究されていないようである。しかし、自然界では様々な影響を与えることが明らかになってきている。今後、上記の問題を含め、真剣に取り組むべき問題であると思われる。

■都市化と道路網の整備

日本における沖積平野は河川が流入する海に面して平地が広がっているが、湧水も多く、アシ原などが広がっている湿地が本来の姿である。そのため昔から水抜きや埋め立てで水対策をし、水田や畑地さらに周辺の小高い場所に村や町を作り、また流通の点でも適地であった。洪水に対しては、平野周辺の丘陵地の縁や平野内の自然堤防という微高地に家を建てることで被害を少なくし、それでもダメな場合は逃げるなどの対処が基本であった。同時に、海岸近くを中心に津波被害を受けやすい場所であり、近年河川堤防や海岸防潮堤で対処しようとしているが、本来は津波が到達しない場所に住み、あるいは高地に住み、避難することを基本にしていた。

一方、沖積平野における都市化の流れの中で進んだことは、干潟・浅海域および湿地に造成された水田の埋め立てと、それによりできた土地への住宅地、工業用地や港湾流通用地、公共施設等の建設である。これにより、都市の大型化が進むとともに、干潟・湿地・水田（現代の水田とは異なる点に注意）が失われたことは、自然や水産業にとって極めて大きな損失であった。

また、都市間や産地・都市間などをつなぐ道路は社会的に不可欠なものであり、それぞれの時代に必要な規模や構造で整備されてきた。現代では、自動車による輸送と生活が基本になり、それらのために拡幅、嵩上、アスファルト等の舗装、直線化、埋め立て、コンクリート護岸整備などが進んでいる。これは、自然の連続性を壊し、自然環境を破壊していく。特に河川に沿って作られた道路は、多くの場合コンクリート護岸や河道の直線化を伴い、河川内の水の流れを大きく変え、自然環境としての劣化が進むなど、様々な悪影響を与えている。これらにより、河川生物が少なくなり、あるいは姿を消す原因になり、内水面漁業に大きな悪影響を及ぼし、その影響は沿岸域を中心にした海域まで及んでいる。

これにより、陸域から水域（淡水域、海水域）までの連続した自然が、都市の拡大とそれに付随する道路やその他の人工構造物で分断され、大きく壊されてきた。このなかで、淡水域から塩性湿地を経て海域（干潟浅海域）に至る連続性はいち早く消滅。

以上から、淡水域から沿岸域に至る生態系や生物生産の重要な要であった場所がなくなり、生物多様性や生物現存量の低下、生物生産量に低下につながっていると考えられる。これにより、内水面漁業や沿岸域の漁業（漁船漁業、養殖業）が大きなマイナスの影響を受けていることは容易に推測できる。

■農業、特に稲作法の「近代化」と生態系の変化

日本の水田は、本来一年中水田内に水が存在する湿田か、水面位置が水田面に近い土水路の小川をその横に伴い、水生生物が水田内と小川を自由に行き来できる構造であり、多様で豊かな水生・水辺生物生態系を維持していた。そこで利用される水は、連続する水田で繰り返して使用するために大切に使われていた（現代型乾田における一回使った水は「農業用排水路」に捨ててしまうという水資源の無駄使い方式でない点に注意）。水田を繰り返し経てきた地域に降った雨水は、小川から次第に大きな河川につながり、海域までの自然の連続性を有していた。これにより、ウナギ、ヨシノボリ類、テナガエビ類、モクズガニなど多くの水生動物が海から登ってきて、水田やその周りで生活し、また海に戻る生活をしていた。また、多くの淡水生物が棲んでいた。これらにより、源流域から海域まで豊かな自然が広がり、内水面から沿岸の漁業資源を維持していたと考えられる。

ここで注意すべきは、江戸時代の水田はコメを生産する場だけではなく、水田とその周囲の水域を含め動物性たんぱく質やその他の食料を供給する生活上大変重要な場であったことである。その食料に利用された生物には、ウナギ、コイ科魚類、ドジョウ、アユ、メダカなどの魚類、シジミ、イシガイ類、タニシなどの貝類、テナガエビ、スジエビ類などのエビ類とモクズガニなどの甲殻類、セリ、ハス、クワイなどの水辺植物などがある。また、海岸に近い水田域では、ボラ、スズキ、クロダイ、アカエイなどの魚類を始めにした多くの生物がいた。そして、これら多くの生物が今では考えられないほどの密度で生息し、高い再生産力を維持していたことである。併せて、畔には大豆等の豆類を植えることが多く、さらに生活を豊かにするホタル類などの虫類や花類などに満ちていた。江戸時代は単位面積当たりのコメ生産量は現代よりはるかに少なかったが、江戸時代における総合的な生活の豊かさは現代とは全く異質で大変高かったといえる。

このような水田生態系を支える条件の一つとして、水田内やその周囲で地下水が豊富に湧出していたことである。これは、古地図や戦後の米軍写真などに、水田地帯の中に多くの小さな池が記録されているが、筆者の聞き取り調査によると、それは湧水で維持され、多くの子供たちが泳いで遊んでいた場所であり、清澄な水の中に沢山の水草があり、いくらでも獲れる量のエビ類が生息していたとのことである。このエビ類は、茹で干していくらでも食べられる子供のおやつになったとのことである。このような豊富な湧水は、山地や丘陵地の利用に伴う十分な手入れ、水田やその周りの水の地下浸透などにより生まれたものではないかと推測している。

また、この様な水田では、地下浸透する水の量も多く、涵養力は大きかった。この点でも、陸域から沿岸域の生態系や水産生物資源維持に大きな役割を持っていたはずである。

しかし、一九六〇年代に始まった大型機械と化学肥料を多用する稲作法への切り替えにより、水田が「現代型乾田」というそれまでの水田とは全く異なったものに作り替えられた。これは、イネが水を必要とする時以外は完全に干し上げ、水田への給排水は上水道・下水道方式になり、地域の小川は掘り下げ・拡幅・直線化・コンクリート（三面）護岸化などの人工化が進み（社会的位置づけが「農業用排水路」になった）、大部分の水生・水辺生物は住めなくなった。こうして水田とその周りという豊かな生息環境を失ったウナギやテナガエビ、モクズガニなどは、資源量を縮小することになった。このような生物資源の縮小は、内水面漁業の衰退と沿岸漁業資源の減少傾向につながっている可能性が大きい。

日本では、稲作、畑作、果樹、花卉などの栽培において、農薬、化学肥料、除草剤等の人工化学合成物質の使用量が海外に比べ極めて多いことが指摘できる（安全であるとされてはいるが）。また、農業・園芸関係量販店の店頭では、耕作者用とともに一般家庭用の大量の農薬類、特に除草剤が置かれており、使用量の増加の可能性が高い。これらを水産業との関係で考えると、野外で散布等されて地下浸透したこれら物質が、地下水に含まれて移動し、地下水から湧出したのちにそれより下流側の水系において様々な影響を与える可能性が考えられる。これについては、地下水中にある間に土壌等への吸着などを考える必要はあるが、基本的に前述の「ゴミ（廃棄物）の集積と処分、化学合成物質の排出」で述べたことに準ずる。なお、これらに関する事例として、日本でも過剰の窒素肥料が浸透することで発生した地下水汚染で健康被害が危惧されたことがあるが、これは前記の可能性があることを示唆している。

一方、近年温室や施設内での農作物の栽培が増加している。特に、外部と遮断された密閉施設内の完全管理下における水耕栽培やミスト栽培などの液肥と人工光を用いたものでは、農業における自然の一部という要素を完全になくしたものといえる。この動向はさらに拡大、「進化」し、穀物栽培まで進んだ時に頂点を迎えるだろう。この閉鎖的空間栽培における野外からの隔離の進行は、農薬・化学肥料等の化学合成物質の使用量や野外流出量は少なくなるはずである。その一方、これと並行して畑地や水田の放置等が進むと推測され、それが水循環系を含む自然ひいては水産資源の状態に様々な影響を与えることは間違いないと思われる。どのようになるか予測は難しく、今後注意してみていかなければならない。

■外来生物（海域を含む）の増大

近年、侵入・定着し、在来の生物に影響を与えるようになった外来生物の種類は増加の一途である。それは、陸域、淡水域から海域まで、極めて広範囲であり、またその分類群も多様である。

これらは、空間の占有、食物をめぐる競争、繁殖資源の占有、遺伝子汚染、食害など多岐にわたる。寄生し、相手を殺してしまうものもいる。

これらが侵入する方法やルートは様々である。その例には、養殖・繁殖用や愛玩・鑑賞用や作物授粉用などの目的で搬入したもの、故意や広い意味での事故などでの逸出、人や交通手段に付随した移動・侵入・定着などがある。さらに、人が作った新たな環境により、定着・拡大が容易になっていると思われるケースもある。

参考までに、水産資源に影響を与えている可能性があると思われる外来生物を、海域を含め例示する。

淡水域……………アメリカザリガニ、コクチバス、オオクチバス、チャネルキャットフィッシュ（アメリカナマズ）、ウシガエル、スクミリンゴガイ（ジャンボタニシ）、カワヒバリガイ類、真珠養殖用雑種イケチョウガイ、カミツキガメ、ミシシッピーアカミミガメなど。

海面養殖…………（垂下式養殖における外来生物の大量付着）ヨーロッパザラボヤ等外来ホヤ類、ムラサキイガイ、ミドリイガイなど。

砂浜・干潟など……サキグロタマツメタ、カイヤドリウミグモ、ホンビノスガイなど。

海域………………タイリクスズキなど。

なお、筆者自身が聞き取り調査を行ったことがある事例であるが、低水温に適応していると推測される黄海・渤海産の稚仔は日本の同種のものより成長が早いことから、数十種の稚・幼魚が養殖種苗として大量に輸入され、養殖用に販売されていた。現状は不明であるが、養殖施設からの逸出は避けられないことから、遺伝子汚染の可能性、ひいては在来の水産資源に与える影響などの調査が必要であろう。

海域の自然環境の改変

■海岸の人工化：防潮堤、防潮水門

日本の河口・海岸域では、人工化が急速に進行している。この主なものには、防潮堤、防潮水門、消波堤（消波ブロック設置）、潜堤、漁港等港湾施設、埋め立て地や海岸道路に付随するコンクリート護岸などである。このような海岸・河口部の構造物は、一九六〇年のチリ地震津波、二〇一一年の東日本大震災津波などの災害を契機に、必要性や設置に伴う影響などについての十分な検討をすることなく計画立案・決定をし、巨大なものが建設されていったために、陸の自然と海の自然を分断し、ひいては人と海（あるいは自然）と間の関係を分断するに至っている。

このような河口から海岸部に設置された構造物は、波・流れなどの水の運動に強く影響し、陸域から水域に至る自然の連続性を破壊し、さらにコンクリート灰汁の溶出などの影響が考えられる。さらに、波打ち際から浅海域に至るごく浅い場所での生息環境を消滅させる一方、コンクリート壁に付着できる生物の生息環境を持ち込むことになる。

現在では、岩礁海岸を除き、ほとんどすべての海岸が何らかの形でコンクリート等により固められている。海岸部に砂浜や浅海域が広がっている場所でも、浜の両脇には漁港が建設され、漂砂防止のコンクリートブロックが配置され、その浜の陸側にはコンクリート護岸があるのが普通で、その内陸側は埋め立て等で宅地、

工場、畑地、水田等になっている。

注意すべきは、このような構造物は、通常地表に見える構造と同等かそれ以上の地下構造物があり、地下水の流れや湧出に影響している可能性がある点である。

更に注意すべきは、全国の浜で海岸浸食の進行が止められなくなっていることで、これが漁業に様々な影響を与えている可能性は高いと考えられる。その原因にはいくつか考えられる。

第一が、前述の通り、山林の荒廃による土砂流出状況の変化、河川・水路やそれに面する斜面のコンクリート護岸化、様々なダム類や堰類の設置や階段状河床化など土砂の流下を阻害する人工化、砂利等の採取などによる、河川からの土砂の流下量減少である。

第二が、河川を流下した土砂が浜に堆積をすることの阻害である。このメカニズムは以下の通りである。出水時に河口から海域へ流入する大量の土砂は、一旦河口のすぐ外に堆積する。それが波や流れで河岸に沿った方向にも移動し、周囲の海岸に再堆積する。その時、波や流れの強さなどで、堆積する土砂の粒径が決まり、砂浜、砂利浜、前浜干潟などが形成される。しかし、近年、大河川の河口両側には港湾施設が作られ、沖方向に延びた導流堤の設置、河口付近の堆積土砂浚渫などで、土砂が浜や干潟方向に移動できない場合が多い。これにより、海岸浸食が大きく進んでいる場所は多い。

第三に、河川とともにもう一つの浜への土砂供給源になる浜の端から延びる岩礁域や崖地との間に漁港を建設し、それを守るために防波堤や消波堤、沖の潜堤等を設置することが普通に行われている。これらにより、浜への土砂供給が断たれることになる。

これらにより、河口まで流下する砂泥や礫の量が減少するとともに、流下した土砂を浜へ供給できなっているため、全国で浜の浸食が進んでいる。

この浸食を防止することを目的に、浜の波打ち際近くに消波堤や消波ブロックを設置し、沖には潜堤を設置し、浜に直角あるいは一定の角度での堰堤の設置などが進んでいる。さらに浸食がすすんだ場所では、波打ち際のコンクリート護岸付近に大量の消波ブロックを敷設し、その上に土砂を敷き詰め、一見して本来の浜であるかのような姿にしているケースもある。また、天橋立（京都府）、三保の松原（静岡県）などの日本有数の浜では、浜に直角（鋭角）な砂移動防止堤設置で、鋸の歯のような姿になっている。こうして、日本の大部分の浜は、無理やり砂等の動きを止めて、浸食の被害を軽減するようになっている。

注意すべきは、この様な汀線付近の構造物は、海水の流動を妨げることで浸食防止に多少の効果はあるが、それは少しの時間稼ぎに過ぎないこと、同時に生き物の生息環境を甚だしく悪化させ、汀線付近に集まる多くの生物の生活の場を奪うことを意味している。これは当然、河川から沿岸域の生態系に大きな負の影響を与え、水産資源の大きな減少要因になることである。

本来、海岸の砕波帯域を中心にした浅海域は重要水産資源を含む多数の水生生物の育成場として重要であり、幼稚仔がそこでしか発見できない種も多い。しかし、上記のように、沖側の堤防等により波あたりを弱め、漂砂が発生しないようにすることで、その堤防等と浜の間の水の動きが抑えられ、静穏な海域が出現する。それにより、隙間で波が侵入する付近を除き、底質が泥質化する。このような仕組みで、本来そこでしか育つことができない幼稚仔が生息場を失うことで、沿岸生物資源に多大な影響を与えている可能性は高く、河川から沿岸域の水産資源減少傾向に強く関係していると推測される。しかし、そのような研究は見受けられない。

■水循環系を流れる「水の状態」の問題

水産資源を考える場合、その生息環境の根幹が「水の状態」であることは明白であり、これには「水質」とともに「流れ方」や「地下水との交換」などが含まれる。その「水の状態」が、近年劣化しているのではないかと思われる情報は大変多い。この劣化が事実であるなら、水産資源を中心とした生物資源やその土台をなす生態系の回復には、この問題を避けて通ることはできないのは言うまでもない。以下その劣化と思われる点について主なものを見ていこう。

第一が、前述の山林荒廃と河川の人工化を土台にした問題である。これは、淡水生態系や淡水生物資源減少・壊滅の主原因になるとともに、海域に流入する淡水の質の劣化による悪影響と、流入量の減少による悪影響である。これが近年全国的に問題になっている磯焼けの原因ではないかとの指摘もある。この指摘が正しい場合、当然磯焼けとして認識される海藻への影響ばかりでなく、生態系への多面的な影響を考えなければばならないが、この点の議論は現代日本にはない。

また、河川等の人工化は、河川が持つ浄化能力を著しく低下させていることも見逃せない点である。

第二が、人の水資源利用による影響である。農畜産業、生活、産業等で利用された水（下水）は浄化処理をされて河川や沿岸域に排出される。この浄化水は、「汚染物質」の量は基準値以下であっても、観察したいずれの場所でもその水が流れる水域の生物の少なさから、水生生物の生息について不適なものであると推測される。また、この人が利用する分だけ、天然の良質の水が水循環系から減少することも合わせて注意すべき点である。

この問題に関して現代日本の水産業や社会を象徴することに、養殖ノリの質の低下防止のために下水処理場の処理レベルを下げ、「栄養塩」をある程度残した「処理水」を排出した事例がある（本稿下水処理の項参照）。

第三が、人の活動により発生する汚染の問題である。これはかつての富栄養化物質による汚染の点では、一頃より良くなったといわれるが、まだ深刻な状況にあるとともに、近年極めて多種に上る微量の化学物質による汚染の進行がある。前述の通り、この影響は様々な断片的情報から容易に推測できるが、科学的な検証には膨大な労力と資金、時間が必要であり、殆ど調べられていない。

第四が、沿岸の干潟・浅海域、あるいは浜に繋がる浅海域などの、埋立てや人工護岸などによる水質浄化機能の低下による、沿岸水域の水質の劣化もある。

■海域のごみ問題

海域は、物質循環の到達点として、陸域に留められたもの以外のすべてがたどり着く場所である。実際、海域で網を引くと多様なごみが入ってくる。また、鯨類、海鳥類、魚類などの多くの動物がゴミ類を大量に捕食し、それが原因と思われる死亡例も確認されている。また、二枚貝やプランクトン食の魚類の消化管内など、多くの動物から大量のマイクロプラスチックが発見されたとの報道も耳新しい。最近では飲用水への混入があり、さらに人の糞からも大量に発見され始めている。

このゴミに関する情報から分かることは、それが多くの生物に悪影響を及ぼし、海域生態系、ひいては生物資源に大きな影響を与えているであろうということである。しかし、このことによる生態系や生物資源への総合的な影響は殆ど把握されていない。また、細かく砕けたプラスチックである「マイクロプラスチック問題」は、それが様々な有害物質を含み、更に吸着する可能性も考えられ、食物連鎖を通して私たちの健康まで影響を受ける可能性から食糧供給としての水産業の将来に大きなマイナス要因になる可能性がある。

さらに、前述の通り、多数の人工合成物質が海にたどり着くが、「見えないゴミ」として海域の生態系や生物資源に様々な影響を与えていると思われる。しかし、これに関することは殆ど調べられていない。

これら、目に見えるゴミと目に見えないゴミの実態を詳細に把握し、それらが水域環境や水域生態系に対してどのような影響(負荷)を与えているか、総合的に検証することは、水産資源の減少問題を含め、人類が直面する緊急の課題である。

■養殖業

海域における養殖は、いくつかの点で周辺の生態系や環境に影響を及ぼす可能性がある。

第一は、カキやホタテガイなどの二枚貝類やマボヤなどのプランクトン食性動物と海藻類養殖による栄養塩をめぐる競争である。これは、養殖場外からの栄養塩供給量と養殖による消費量の関係から、栄養塩をめぐる生存競争を引き起こす可能性である。栄養塩の不足は植物プランクトン繁殖の制限要因として働くことから、プランクトン食動物の過密・過剰養殖はその養殖動物の生育阻害となる。また、海藻類の過剰・過密養殖も同様の結果に至る。また、これらの事象を通してその海域の生態系に対する制限要因として働くはずであり、これら海藻類やプランクトン食性動物の養殖にはその海域の持つ栄養塩の循環に基づく限界があることになる。

我が国におけるこの例として、海苔養殖では栄養塩不足からくる生育不良や品質低下が発生し、これに対する緊急手段として下水処理場の処理レベルを下げて（完全には処理しないで）処理水を放水した事例がある（本稿下水処理の項参照）。

第二は、動物の生育過程で出る糞等の排出物による環境汚染である。魚類等、給餌による養殖では、糞とともに、食べ残しや生簀中の死亡個体なども含まれる。これらは最終的に海底に堆積し、分解が進行することで、低質の還元状態化や硫化水素の発生などの環境悪化を中心に、様々な生態系や水産生物資源への悪影響が生じる。

なお、この悪影響は、台風や津波の来襲で海底が洗われると、生産力が回復することが知られている。また、養殖などでは、施設や養殖生物の殻に付着する生物の駆除が必要であり、「温湯処理」と呼ばれる七〇度程度の温湯につけることや人手による取り除きなどの方法で付着生物対策が行われているが、これで駆除された生物は多くが海底に廃棄されている。そのため糞や食べ残しと同様に環境を悪くし、生態系に影響する。

第三は、本来生息していなかった付着生物やその周囲で生活する生物に対して、新たな生育の場を大量に提供することである。このような条件は、外来生物の侵入・定着（前述参照）を促進する。また、前述の二項目の影響は、これら生物によってさらに拡大する可能性が高い。

第四に、養殖施設が密に存在するため、海水の流れを妨げることで、全体の水環境を悪くする可能性や、それら養殖施設の影が一部生物の好適なあるいは不適な生息場を提供している可能性などもある。

これらの影響の結果、生産力の高い内湾域の生息環境や生態系の状態を変え、沿岸漁業に対して悪影響を含めた様々な影響を及ぼしている可能性を考慮すべきである。

終わりに

これまで見てきたように、日本の水産資源は淡水域を中心として一部が壊滅し、残りの大半が構造的な減少過程にある。また、漁業者の高齢化と後継者難を合わせて考えると、現在の延長線上に日本の水産業の未来があることはないだろう。その今の局面をうみ出している原因の一つに、過剰漁獲（乱獲）があることは間違いなく、今この「乱獲」を防止する方策を緊急に考えることはそれなりに重要であると思われる。

しかし、その「乱獲」を生みだした、水産資源の「壊滅」や構造的減少の真の原因は、本章で見てきたように、地球温暖化という地球規模の環境破壊とともに、陸域から沿岸域に至る人の行為の結果としての自然・生態系の破壊・劣化であり、その核になっているのが水循環系の人工化・破壊・過剰利用等である。これらを放置しての水産資源を含む水域生物資源の回復はありえないだろう。

今私たちに必要なのは、現状での「乱獲（過剰漁獲）」を軽減する方法を見つけ出し、実施することで多少の時間を稼ぎつつ、緊急に根本的原因の除去・軽減・代替措置等を実現し始めることである。このためには、明治期以降の近代産業社会化の根本的な見直しと再評価に基づき、豊かな自然・生態系の回復とそれを維持管理する地域社会（その中で暮らす人）が実現した新しい時代への転換が不可欠である。

また、本章で触れることができなかった、将来にわたり夢のある豊かな水産業を実現するために考えなければならない極めて重要なことがある。

それは自然・生態系と人（社会）の関係の問題である。その主要点には以下のような項目がある。

第一が、陸域から海域までの自然・生態系を水循環系の視点で総合的に点検し、その時々の人（社会）が目標とすべき自然・生態系の姿を明らかにし、良好な姿に近づけることである。この過程で生態系と水産対象種を含む生物資源の回復を図ることである。

第二が、自然・生態系あるいは水域生態系の持つ固有の時間の流れを考え、漁業を担う主体は、少なくとも数十年あるいはそれ以上の期間にわたって、対象となる漁業を展開する水域に関わる水循環系の健全さを維持・改善を担わなければならないことである。今迄の沿岸から沖合の水産業は漁業協同組合が主体であったが、これに企業の参入を認めるべき、あるいは漁業権をなくすといった意見も出始めている。水産業を担う主体がどれであるべきかということは、漁業を担う主体がどの様な権利と義務を負うかにより決まってくるはずである。この時の、最重要の義務がこの点である。

第三が、人（社会）の歴史的変化である。近年の歴史的変化により、人の感性、考え方、情報の偏り、生活と自然の乖離などが急激に進進んでいる。これは、都市生活者ばかりでなく、第一次産業従事者でも程度の差はあるようだが、傾向としては同様である。また、社会の在り方も、一九世紀までの自然・生態系に依存したものから、最近の五〇年では破壊的な形での利用に変化しつつあるが、この事態を人は殆ど認識していない。このことは、第一の課題を取り組むうえで、最も深刻な障害になるであろうことは想像に難くない。

ＳＤＧｓ（持続可能な目標）と国際機関

小松正之

ＳＤＧｓ（Sustainable Development Goals：持続的開発目標）とは何か。

国連における持続的開発目標は二〇一五年の国連サミットで採択されたものであり、それまでのヨハネスブルクの会合以来の国連の持続的開発の努力が不調に終わっていたことに対してその流れの改善を目指したものと、一九九二年リオデジャネイロの環境・開発の会合の流れを汲んで採択されたものである。これは国連の加盟国の意思でもある。それまで国連が何度か会合しても何も決められないとの批判にも答えたものである。

採択された一七の目標はそれぞれが相互の関連を持つものである。

今後は、二〇二〇年海洋生態系と沿岸生態系の保護と持続利用の達成と二〇二五年までの海洋汚染の防止までの目標と最終的な二〇三〇年までの島嶼国の漁業、養殖業と観光を通じた経済的な便益の達成目標があるが、ＦＡＯなどの専門機関と協力しながら、国連本部はその達成状況をモニターすることになっている。

国連機関である国連食糧農業機関（ＦＡＯ）と国連教育科学文化機関（ＵＮＥＳＣＯ）において、ＳＤＧｓが掲げる一七分野の目標のうち、主として「一四：海の豊かさを守ろう」「一五：陸の豊かさを守ろう」についての取り組みを調査したところ次の通りである。

目標一（貧困）	あらゆる場所のあらゆる形態の貧困を終わらせる。
目標二（飢餓）	飢餓を終わらせ、食料安全保障及び栄養改善を実現し、持続可能な農業を促進する。
目標三（保健）	あらゆる年齢のすべての人々の健康的な生活を確保し、福祉を促進する。
目標四（教育）	すべての人に包摂的かつ公正な質の高い教育を確保し、生涯学習の機会を促進する。
目標五（ジェンダー）	ジェンダー平等を達成し、すべての女性及び女児の能力強化を行う。
目標六（水・衛生）	すべての人々の水と衛生の利用可能性と持続可能な管理を確保する。
目標七（エネルギー）	すべての人々の、安価かつ信頼できる持続可能な近代的エネルギーへのアクセスを確保する。
目標八（経済成長と雇用）	包摂的かつ持続可能な経済成長及びすべての人々の完全かつ生産的な雇用と働きがいのある人間らしい雇用（ディーセント・ワーク）を促進する。
目標九（インフラ、産業化、イノベーション）	強靭（レジリエント）なインフラ構築、包摂的かつ持続可能な産業化の促進及びイノベーションの推進を図る。
目標一〇（不平等）	各国内及び各国間の不平等を是正する。
目標一一（持続可能な都市）	包摂的で安全かつ強靭（レジリエント）で持続可能な都市及び人間居住を実現する。
目標一二（持続可能な生産と消費）	持続可能な生産消費形態を確保する。
目標一三（気候変動）	気候変動及びその影響を軽減するための緊急対策を講じる。
目標一四（海洋資源）	持続可能な開発のために海洋・海洋資源を保全し、持続可能な形で利用する。
目標一五（陸上資源）	陸域生態系の保護、回復、持続可能な利用の推進、持続可能な森林の経営、砂漠化への対処、ならびに土地の劣化の阻止・回復及び生物多様性の損失を阻止する。
目標一六（平和）	持続可能な開発のための平和で包摂的な社会を促進し、すべての人々に司法へのアクセスを提供し、あらゆるレベルにおいて効果的で説明責任のある包摂的な制度を構築する。
目標一七（実施手段）	持続可能な開発のための実施手段を強化し、グローバル・パートナーシップを活性化する。

【目標一四】持続可能な開発のために海洋・海洋資源を保全し、持続可能な形で利用する」について

一四・一	二〇二五年までに、海洋堆積物や富栄養化を含む、特に陸上活動による汚染など、あらゆる種類の海洋汚染を防止し、大幅に削減する。
一四・二	二〇二〇年までに、海洋及び沿岸の生態系に関する重大な悪影響を回避するため、強靭性（レジリエンス）の強化などによる持続的な管理と保護を行い、健全で生産的な海洋を実現するため、海洋及び沿岸の生態系の回復のための取組を行う。
一四・三	あらゆるレベルでの科学的協力の促進などを通じて、海洋酸性化の影響を最小限化し、対処する。
一四・四	水産資源を、実現可能な最短期間で少なくとも各資源の生物学的特性によって定められる最大持続生産量のレベルまで回復させるため、二〇二〇年までに、漁獲を効果的に規制し、過剰漁業や違法・無報告・無規制（IUU）漁業及び破壊的な漁業慣行を終了し、科学的な管理計画を実施する。

一四・五	二〇二〇年までに、国内法及び国際法に則り、最大限入手可能な科学情報に基づいて、少なくとも沿岸域及び海域の一〇パーセントを保全する。
一四・六	開発途上国及び後発開発途上国に対する適切かつ効果的な、特別かつ異なる待遇が、世界貿易機関（WTO）漁業補助金交渉の不可分の要素であるべきことを認識した上で、二〇二〇年までに、過剰漁獲能力や過剰漁獲につながる漁業補助金を禁止し、違法・無報告・無規制（IUU）漁業につながる補助金を撤廃し、同様の新たな補助金の導入を抑制する。
一四・七	二〇三〇年までに、漁業、水産養殖及び観光の持続可能な管理などを通じ、小島嶼開発途上国及び後発開発途上国の海洋資源の持続的な利用による経済的便益を増大させる。
一四・a	海洋の健全性の改善と、開発途上国、特に小島嶼開発途上国および後発開発途上国の開発における海洋生物多様性の寄与向上のために、海洋技術の移転に関するユネスコ政府間海洋学委員会の基準・ガイドラインを勘案しつつ、科学的知識の増進、研究能力の向上、及び海洋技術の移転を行う。
一四・b	小規模・沿岸零細漁業者に対し、海洋資源及び市場へのアクセスを提供する。
一四・c	我々の求める未来」のパラ一五八において想起されるとおり、海洋及び海洋資源の保全及び持続可能な利用のための法的枠組みを規定する海洋法に関する国際連合条約（UNCLOS）に反映されている国際法を実施することにより、海洋及び海洋資源の保全及び持続可能な利用を強化する。

ＦＡＯ水資源・消費者・食品安全局

ＦＡＯが提唱しているAgroecology（農業生態学）は、将来の世代のニーズに適合する独特のアプローチを提供している。このAgroecologyという概念は何も新しいものではないが、最近の地球温暖化やそれに付随した食料生産システムのチャレンジに関する問題の解決のために年々人々の関心を集めている。

Agroecologyの要素は一〇のそれがある。簡単に言うとこれからの問題は単体では解決できないということである。各要素と各分野が協力し、対応に多様性を含み、お互いにコミュニケーションを図り、シナジー効果を上げるということが重要である。それらの一〇要素とは、

①多様性。すなわち単に農業を実施するのではなく、農業―林業、森林―放牧、穀物生産と畜産と水

産養殖の多種の組み合わせが、社会経済学的栄養素と環境の問題への貢献をもたらす。

② 共同での創造と知識の共有。知識の共有から多くの展開や実施の在り方がうまれる。また、経験値と新科学との調和も生まれる。

③ シナジー、相乗効果。多様性のある要素の組み合わせでシナジーを形成し、向上することができる。

④ 効率化。水、肥料、自然資源やエネルギーの使用を最適化することにより、外部からもたらす肥料・農薬などの節減で効率ができる。

⑤ 循環（リサイクリング）。栄養、生物量（Biomass）や水量を自然の生態系を模倣することによって、これらを循環させ、削減することができる。

⑥ 再生力、耐久性（Resilience）の向上。多様な種を生産することにより、単一種に頼ることに比べ、生物学的にも経済的にも強い体質の産業とすることができる。

⑦ 人間的価値と社会的価値の向上。人間としての品位：尊厳、公平性（Equity と Justice）と社会に自分が所属している意識（Inclusion）を持つことができる。

⑧ 文化と食の伝統。食の安全保障と栄養に貢献する地域の食の遺産的・継承的文化に貢献する。

⑨ 責任あるガバナンス。自らが生産したものの透明性と自らによるガバナンス

⑩ 循環（Circular）し強固な経済。生産者と消費者を結合させる。地域社会のマーケットを優先する。

健康な食の提供への貢献が有用である。

このような一〇の要素は当然のことながら日本の水産業とそれに影響を及ぼしている農業と畜産業を含む陸上の諸活動にも当てはまる。それぞれの分野や個人個人の単独だけでなく、いろんな意味や形での協力関係が、今後はますます重要視され、それが解決のカギになる。

ＦＡＯ林業局

アジアとアフリカ並びに中央アジアなどで一二件のプロジェクトを実施した結果をまとめた出版物「Watershed Management in Action」（二〇一七年：ＦＡＯ林業局）をまとめた。比較的に、分水嶺（Watershed Management）地区の上流部のプロジェクトが多いが、貴重な経験が得られている。重要なことは社会的、経済的と環境の観点をバランスさせることである。具体的には、①資源利用の効率を改善すること、②自然資源と生態系を適切に管理すること、③地域の生活と社会福祉を向上すること、④住民と生態系の耐久性（Resilience）を高めること、そして⑤執行体制のガバナンス、革新性と効率を高めることである。

これらプロジェクトを検討してわかることは、各プロジェクト自身は、その地域性や住人によっても異なることから、これらから学べることはそのプロジェクトにとって重要な手法を探し出すことである。また、評価する手法と指標をそのプロジェクトの特殊性・地域性から見出して、それにもとづいて評価することが大切である。また、さらに重要なことは、分水嶺の管理（Watershed Management）には多分野にわたる知識と経験と専門的な視点が必要であり、異なる専門分野をいかにつないでゆくかである。また、プロジェクトの参加者である住民もより多くの分野の方々の参加があればそれが、好ましい結果をもたらす。そのようなマルチデシプリナリーの観点から、検討を加え、事業を実施し、その成功例を多く集めて、それぞれの国のレベルの政策に陸海の生態系や水資源管理の要素を入れていくことが、今後ますます重要となるが、現在では、どの国も国政レベルでこれらの多方面にわたる取り組みを政策的に実現しているところはない。

FAO水産局

FAOの水産局も海洋生態系の保全と維持活用に関するプロジェクトは世界各地で実施している。カリブ海諸国、アフリカの東西海岸とアジアのスリランカ、バングラデッシュとインドネシア並びにフィリピンで実施している。日本ではプロジェクトを実施していないし、協力を呼び掛けても反応がない。「Blue Growth」とは以下の重要な三つの柱から成り立っている。それはBlue Communities（社会）、Blue Production（環境と生産）並びにBlue Trade（経済）である。これらの三つのそれぞれのバランスが取れて、持続可能な社会と生産が成り立つとの考えである。

またIUU（Illegal Unreported and Unregulated：違法・無報告・無規制）漁業対策、所有権に基づく資源の管理並びに寄港国の責任としての適切な対応の実施はすべて海洋の持続的維持と利用に貢献する。これらの対策もBlue Growthの中には当然に含まれる。

UNESCOのWWAP（World Water Assessment Program）

ＷＷＡＰ（World Water Assessment Program・世界水評価計画）の開始は、水問題の解決を通じて、世界の紛争の解決に貢献することが目的であった。そして日本の信託基金（Trust Fund）でＷＷＡＰが二〇〇二年から発足・運営されてきたが、その基盤を強化するためには複数のドナーからの資金の提供が必要である。二〇〇〇～〇六年までの六年間は日本の支援があったが、その後は資金の不安定さが生じ、二〇〇六年からはイタリアがＷＷＡＰを国内に設置することを条件として、ＷＷＡＰへの財政的な支援を決定した。

ＷＷＡＰの設立目的はＵＮＥＳＣＯ、ＩＬＯ、ＷＨＯ、ＦＡＯやＵＮＥＰなどの三一に及ぶ国際機関の水資源関係の事業・研究（ケーススタディなどを含む）を調整する大役である。そのために世界水資源開発報告（World Water Development Report: WWDR）を作成する。ＷＷＡＰの目的は、世界の政治的なリーダーに対して、水資源を取り巻く諸問題について、状況を簡潔に説明し、その理解を得て、適切な行動を促すことである。陸海の生態系や自然との関係並びに農業・林業・漁業との関係も重要な事業分野であり、各年のＷＷＤＲのある年度でそれらを取り扱い、ＦＡＯがその取り組みに力を入れている。ＷＷＡＰが中心となって、国連総会や関係する機会毎に、各国の大使や関係者に、プレゼンテーションを行っている。

現在、WWAPの職員は専門家が五名程度、サポートの職員を入れて一四名程度であるが、ここで学びたいという若い学部の学生と大学院の学生を数名受け入れている。また、年に何回かのセミナーやワークショップの開催も行っており、その際に宿泊が可能である。

問題は、今後事業を展開していくうえで、イタリア以外の財政支援国（ドナー）が見当たらない。日本も初期の拠出を行って以来、最近では財政支援がほとんどない。二〇一八年二月に、これまでの日本の活動と協力（筑波大学、京都大学や国連大学など）にも言及しつつ、再度支援を要請した。環境への悪影響や非持続的な開発への対応の必要性を訴えるSDGsの二〇三〇年までの目標の達成も困難である。それを解決するためのマルチ・ドナーの支援（特に頼れるドナー）、資金の提供を要請する書簡をパリのUNESCO日本政府代表部大使に送った。

WWAPの報告書はケーススタディーを盛り込むことを重視している。その中で、自然と生態系を活用した水資源管理では、日本でのケースがない。「日本のケースは東日本大震災後の水力発電の重要性」というものである。

第Ⅳ部　日本の漁業政策

日本の漁業政策の問題は、漁業法制度の基幹が明治時代のもので、現代の科学的根拠中心の判断を採り入れていないことである。

また日本は、決め事を明文化することをおろそかにしており、かつ法制度も充分な文章化がなされていない。

特に目的、目標、内容の定めが明記されていないものが漁業法制度でも多すぎる。

明文化のない漁業者間の自主規制が、大手を振っている状況を科学的根拠に基づく管理に変更することが重要である。


また海洋水産資源は無主物先占の下の漁業者先取りによる漁業者の所有物であるとの概念を払拭することが重要である。

海洋水産資源は、国連海洋法条約の精神と主旨を踏まえて、国民共有の財産として、国民総出で資源管理と持続的利用に諸外国のように取り組む時代である。


NGO、大学、シンクタンク、消費者がこぞって将来の世代のために積極的に管理と利用に参画する時代である。

また政府に任せておいても、必ずしも良好な結果が期待できない。

民間でシンクタンクとして独立した海洋生態系研究機関の設立が急がれる。

*農林水産省「漁業・養殖業生産統計年報」

最近の日本漁業の概観

小松正之

漁業の現状と漁業政策

日本の漁業・養殖業生産量は、一九八四年の漁獲高一二八二万トンをピークに、二〇一九年には四一六・三万トンにまで減少した。[*] 実に八六六万トンを失ったのである。外国の沿岸域と公海で操業していた遠洋漁業だけでなく、わが国の二〇〇海里排他的経済水域内の沖合漁業、沿岸小型漁業と養殖業が大幅に減少した。排他的経済水域内での漁業はこの間に、六五〇万トンを失った。

それにもかかわらず、資源の回復のために科学的な根拠をベースにしたアウトプットコントロールの漁獲総量規制や、マーケットを見ながら操業できるＩＴＱの導入による漁業の経営体の収入の安定には取り組んでこなかった。漁業者間の紛争解決・調停と、漁場の管理を目的とした、旧来の漁獲努力量の規制すなわちインプットコントロールを主体とする管理が継続された。マーケットに対応する操業やコスト削減が可能なＩＴＱも導入しない。そして経営が悪化した漁業者には、漁業共済制度の活用による所得補償の損失補填の補助金が提供された。

二〇〇一（平成一三）年に水産基本法が制定され、二〇一七年には、新たな「水産基本計画」が閣議決定された。これによってわが国は、漁業の回復と成長産業化を目指した。しかし、水産基本計画の諸政策が功を奏した

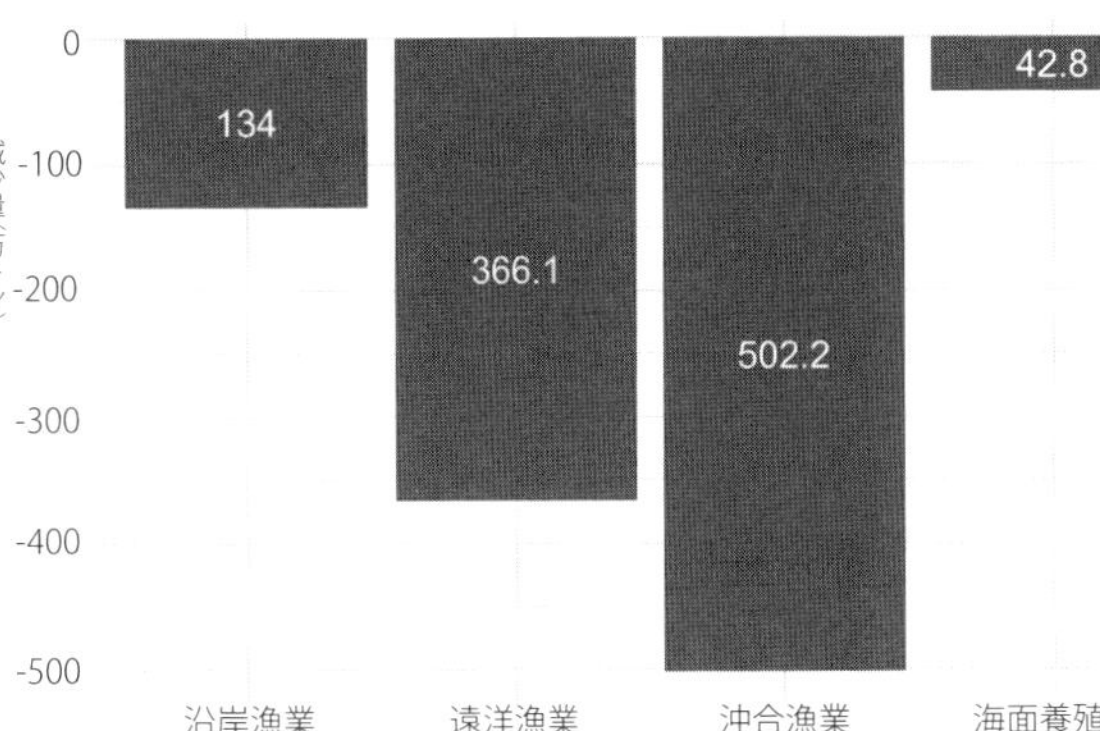

出典：農水省　漁業・養殖業生産統計
備考：それぞれのピーク年は、次のとおり。
沿岸漁業：1995 年。遠洋漁業：1973 年。沖合漁業：1984 年。海面養殖業：1994 年。

【1】ピーク年から 2019 年にかけての生産量減少率

様子はない。この一九年間にわたり、日本の漁業は凋落の一途をたどってきた。二〇〇一年の日本の漁業養殖業生産量は六五〇万トンであったが、現在では四一六・三万トン（二〇一九年）である。この間に、水産基本計画では一〇年後の漁獲目標を五ヶ年毎に掲げてきたが、その目標が一度なりとも達成されたことはなく、そのレビューと原因の解明も行われたことがない。二〇一八年一二月には改正漁業法が成立し、IQの導入を図り、漁業権の優先順位を廃止した。しかし、IQの導入に関しての具体的なスケジュールはない。また、世界では最も効果的な資源管理方法であるＩＴＱの導入を否定し漁業権を付与する優先順位の廃止に代わり既得権者を優遇する内容である。漁業法は漁業権制度を維持し、一九〇一年に制定された旧明治漁業法の残滓を内包したままである。

古い体質の漁業法制度

漁業制度の起源は江戸時代にさかのぼる。旧明治漁業法（一九〇一年法律）及び明治漁業法（一九一〇年法律）は、漁業の慣行を法文化したものであり、旧明治漁業法で我が国特有の制度である「漁業権」を定めた。当時は科学的知見がほとんどなかったこともあり、漁業法は、漁場と漁業者間の人間関係の管理が主目的となっている。戦後制定された一九四九年漁業法（昭和二四年法律）は、戦後GHQの下で、漁場利用の民主化の目的とその実行のための漁業調整機能を加えた。漁業権は、漁協に対して優先的、排他的に免許を与えた。戦後の一九四九年漁業法（昭和二四年法律）と漁業権問題の本質は、江戸時代の漁業の慣行と明治政府の政策方針にまで遡る。漁業者の漁場を地元の漁業者が専用して営む海域に設定した地先専用漁業権やいくつかの漁業地区からの漁業者が入りあって漁業を営んだ海域に設定した慣行専用漁業権を特定して、紛争の調整と解決を図ることが漁業権の目的であった。これは資源管理というより、場の管理を基本とする「漁業者及びその漁法」という、いわば人間の管理を目指したものであった。

戦後、連合国軍最高司令官総司令部（GHQ）は、明治漁業法（明治四三年法律）に新たに「民主化」を入れ込んだ。「民主化」とは、漁村の経済をコントロールしていた資本の規模が大型の大規模漁業者や地元の有力資本の排除を目的として、それらの地区の小規模な漁業者の間の平等を目指したものである。

戦後の昭和三七（一九六二）年漁業法の改革でも漁業権制度は維持された。むしろ、漁業協同組合が漁業権の行使、すなわち使用を集中管理するという排他的性格と漁業者間の平等主義を定着することとなった。漁業権は、漁業者に地先の水面他で漁業を営む権利を排他的に与えている。漁業協同組合を組織し、所属する漁業者間に優先的に順序立てて配分し、そしてその権利を固定化した。二〇一八年一二月の改正漁業法では漁業権の優先順位は廃止されたが、漁業権制度と実績者優先は残り、これが事実上の第一優先順位と考えられる。ノルウェーなど諸外国では経営能力、環境規制遵守などを免許の条件として定めるが、このような明快な漁業権の免許条件は定められなかった。それに代わり「適切かつ有効」なる文言は、行政庁による恣意的な運用の余地を残し、現在の漁業者・養殖業者を優先して、実質的に現状を維持しようとしている。

無主物先占から国民共有の財産へ――世界の潮流

我が国は、現在まで長期間にわたり、水産資源は「無主物」であり、これを先取りした漁業者にその所有権が帰属する（民法第二三九条）との考えで、水産行政が行われてきた。しかし、その結果、インプットコントロールと個別漁獲量の上限制限無しの漁獲競争で悪化を招いた。それら施策は資源の保存と管理の効果を発揮せず、資源の悪化と漁業の衰退が進んだ。

一九八二年「国連海洋法条約」は、海洋は公海自由の原則の下、漁業先進国が早い者勝ちで海洋生物資源を占有するというそれまでの考えを、根本的に改革したものである。自国の二〇〇海里排他的経済水域の海洋生物資源は、沿岸国政府がその管理の責任と義務を有する。したがって、この「無主物先占」の政策は「国連海洋法条約」を我が国が批准した時点、つまり同条約六一条に基づき国家（State）が管理を義務付けられた時点で、我が国も他の国家同様に国民共有の財産である海洋資源を国民にわかりやすく説明できる科学的根拠による管理に変更するべきであった。世界の各国は、政府が責任をもって排他的経済水域内の海洋水産資源を科学的に管理することとし、そのための国内法の制定・改正と整備を完了した。米国漁業資源保存管理法（マグナソン・スチーブンス法）や豪漁業管理法及びニュージーランド漁業法などの制定がその典型的な例である。

これら各国は、憲法、漁業法並びに水産行政政策の中に「海洋・水産資源は国民共有の財産」であると明確に位置付けた。そして国家（沿岸域は州政府）が科学的根拠に基づき漁業資源を管理することを定めた。

日本漁業制度の問題

我が国は、長い間の漁業慣行と漁業・資源管理を漁業者の自主的規制に委ねてきた。自主的規制とは、漁獲データも科学的資源評価もなく、適正な漁獲水準も設定できない、恣意的に定められたものである。漁業者が自分たちの身内が隣接する地域の漁業者との間で漁場や期間に合意すれば良かった。休業すれば、その後に急激な漁獲を拡大しても、資源の管理が出来るものと錯覚した。そして通常自主規制は、対外的に説明するものも乏しく、明文化もなくは公開されずモニタリングも評価もない。すなわち、科学的根拠や取締り、モニタリングと評価・効果の要素が抜け落ちている。そのため、漁業・資源管理の効果が上がらず、むしろ悪化して沿岸漁業の漁獲量が減少してきた。漁獲量が自主規制で減少すれば、さらに翌年、自主規制を導入してまた更に漁獲量を減少した。増大したのは、漁業共済補助金の総額であった。

ところで日本は、ＴＡＣの対象魚種が八魚種しかない。主要先進国は、ＡＢＣを算出したものに対しては、基本的に全魚種系統群（二五種から五〇〇種程度）にＴＡＣを設定している。またＡＢＣは、太平洋と日本海とオホーツク海に設定されるが、ＴＡＣはこれらの海域をまとめて設定する非科学的なものとなっている。漁業先進国の西洋諸国は海域毎に五〇〇～六〇〇種系統群（米国とニュージーランド）まで評価している。日本は、ＡＢＣを算出しているものもわずか八〇種系統群程度しかない。魚種数では、この半数程度である。従って、漁獲規制をする魚種類も少なく、海域をまたがないので、全く異なるグループの魚を同じグループとして管理すれば、それは管理しても機能せず、また小さな資源の乱獲につながる。

農林水産大臣が管理する大臣許可漁業については、以上のようである。日本の沿岸漁業は都道府県知事に管理を委ねられているが、これが実効性のある管理を怠ってきた。漁業者の圧力に屈している傾向がみられる。沿岸漁業を管理するほとんどの自治体で適切な資源評価を行っておらず、ましてや都道府県がＴＡＣを設定している魚種は存在しない。例えば、沿岸漁業で重要な都道府県海域の魚種―カレイ類、ニギス、アカムツ類、シシャモ、オキアミ類、エビ類、ウナギ、アワビ、サザエ、コンブ、ワカメやウニなど―の資源評価とＴＡＣ設定は行われていない。まだ取り締まり活動も十分に行われていないので、漁獲量がコントロールできていない。その結果、知事許可漁業や漁業権漁業の漁業生産量と漁業者は、減少し続けている。

科学者・研究者は、日本の場合、水産庁からの委託費を受けその資金で研究する。それゆえ委託元のコントロールを受ける傾向がある。科学者の独立性が担保されていないのである。水産研究教育機構の水産研究所所属の科学者の論文も、行政官や行政から出向した研究所幹部のチェックを受けるため、水産政策に批判的な論文が見られない。海外の先進諸国では、法的ないしは行政の規則上に科学者の地位が明記され、科学的根拠に基づく独立した研究が求められる（米国、オーストラリア、ニュージーランド）。科学者・科学機関は行政・政治から独立している。

また、横浜市に本部がある水産研究教育機構内の各海区別水産研究所の研究内容をチェックする仕組みが出来上がり、各水産研究所の独立性・独自性も失われた。

■法制化と文章化の必要性

米国、ノルウェー、アイスランド、及びオーストラリア等の漁業先進国にあっては、沿岸漁業であっても、法律に基づくＴＡＣを定めてＩＴＱを配分する漁業（アワビ、ロブスター、タコ、及びカレイ）が多くみられる。メイン州のロブスター漁業のように、インプットコントロールを主体とする沿岸漁業にあっても、籠数制限、網目制限、漁区規制、体長制限などが定められ、かつそれが、州政府の法律（条令）として定められている。その規制に際しては、科学当局からの科学的助言が得られている。米国のバージニア州とメリーランド州など大西洋一三州においては、各州が参加する大西洋広域漁業委員会で資源の評価を検討・勧告している魚種については、ＴＡＣやＩＴＱの設定がすでになされ、各州規則となっている。

このような規制を定めることは、自ずと科学的な根拠と制度的な裏付けが必要であり、そのことを説明しなければならない。このため法律が整備され、説明責任として年次報告書も発行されている。特に米国、カナダの連邦政府の漁業資源管理については、これらの実施状況に対する報告書は、NOAAと民間NGOから多数が出版されている。ノルウェー、アイスランド、オーストラリア、ニュージーランドの規則の法制度化と報告書の作成も多数に上る。これにより漁業関係者に加え、一般の消費者まで、多くの人が情報に接し、漁業資源管理を理解することができる。その結果、法律や規制が徹底し、遵守されている可能性が高くなっている。

しかし日本では、漁業資源管理を漁業者の自主規制に任せ、その自主規制の内容や手法、効果を漁業者が対外的に説明しない。また、漁獲量・漁獲規制及び漁具規制及び操業場などの実態が明確でない。だから漁業者の多くが規則の内容も理解しない可能性もあるし自主規制の内容も守らない。破っても破ったことにならないし、取り締まりの根拠もないので、取り締まらない。資源量の減少となっていくのである。従って法制化と明文化は必須であり、自主規制は科学的根拠もないし、明文化もされないもので、早急に撤廃すべきである。

■国民共有の財産である水産資源と開かれた会議

海洋水産資源は、日本国民の共有資源である。しかし、漁業者・行政・政治家の「閉じられたトライアングル」を形成し長年、水産資源を無主物として扱い、規制がないか、規制をのがれ、放縦な漁獲を許してきた。自主規制は、①無主物先占と②科学的根拠がなく③非公的機関である漁協の管理下で可能である。このような漁業は国際的には、IUU漁業の範疇に入る。すなわち違法、無規制、無報告である。沿岸漁業は漁獲活動について適切かつ充分な報告を全くしていない。漁協の水揚げ伝票では漁獲報告書とはみなされない。国民共有の財産であるならば、当然国民に対する管理の義務と情報の公開の責任を負う。

米国などは、NGO、広範な利益代表の政治家、資源の利用を共有する遊漁者、大学やNGOに所属する科学者などのステークホールダーが、広範囲に漁業・水産政策と漁業法制化に参画する。すなわち議会や行政府内部での公聴会を通じて、正式に意見を言い、それが法律や行政規制に反映されている。またNGOや各種の基金は独自の対外的な専門的かつ、一般的な専門・技術会合を開催して、消費者や一般市民、政治家にも影響力を持っている。わが国でも、海洋水産資源を国民共有の財産と位置することによって、ステークホルダーを幅広く拡大してそのような広範囲なステークホールダーの法制度、政策決定に参画を可能とするべきである。

無主物先占及び、それを先取りする漁業者があたかも自らの所有物と誤解するといった避けられない面があったか、国連海洋法条約の批准以降日本も、国民共有の財産と位置づけることによって、国民が広く参画でき、意見を述べる体制とすべきである。また、科学は国民全般に通じる共通言語であり、中長期の視点や将来の世代に水産資源を持続的に利用するメカニズムを伝承することが可能となる。しかし、この場合でも欧米のNGOの科学機関や欧米の大学、シンクタンクのように科学的かつ法律経済的な助言を提供する機関の設立が必要である。それは、政府内部の農林水産省から独立した政府系機関の他に、民間やNGOの独自の機関が早急に必要である。

日本が今後取り組むべき方向

小松正之

ＩＴＱを政策として導入、国家的規模でのメリット

世界の主要漁業国では、漁獲割り当て制度を導入する初期の頃にIQ（個別漁獲割り当て制）を導入するところがみられた（アイスランド、一九七五年、韓国、一九九九年）が、アイスランドは一九七九年にニシンにＩＴＱを導入し、一九九〇年からはＩＴＱに全面的に移行している。また、ノルウェーは、基本的にＩＴＱに倣い、譲渡に制約を付してＩＶＱを導入しているものの沿岸漁業の閉鎖的許可グループの最小階層一一メートルの漁船階層では、個別に漁船割り当ての譲渡は認められていない。しかし、現在、譲渡を可能とするか否かについてノルウェー政府が検討中である。また韓国についても一魚種についてＩＴＱへの移行を検討中である。米、豪、ニュージーランド、オランダ、チリ、カナダなどの主要国については当初からＩＴＱを導入している。

ＩＴＱの導入諸国は、ＩＴＱによって、①資源の回復と安定化を達成し、②経営利益・漁業総生産金額を増加させている（米、豪、ニュージーランド、ノルウェーとアイスランド）。これらについて本稿では、各国の漁業生産量、生産金額とＩＴＱの導入の時期など関係を示して、導入後の効果がいつごろから現れてきたのかを検証した。問題は、漁業の種類ごとの経済的なデータの入手が極めて困難であった。すなわち、経済指標は個別の企業・漁業者に属するデータであることから政府が収集していないケースが多いこと。また

収集しているケースでも、項目のブレークダウンが十分詳細でないこと、数年間のデータでは、その効果が判明しないことがあげられる。そこで米国では二〇一六年にキャッチシェア（ＩＦＱを含むなど）を導入した漁業の経済的・経営データは、その導入から原則として七年を経過した漁業から取得し、提供を求めることをガイドラインで定めた。

それぞれの国家がＩＴＱ、ＩＶＱないしはキャッチシェア計画（以下「ＩＴＱ等」という）を導入した時期以降の国家全体としての漁獲量と漁獲金額の動向をみると、ＩＴＱ等を導入したのちには豪のアワビのような一部の例外を除き、各国の漁業生産量が安定したか、または、上昇し、漁獲金額ないしは収益性については、一様に上昇している。

各国の現況

■米国

米国は、キャッチシェアの導入後に七年を経過後に経済的指標をレビューすることが定められた。

全米的なキャッチシェアの評価は一概には総括できない。すなわち、各キャッチシェア／ＩＦＱの達成目標が一つでなくそれぞれのプログラムによって異なる。あるプログラムでは①混獲の削減を挙げ②別のプログラムでは利益の増大を挙げる。③減船（Rationalization）を目標に掲げるものもある。いくつかが七年後のレビューを終了しており、例えば、「西海岸のトロール漁業のホワイテングや非ホワイテングを漁獲するプログラム」は二〇一一年ＮＯＡＡ（National Oceanic and Atmospheric Administration）修正二〇に基づき、西海岸底魚のＦＭＰ（漁業管理計画）を修正したものである。経済的利益を増大するために漁獲能力の合理化計画（減船）を実施し、それによってトロール・セクターの漁獲枠配分の完全なる利用を達成すること。環境へのインパクトを調査し、主漁獲と混獲の個別状況を記録することを目的とする。

これら目的は相互に相反する。すなわち、減船による経済的な効果の増大は個人の経営の安定性を損ねる。しかしこれによって工船トロールの漁船数を削減し、漁獲効率を高め、操業の柔軟性と収益性を高め、併せて、混獲や投棄魚を削減することにつながる。

純利益についてみると、二〇一一年から一五年までのトロール漁業の国家的純利益は五四百万ドルで二〇〇九〜一〇年のプログラムが開始される以前の二五百万ドルに比べて二倍以上に増加している。特に減船を実施した工船トロールの純利益の増大が著しい。

■アイスランド

アイスランドは、漁獲量については、漁海況に影響されやすい浮き魚種のシシャモ（Capelin）が変動するために、総漁獲量は不安定であるが、それを除いたマダラやハドック（タラの一種）などの底魚の総漁獲量は六〇万トンで漸増傾向にある。総漁獲金額はＩＴＱを導入した一九九〇年の三八〇億クローネ（アイスランド）をはるかにしのぐ一四〇〇憶アイスランド・クローネにまで達し、三・五倍に増大した。これはリーマン・ショックによるアイスランド・クローネの切り下げを含んでも、漁業収入の増大を示す。また、EBITDA（減価償却と税引き前利益）と純利益はそれぞれ三〇％と二〇％となっている。二〇〇二年から導入された資源利用税（リソース・レント）も年々増大して、五％以上を支払っている。

アイスランドは、ITQが燃料の削減に結び付き、結果的に地球温暖化の軽減にも貢献している漁業管理であるとの考えも有する。

■ノルウェー

ノルウェーについては、IVQの導入と併せて実施された構造調整によって、漁獲枠の集積が進み、アウトプットコントロールが成功したことによって漁業者の総数は減少したが、漁業者一人当たりの漁獲量は確実に増加した。利益率も向上して漁業者の収入は向上した。それぞれの漁業経営体が補助金に頼らずとも、収益を上げる産業となった。ITQを導入した一九九〇年にはほぼ〇％であった漁業利益率は、二〇一二年では一五％に達している。

ノルウェーは、漁業と養殖業が国民と住民の共有財産である海洋と漁業資源を利用し、かつ利益を上げているので、養殖業への資源利用税の徴収をほぼ確定している。

■オーストラリア

豪のＩＴＱの導入は一九九一年に漁業法（Fisheries Management Act）と一九九一年に漁業行政管理法（Fisheries Administration Act）を定めた時から本格的に開始される。一九八四年からミナミマグロ漁業ではＩＴＱを導入していたが、一九九二年に連邦政府の管理下の漁業にＩＴＱの導入を開始し、現在では二二魚種三四漁業種類にＩＴＱが導入されている。現在は資源の悪化は止まり、または、回復している。漁船数は四分の一から二分の一に減少した。二〇〇五年に四漁業種類で減船を実施した。その結果、一隻当たりの漁獲量と収入は増加した。ＩＴＱの価格は上昇している。

資源の評価の対象数は一九九二年に三一系統群であったが、二〇一〇年には九六系統群に増加した。健全と評価された資源が五八％で二倍に増加。乱獲は一九％から一二％に減少した。

これら状況から判明することは、資源の利用状況が大きく改善し、乱獲状態にある魚種が多く減少したことである。その結果ＩＴＱの経済的な価値も高まっている。

西オーストラリア州は積極的なＩＴＱの導入を図っている。二〇一〇年には同州で最も重要な魚種であるロブスターにＩＴＱを導入して、現在では漁業者の積極的な支持が得られている。また、二〇一六年には、水生資源管理法が成立し、二〇二〇年からこれが施行される。これまでの単一魚種に着目した管理から水生生物全体に及ぶ管理に発展させた。また、ニューサウスウェールズ州でもＩＴＱを活用して地球温暖化や海洋生態系の変化の対応した漁業の管理を導入している。

■ニュージーランド

ニュージーランドは二〇〇カイリ水域の制定を制度化し、ＩＴＱの導入を盛り込んだ漁業法を一九八三年に制定した。その後一九八六年と一九九三年にも漁業法を順次改正し、漁業の実態と制度の乖離を縮小する政策を継続し、現在では、漁業生産も漁獲金額も安定してきた。ＩＴＱの導入が成功したといえるであろう。同国もＩＴＱ制度のさらなる見直しに入っており、迅速な漁獲データと科学データの収集とそれの科学評価への反映、制度の高い漁獲データの収集のためにビデオカメラの設置並びに魚介類が生息する海洋環境・生態系の保全を確保することが明らかである。

このように、マクロで見ても、各国がＩＴＱを導入するに従って、漁業生産量は安定ないしは増加に転じている。また、漁業生産金額は一様に増加している。ＩＴＱの導入が、マクロでは効果があったことを示している。

ＩＴＱを導入した個別漁業に経済的効果

①　米国ハマグリ漁業についてはＩＦＱの導入、漁獲量の増大には結び付かないが、資源の状況は安定している。漁獲金額が安定ないし、増加の傾向を示した。また経営体は統合されて、一社当たり

の収入と利益は向上している。

② 豪アワビ漁業は南極海からの海流が弱体化して栄養塩が不足して、低位のＴＡＣの設定とその水準の順守にかかわらず、年々漁獲量が減少しているがＩＴＱの導入により、経営のコストの縮減が漸次行われて、安定した収益を確保している。このケースの場合でも、収入が減少する傾向にある場合には、その縮小に合わせて、ＩＴＱを活用して経営の統合と経費縮小を図ることによって経営体が生き残ることを示している。ＩＴＱは経営組織の統合と合理化を進めるうえで非常に有効なツールであるとみられる。

③ 日本の北部太平洋まき網は、二〇一四年一〇月からサバに対する本格的なIQを、業界の自主的運用として導入・実施している。大型まき網船団を所有する二社の経営分析を実施したところ、本格的なIQ運用期間中における燃料費比率の低下と減価償却前利益の増加が顕著に認められた。この結果、サバのIQ管理は、燃料費等の節減による経済的効果と無駄な排気ガスの削減がもたらされて、地球温暖化の緩和にも貢献していると判断された。

また、日本の北部まき網漁業は、業界が自主的にIQを導入した段階であって、ＩＴＱを制度的に導入しているわけではないものの、それでも、直接経費である燃油費の削減に効果があり、結果として収益が上がっている。また、排気ガスの削減等で地球温暖化の緩和にも貢献する。

■漁業法制度とＩＴＱ

ところで、ＩＴＱが効果的であるケースは、ＩＴＱの導入と実施が法制度として確立している場合である。アメリカやオーストラリアの場合は、米国漁業管理保存法、アイスランド漁業法やニュージーランド漁業法などの連邦法、豪大臣令として明確に政策として決定しているケースや西オーストラリア州法によって、ＩＴＱの導入が、義務的なまたは制度的な措置として明記されていることが特徴である。しかし日本の場合には、IQを導入することは二〇一八年の漁業法改正で決定されたものの、それが義務的ないしは制度的な措置として定められているわけではない。すなわち業界間の協議が整ったところから導入するとされ、明確な期限がない。北部太平洋まき網漁業界の義務的措置としてなされているわけではない。その効果については、サバ以外の他魚種に及ばないなど限定的ではあるものの、効果が見られた。ＩＴＱを法制度として義務的に、マイワシなど複数の魚種を対象に導入できたならば、その効果はより大きいものと考えられる。

したがって、ＩＴＱの導入に際しては、法的な義務となるように立法措置を講じることが重要である。義務的にならなければ漁業者は熱心に推進しようとしない。

また、極めて基本的なことではあるが、漁獲データが収集されない漁業では、漁業資源の評価は不可能である。我が国の沿岸漁業でも、漁獲データが収集されず、全体の沿岸漁業の資源評価と漁獲規制が導入されていないのが現状である。したがって、我が国の沿岸漁業は、「自主規制」の名の下に、無報告と無規制の状態に置かれている。その結果、漁業資源が悪化し、漁業が衰退する一方である。この悪循環は、すべて、漁獲データの収集を行っていないことに起因する。この点から見ても、漁獲データの収集とその法的義務付けは必須である。

■地域社会への貢献と安定化が課題

大規模漁業者と中小漁業者、都市と漁村並びに第一世代のＩＴＱを受領した漁業者と第二世代の漁業者間の格差が広がっている。これはＩＴＱを保持していることとそのＩＴＱ価格の高騰が伴うことによる。ＩＴＱの所有権を認めるか、その行使権にとどめるか、一定の期間のＩＴＱの所有権を認めるか、地域社会のＩＴＱ保有にとどめ、その構成員による漁獲の権限とするか。これらをさらに検討し、少なくともＩＴＱの在り方に関して、特にどのようなＩＴＱが上記に述べるような問題の解決に貢献するものとなるかのオプションを提供したい。

この点での研究分析は、カナダの西海岸の漁業と米国西海岸の漁業で最も顕在化している。その地域の状況についての漁獲割当制度と経済分析とそれらの結果として、とられている政策の情報の入手が有用である。また、西オーストラリア州では沿岸漁業が盛んで、ロブスター漁業にＩＴＱの導入も長期に及ぶところ、漁業者は逆に、漁業者以外の地域住民にＩＴＱを広く保持させることに反対である。漁業者の考えは地域より漁業者が優先である。このような状況を包括的に把握して日本の沿岸、沖合漁業のそれぞれにＩＴＱが導入される場合に、どのようなＩＴＱが必要で、現在の諸外国の制度のどの部分をどのように修正すべきかについて制度上の枠組みと基本概念の提供と経済評価を試みることが次段階の調査研究の課題である。

■海洋生態系の影響の把握の緊要性

〝ＳＤＧｓ〟が二〇一五年国連サミットで採択されて以来、国際社会では、陸上の生態系と海洋生態系の保存と管理に関心が高まり、特に海洋プラスチックの問題では具体的なアクションがとられ始めている。

しかし、ＳＤＧｓの日本国内での理解の浸透度と定着度を見ると、諸外国に比較して、ほとんど行き渡っていないように見える。海洋の生態系の劣化の問題は非常に重大な問題であるが、その問題の把握が困難であり、問題解決が、地道で基本的な情報の収集と科学調査研究により得られる情報が基本となるが、多岐にわたる分野を総合的、縦断的、横断的に各方面の連携と協同が必要となることから、その実行が極めて困難な非常にハードルが高い事業である。しかし、地球温暖化と並んで、生物多様性の維持と海洋生態系の維持と回復のために、そのアクションに取って必要な情報の収集と行動は当然に行わなければならない課題である。

漁業と養殖業も、諸外国にみられるように、それ単独の検討では、適切な判断ができない状況にますます追い込まれてきている。すなわち環境や海洋生態系の持つ全要素を十分に考慮しつつ、その中の一部としての漁業と養殖業として、管理のための判断を決定する必要がますます高まっている。

本節では、世界での海洋生態系の問題点の摘出、課題への取り組みを行ってきた。陸海の生態系の課題は、その定量的な把握と分析が困難なことである。ＧＤＰに含まれるような物質的な経済価値を持つものは、その明示が容易であるが、生態系のサービスが提供する機能を特定し、金銭的価値を算出することは困難である。しかしながら、その困難に直面しつつも、生態系サービスを特定、定量化し、物質的な豊かさと比較対照することは、ますます重要である。

ＦＡＯ林業局でも言われた通り、生態系サービス全体を国家の規模で評価し、その経済価値を導き出すことは極めて難しい。そのため出発点としては、一つないしは複数の大規模な分水嶺に限った地域・湾をモデルとして、その地域内における生態系サービスの定性化・定量化を試みることである。

小松と望月（筆者）は現在、この生態系サービスを、岩手県の気仙川・広田湾地域で特定するプロジェクトを実施中である。これらのプロジェクトをモデルとして活用した、地域レベルでの生態系サービスの定性化・定量化を、まずは試みるべきである。また、諸外国のモデル的な事業を日本の分析と組み合わせて、それらに共通するデノミネーター（共通特性）を描き出すことも重要である。

生態系サービスに関しては、このようなモデルケースを蓄積することから始めるべきである。国家全体のレベルについては、各ケースの積み上げから検討することになろう。

一方で、西オーストラリア州法に見られるように、すでに生態系の管理を、水生生物資源管理を通じて、包括的な生物資源や海洋生態系に着目した政策を実現しているところがみられる。またニュージーランドでも、生態系としての環境と魚介類の管理を結び付けているところも登場しだした。しかし各論も内容が具体的なものを内包しているとはいいがたい。概念とその法制度化が先行し、それをどのように実現するかは今後の対応次第であるが、このように全身的に問題の解決に対応する姿勢を日本でも示す必要があり、これも次回の調査研究の課題である。日本もこの問題は積極的に対応する必要がある。

「明治・戦後パラダイム」からの脱却

日本の漁業政策は、明治時代に根源を持つ縄張りの要素を有する「漁業権」とインプットコントロール、並びに漁業者間の漁業調整、自主規制措置に基づいている。戦後にはＧＨＱの下で、民主化の名のもとに、沿岸域では小規模な漁業者に生産規模を合わせた漁民中心の生産構造を構築した。また、早い者勝ちに有利な無主物先占の考えを放置し続け、乱獲を促進した。その結果、沿岸と沖合漁場で資源が悪化し、漁業者の高齢化と若者の流出が進行した。漁業補助金で高齢の漁業者の生活を維持しても、漁業の衰退を目の当たりにした若者は、漁村から退出した。

国民も、日本が新しい漁業法制度と資源管理制度を採用しない理由として、「補助金に依存する漁業者と漁業協同組合とそれに補助金を配ることで行政をしてきた時代遅れの判断を継続し、日本の漁業を衰退に導いた漁獲・操業データがないところでは科学に基づく資源の管理は全く不可能である。特に戦後ＧＨＱとともに策定し、制定した現漁業法に科学に基づく資源管理の明確な条文がないし、海洋水産資源は国民共有の財産であるとの明言もない。従って、漁業者があたかも海洋水産資源は自らのものとして決め、自らが取り締まる世界には例を見ない自主規制を実施しているとし、そのことを実効ある政策をとらないことの隠蓑とする。科学的根拠に基づくＴＡＣとＩＴＱなどの外国の制度を学ばない、学ぼうとしない理由を「これまで長年の習慣としてきた自分達の否定につながることを恐れる等」を挙げている。これでは、日本の漁業はよくはならない。人と人の関係の調整と科学的な客観的指標の基づかない意思決定は「明治・戦後のパラダイム」そのものである。まずそこからの脱却が急がれるし、それが必須である。

過去を精算して、新しい体制と人材の登用をすべし

江戸時代の漁業慣行と、旧明治漁業法の残滓を引きずる漁業権と漁業制度を、すなわち「明治と戦後のパラダイム」を我が国はいつまで続けるのか。日本人が古い体制を引きずっていても、世界は漁業制度を新しくして、旧態依然の漁業制度を打破している。資源と漁業を再活性している。それなのに、日本にそれができない原因は、戦後直後の成功体験があり、また漁業分野では一九七四年から一九八八年まで世界一の水産業大国だったノスタルジーがあるからである。旧態を変えようとしない。その主たるものを挙げてみると、

①　諸外国の成功事例に学ぼうとしない。根拠もなしに、「日本は外国と異なる」と言い放つ。日本の漁業関係者は諸外国のＩＴＱの基本理念と機能並びに導入の成功例を理解していない。

②　漁獲データを収集せず、自らを客観視しない。自画像を明確にしないことによって、自らに潜む体質の問題点を直視しない。問題を放置して、事態の悪化を招いている。

③　漁業者と漁協は、戦後の漁業制度改革の時代から、問題が発生したら常に補助金頼みを要求し自立的な方策を考えない。したがって、問題・課題が先送りされ、さらなる事態の悪化を招く。

④　水産行政に携わる人材が水産学系に偏り、生物学、環境学、経済学、経営学といった分野の専門家が不足している。かつ、旧来型の対応を行ってきた人物が、引き続き行政の責任者を務めるから、改革に対応する能力にも限界があり、新しい発想も出てこない。

⑤　国内的に、関係者を広く水産科学者と漁業関係者以外に求めていない。Multidisciplinary（学際的）な考えで行動することが重要である。

以上の問題点を踏まえて、水産政策と漁業制度を次の原則に基づいて改革するべきである。

■無主物先占 ―― 「コモンズの悲劇の脱却」から国民共有の財産へ

水産資源はコモンズ（共有財産）であることを十分に明確にする。これを行う規制がない場合、「コモンズの悲劇」が発生する。その不適当な例が、水産資源を無主物とし、先占を許す我が国の漁業法体系にある。

したがって、これに適切な規制を導入することがまず急がれるべきである。「海洋と水産資源は国民共有の財産である」と明確に、国連海洋法条約の趣旨と精神に則り、コモンズの悲劇、すなわち漁業資源の乱獲を防止することが、第一の日本の課題である。

■ＩＴＱは資源管理と地球温暖化の緩和にも貢献

その方策として最も適切な手法は、ＩＴＱの導入である。ＩＴＱは、個人の無限定な漁獲の行動を制約するものである。この方策で、経営の合理化と収入の増大が図られ、利益が向上する。ＩＴＱにより、コモンズの悲劇は防ぐことができ、過当競争を排除し、経費の削減を図りマーケットに応じた販売と収入増が期待できる。燃油費の削減と排気ガスの再現で地球の温暖化の削減にも貢献する。

■資源利用税の支払い

加えて、国民共有の財産を利用するからには、その特別の便益を受けることに応じた義務が、利用者には生じる。すなわち、①資源を利用することの対価として、資源利用税を支払う。②国民共有の財産の利用から生じる便益を最大化する義務を、利用者は負う。利益をあげるということである。これによって、漁業者は国民に対して正々堂々と国民共有の財産を使用する権限を主張することができる。

■ＩＴＱと社会的・地域的な公平性

ＩＴＱは、水産資源を国民共有の財産として位置づけて利用を図る場合、資源に対して投資効果が最も高い方法で行うために、漁業管理の方策としては最も優れた方法であると言える。しかしながら、漁業の規模や海域によっては、最小限の利益は確保したうえで海面から最も効率的に利益を上げるという考えに優先して、より広く富を分配して、より多くの人々・地域にその共有をもたらすことが是であるという考え方も見られる。世界各地のＩＴＱ先進国では地域社会への公平性、世代間の公平性、または大規模と小規模を問わず、漁業者の独占がどこ程度まで許されるのか検討が開始されている。富の分散の最大化と富自体の最大化とは、それ自体が相反する面も多いが、それらのバランスを保つことによって、適切なオプションが提示できると考えられる。その分析と具体的な提案が今後の課題である。

海洋生態系の問題

■海洋生態系の劣化とその影響

〝ＳＤＧｓ〟が二〇一五年国連サミットで採択された。

しかし、ＳＤＧｓの日本国内での理解の浸透度と定着度を見ると、海洋プラスチックの問題以外はほとんど行き渡っていないように見える。漁業生産量の減少と地域産業と社会の疲弊にとっても海洋の生態系の劣化の問題は非常に重大な問題である。この問題はＧＤＰの要素を正確に把握する問題と並んでその問題解決が困難であるが地球環境と陸海の生態系の再活性化を考えた場合これらの問題への対応は避けては通れない。すなわち地球温暖化への対応と並んで、生物多様性の維持と海洋生態系の保持は当然に行わなければならない課題であり、漁業と養殖業の将来の生産性と経済性の向上の必須の基本要素である。

漁業と養殖業も、生態系の一部を構成する生物を利用する産業であり、環境や海洋生態系の保全もしつつ、管理を決定する必要がますます高まっている。

本報告書では、世界的な生態系の課題への取り組みとその問題点を描出してきた。陸海の生態系の課題は、その定性的な把握と定量的は分析が困難なことである。GDPに含まれるような物質的な経済価値を持つものは、その明示が容易であるが、生態系のサービスが提供する機能を特定し、金銭的価値を算出することは困難である。しかしながら、生態系サービスを特定、定量化し、物質的な豊かさと比較対照することは、ますます重要であってこれまでのように避けては通れない。それができて初めて、政策のメリハリがあり、将来展望のある具体的手段として取り入れることが可能となろう。

日本全体にわたる陸上・海洋の生態系の問題に取り組んだ研究は存在しないと考えられる。そのため出発点としては、一つないしは複数の大規模な分水嶺に限った地域・湾をモデルとして、その地域内における生態系サービスの定性化・定量化を試みることである。

筆者は現在、二〇一五年からこの生態系サービスを、岩手県の気仙川・広田湾地域で特定するプロジェクトを実施中である。これらのプロジェクトを活用した、地域レベルでの生態系サービスの定性化・定量化を、まずは試みるべきである。また、諸外国のモデル的な事業を日本の分析と組み合わせて、それらに共通する要素を描出することも重要である。この分野は非常に困難を伴う分野で具体性に欠ける分野であるが、しかしながら西オーストラリア州では生態系や生物多様性の概念を入れた「二〇一六水性生物資源管理法」を成立させた。極めて野心的な法律であるが、具体的な法的な規制事項としては、これからの検討課題である。しかし思想的かつ概念的な内容を先行させたことは、時代を先取りし、賞賛に値する。日本でも海洋生態系の悪化とその対策は急務である。これを放置することは現時点での問題解決のためにも将来の世代にとってはさらに無責任である。

■グレー・プロジェクト（コンクリートの堤防）とグリーン・プロジェクト（緑の堤防）

世界は防災に関してもコンクリートを主として使用するグレー・プロジェクトから自然の再生力を利用して防災を行うグリーン・プロジェクトにその方向を転換し始めている。コンクリートは一度建設を始めると、その後はそれが劣化の一途をたどるが、グリーン・プロジェクトの場合は、その後も自然の生み出す成長力等で年々その防災力や自然の再生力が増大すると考えられる。実際、最近では、自然の恵みや水量を利用する化学製薬工場などの防災を、自然のマウンドを造成して、高波を防ぐ。また、植林によって良質な水源・水質を確保するとの動きを米国の企業で取り組み始めている。米国メリーランド州の防災も土と砂のマウンドにさらに時間の経過とともに砂の堤防がその高さを増加させる設計になっている。これは、時間の経過とともにその防災能力が増加する。周りの環境と生態系を破壊もなく生物相への悪影響も見られない。

このような場合は、漁業生産の元を形成する、海岸、湿地帯や砂浜の環境はほぼそのまま維持されるので、海洋の生産力の向上にもつながろうと考えられる。

今後は、漁業と養殖業が営まれる付近における陸上と海洋の生態系が、どのような変化を遂げているか、それによって定性的かつ定量的な漁業と養殖業への影響がどのようなものかを、主要な漁業と養殖業の活動が行わるところで、スポット的、モデル的に実施することが重要である。その場合において、どのような要因が漁業と養殖業の生産を阻害・促進しているか、またその要素を計量化し調査・検討することが重要である。

特に、この分野では、我が国は何も研究と調査が進んでいない。どんな要因が影響を及ぼすのかに関して、①陸上起源②河川水起源③湿地帯と沿岸部起源などに分類して、環境が人工的にどのように改変されたか、また、水量、水質、栄養、汚染物質、土砂質と量に関して季節的変動を地道に調査することが、大切である。

【附論】水産業の基礎知識

小松正之

多くの読者は水産業・漁業とは何かに関して十分な基礎知識が不足している場合が想定される。そのような読者のために解説をする。

日本の国土面積は三八万平方キロメートルである。周囲を海に囲まれて、国土の七〇％が山脈・山地で占められており、農業・食糧生産には適していない。しかし、漁業・養殖活動を行うことができる排他的経済水域は、国土面積の一二倍の四四七万平方キロメートルである。これは米国、豪、インドネシア、ニュージーランドとカナダに次ぐ世界第六位の広さである。古くから漁業生産に頼り、漁業生産から動物性のたんぱく質を得てきた歴史があり、日本人の体質や食生活並びに地域の食文化や伝統文化に大きな影響を及ぼしてきた。

排他的経済水域では国連海洋法の規定により、沿岸国は、主権的管轄権を有する。そこで沿岸国である日本政府は最良の科学的根拠に基づく漁業と漁業資源の管理を行うこととされている。

漁業・養殖業とは何か

漁業・養殖とは営利を目的にして、魚介類と海藻を漁船とまき網、釣りや鉤などの漁具を使用して捕獲したり、生け簀やはえ縄を使用してハマチとマグロの魚類やカキやホタテの貝類及び昆布やわかめの海藻類を人工的に飼育し、成長させて販売したりすることをいう。販売を目的としないものは漁業でもなく養殖業でもない。

漁業・養殖業は海面で営まれる海面漁業並びに海面養殖業と川と湖を対象とする内水面漁業と内水面養殖業に分けることができる。しかし琵琶湖と霞ヶ浦・北浦は漁業法では海と同じ扱いである。

海面漁業は沿岸漁業、沖合漁業、遠洋漁業並びに海面養殖業に分かれる。内水面漁業は内水面漁業と内水面養殖業に分かれる。しかし、ウナギなどを養殖する陸上養殖は内水面養殖業にも該当しない。

我が国の漁業の生産量は最近では年々減少し、二〇一九年では四一六・三万トンである。そのうち遠洋漁業が三二・九万トン、沖合漁業が一九三・八万トン、沿岸漁業が九三万トンで海面養殖九一・二万トンである。内水面漁業は二・二万トンで内水面養殖業は三・一万トンの合計五・三万トンである。内水面漁業は河川や陸上の水域の環境の悪化で生産量の減少が急速に進んでいる。

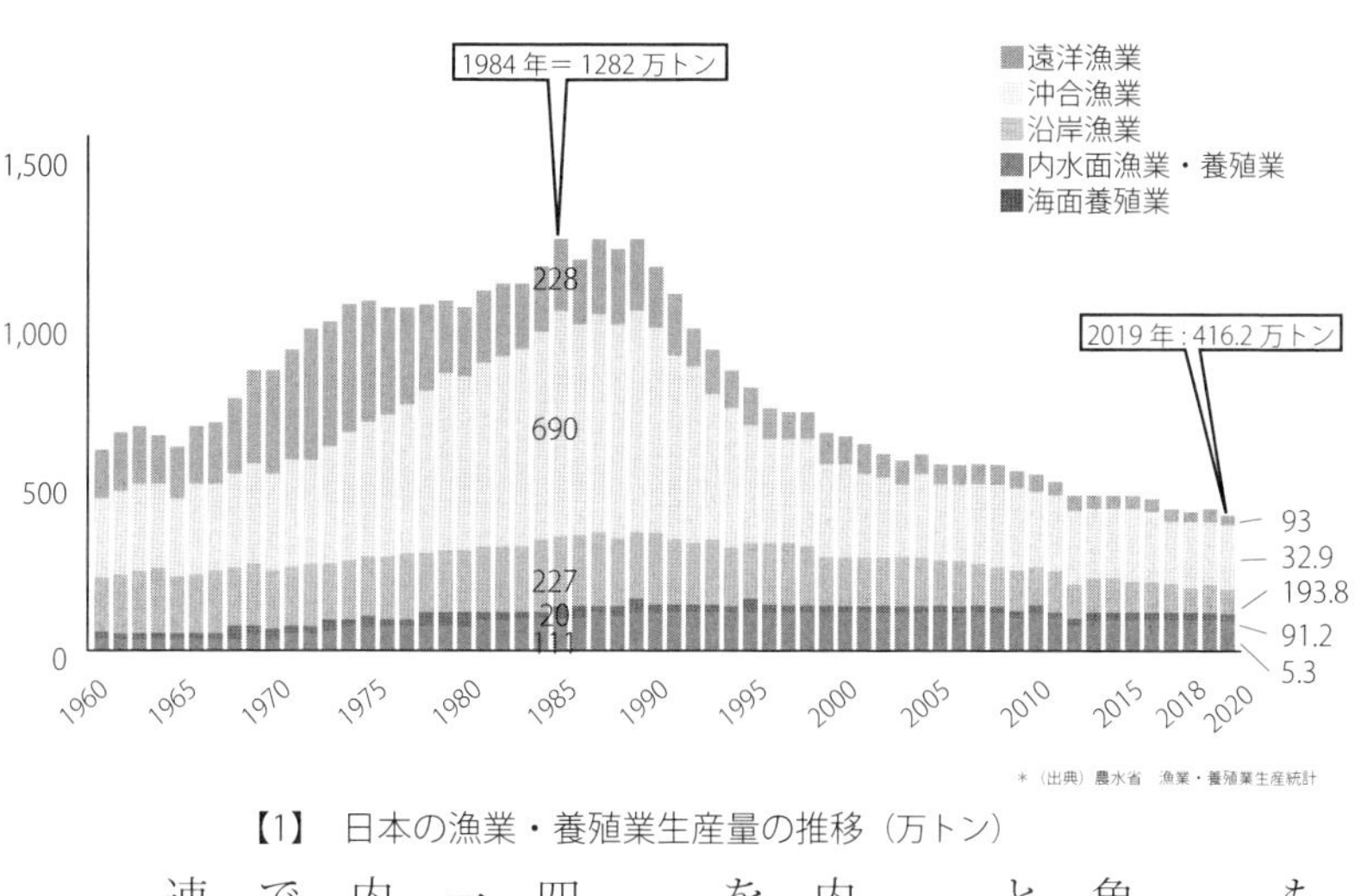

【1】 日本の漁業・養殖業生産量の推移（万トン）

年度	沿岸漁業	遠洋漁業	沖合漁業	海面養殖業	内水面	全合計
1960	1,890	1,410	2,520	280	90	6,190
1970	1,890	3,430	3,280	550	170	9,320
1980	2,040	2,170	5,700	990	220	11,120
1990	1,990	1,500	6,080	1,270	210	11,050
2000	1,580	850	2,590	1,230	130	6,380
2010	1,286	480	2,356	1,111	79	5,313
2019	930	329	1,938	912	53	4,162
2019/ 最大値	45.6%	9.6%	31.9%	71.8%	24.1%	37.4%

※出典：農水省 漁業・養殖業生産統計

【2】漁業別の生産量（千トン）

■沿岸漁業

沿岸漁業とは、小さい漁船を使用して行う漁業で、地元の漁業者が主として行うものである。おおむね沿岸から三マイル以内で行われる。漁船の大きさとしては一〇トン未満であるが、近年漁船は大型化しているので、この定義は必ずしも適切でない。したがって漁業権に基づき営まれているものや知事許可漁業を中心に、漁業の種類毎に判断することになる。

沿岸漁業は、漁具を固定して行う定置網漁業と海藻や魚介類を漁獲する漁業である釣り漁業、流し網漁業や固定式刺し網、かご漁業があげられる。沿岸漁業の漁獲量は約一〇〇万トンで、価格の高い魚介類を漁獲するので漁業生産金額の三分の一を占める。しかし、その漁獲量は近年減少を続けている。

沿岸漁業で最も漁獲量が多いものは、定置網漁業（大型定置網、サケ定置網と小型定置網）で約四〇万トン（二〇一八年）の漁獲量があり、沿岸漁業九六・四万トン（二〇一八年）の約四〇％を占める。サケ、クロマグロやマアジとマサバを漁獲する。

■沖合漁業

沖合漁業は、排他的経済水域で行われる。漁船の大きさが一〇トン以上の比較的大型の漁船で行う漁業であり、沖合底引き網漁業、近海鰹鮪漁業、中型イカ釣り漁業と北太平洋サンマ漁業などがある。その漁獲量は年々減少傾向にあり、漁獲量は一九三・二万トンである。沖合漁業で比較的大型のものは大中型まき網漁業がある。沖合漁業は許可は、農林水産大臣もしくは知事のいずれから適切なものを判断する。

■遠洋漁業

遠洋漁業は、最近では、ほとんど存在しなくなってきた。最も日本の遠洋漁業が盛んな時には約四〇〇万トンの漁獲があったが、現在では、わずか三二・九万トンまで減少した。遠洋漁業として残っているものは、海外まき網漁業と遠洋マグロはえ縄漁業と遠洋カツオ一本釣り漁業である。かつては、遠洋トロール漁業、北洋転換トロール漁業（北転船）母船式サケマス漁業並びに母船式捕鯨業などがあった。遠洋トロール漁業は現在、米国海域での漁船として、また、チリ沖のトロール船として使われている。

漁具と漁法

漁獲するために、いくつかの方法がある。

■まき網漁業

長方形の網を用いて、漁網を搭載する網船と、網をえい航ないし固定する小型船、搬送船の二隻以上の漁船を用いて漁獲する方法である。漁獲後は運搬船に漁獲物を収容し、それで漁港で水揚げする。現在は漁船の数を削減して、これらの漁船を一隻に集約しつつある（ノルウェーの例）。まき網漁業には大型の一そうまき網、と二そうまき網があるが、現在の主流は一そうまき網である。農林水産大臣が許可する大中型まき網漁業と知事が許可する。そのほかに中型・小型のまき網漁業がある。中型まき網漁業は、その許可隻類を農林水産大臣が決定する法定知事許可漁業がある。漁獲量は我が国漁業の中でも最大で一四五・八万トン（二〇一八年）である。

■はえ縄漁業

水平に伸びる幹縄に、垂直にぶら下がる鉤をつけた糸をつけて、それによって魚類を漁獲するもので、表面に敷設するはえ縄の代表的なものがマグロはえ縄漁業で、長いもので幹縄が二〇〇メートルにも及ぶ。マグロを漁獲の海外へ出漁する遠洋マグロはえ縄漁業と太平洋で操業する近海マグロはえ縄漁業と沿岸で操業する沿岸マグロはえ縄漁業である。

海底に敷設して、マダラやカレイを漁獲するものには底はえ縄漁業がある。

■釣り漁業

釣り具を用いて、カツオやイカないしはキンメダイを漁獲する漁業である。

もっとも有名なものが、遠洋、沿岸のカツオ一本釣り漁業である。これは漁船の上で、釣り竿を持った釣り人が、海に撒き餌をして、そこの擬餌針を入れて、カツオを吊り上げる漁法をいう。また、いか釣り漁業は漁船の舷にイカ釣りの自動釣り機を設置して、集魚灯をともして、光に集まったイカを疑似針で釣り上げるものである。

■刺し網漁業

これは海底または海面表面から中層に長方形上の網を敷設し、網の魚類を絡めて漁獲する漁法である。海底ではカレイ類、タラ類を漁獲し、表面や中層では、サケマス類やカジキ類を漁獲する。以前は旧ソ連や米国の水域で母船式、基地式のサケマス流し網漁業のような大規模な船団や多数漁船が操業していたが、現在では、消滅してしまった。

■サンマ棒受け網漁業

光によってサンマを漁船の方向におびき寄せ、サンマが集まったところで、サンマの魚群の下に網を敷き、救い上げる漁法である。サンマを漁獲する漁法としては、唯一この漁法が許可されている【3】。

■捕鯨業

捕鯨業とは、銛り筒を利用しこれを発砲することにより、クジラの体に命中させて、捕獲する漁法である。銛と捕鯨砲はロープで結びついており、命中後のこれを捕鯨船に引き寄せて、これを捕鯨船で保持する。沿岸小型捕鯨業の場合は捕

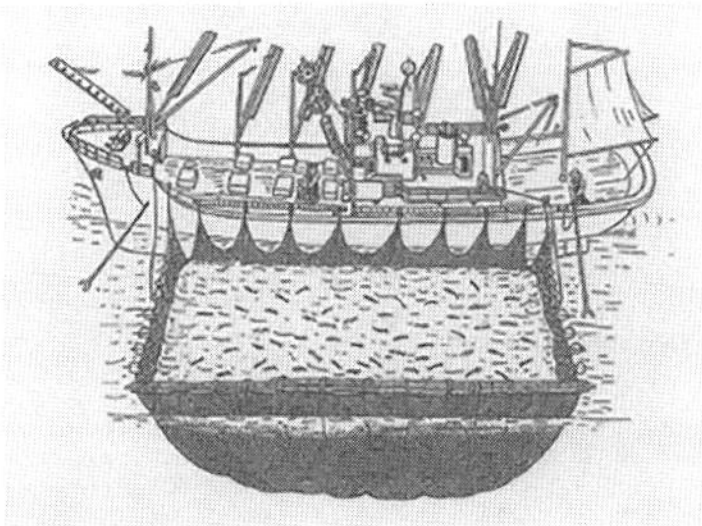

【3】操業概念図（さんま棒受網漁業）

鯨船が保持し、母船式捕鯨業の場合は、キャッチャーボートが捕鯨し、鯨体の保持と解体する母船へ曳航する。

■沿岸のその他小規模漁業

タコつぼ漁業は、タコが身を隠す習性を利用して、つぼの中にタコを入れて捕獲する漁法である。

小型定置漁業は、沿岸域で比較的小規模な定置網を用いて沿岸性の魚種を漁獲する漁法。大型定置網より小さく、漁業協同組合が、漁業者に対して免許をする。(正確には「漁業行使権」を免許する) その他にも地引網漁業などがある。

■採貝・採草

漁業者が海岸や、小型の漁船を使用し、鉤や鍬型場漁具を使用して採集するアワビやサザエと昆布やわかめなどを収穫する漁業である。

■定置網漁業

漁業権が直接、知事から免許される網が推進二七メートル以深のところに敷設する大型置網漁業、第二種共同漁業権として所属する漁協から漁業の免許行使権を与えられる小型定置網漁業とがある。

導なわを設置して、袋状の網におびき寄せて漁獲する漁獲物は、クロマグロ、ブリ、イワシ、サケ、サバなど、約年間四〇万トン程度である。

あとがきにかえて

■水産資源管理の旧態と海洋の激変

日本の漁業・水産業はその衰退が留まることを知らない。そして日本の沿岸と排他的経済水域の海も悪くなる一方である。私たちは、本書の執筆に、二つの大きな挑戦的かつ意欲的ではあるが、困難な課題を意図的に設定した。第一に資源の回復と利益をもたらしたが、利益の公平な配分を巡って新たな問題を生じた世界のITQについてその問題を解決し、日本に適したITQの制度の設計の必要性である。もう一つは、人々の生活、陸上の開発、農業と漁業・養殖業自体を原因とする海洋生態系の崩壊の問題であり、その対応である。海洋生態系が劣化し悪化した状況では、海に栄養が薄く、温暖化が急激進み、仮に水産資源の回復がITQの導入や漁業法制度の新たな制定によっても、せいぜい一〇〇万～一五〇万トン程度の回復しか見込めない。

日本は一九八四年の一二八二万トンから二〇一九年の四一六万トンまで八六六万トンを失い、そのうち約六五〇万トンを日本の排他的経済水域内で失った。すなわち、日本漁業・水産業の衰退と劣化は、日本の責任である。旧態の制度と時代に合わない政策と排他的経済水域の海洋生態系の劣化によって生じたものであり、起こった原因と状況の科学的な把握と分析と改善の対策が重要である。その対策でようやく失われた六五〇万トンの残り一〇〇万トン以上の回復がもたらされるのではないか。これは、原因が長期にわたり、解決策も長期間を要する地道な戦いになろう。

■海洋生態系の対策の先取り

本書の執筆陣は、現在の漁業・水産業の抱える問題と対応を先取りした海を取り巻く環境が悪化する一方の今、その先取りは、きわめて適切である。

これらの海洋生態系の衰退の原因は戦後七〇年特に高度経済成長期の最近五〇年間、GDPに象徴される経済成長を無批判に歓迎し重視し、短期的な利便性と快楽を求め経済成長の負の部分である環境の破壊に私たち日本人が、無頓着で結果的に加担したことが原因である。

二酸化炭素や代替フロンの排出によりその影響で海洋温暖化と酸性化が進む。そして、その温暖化で海洋の生物多様性と生態系が大きく変化している。「IPCC海洋・氷雪圏報告書」(二〇一九年九月) の予測でも漁業資源の劣化・減少が大きく進むが、その予測も見通しが甘いことが私たちの現場・実測データから明らかである。

一年で海水温が二・五~三度 (暫定) 上昇。IPCCは地球温暖化が一〇〇年で一・〇度~二・〇度程度進んだシナリオでの予想を立てた。二〇一八~二〇年六月末までの間、岩手県陸前高田市広田湾では、冬の最低水温が二・五~三・〇度も上昇した。一方夏も同様に水温上昇の傾向があり、九月二〇日頃の本年の最高水温 (瞬間的) は、同湾では歴史的に経験のない二八・五~三〇度に達することが懸念される。冷水を好むホタテなど多くの養殖生産物が生き残れない。また、生き残ったとしても、高温に体力を消耗し、カキ実入りは更に大きく減少・劣化しよう。

広田湾のカキは震災後品質の劣化が進んでいることは豊洲市場の卸売会社やレストラン・外食店の実感で評価である。それは、震災後の大堤防の建設による生産性の豊かな海岸線の喪失とかさ上げ工事のための森林を破壊した土砂の採集と河川床からの小石の採集での気仙川・広田湾の分水嶺の破壊である。大震災後に三陸沿岸を中心に四〇〇キロメートルの総延長の大堤防が、環境影響評価もなく建設された。これにより失われた藻場、湿地帯、砂州や河口域などの生産性の豊かな生物生産圏の総面積と総生物量が莫大な量と金額に達する。このことは全国の沿岸・海岸とカキに当てはまる。

大堤防の前面では、生物多様性と生物量が失われることは米国NOAA、スミソニアン環境研究所やバージニア大学の海洋研究所の研究成果で明らかである。

■読者の方へ

本書が、教育者、消費者、NPO/NGO活動者、地球温暖化・生態系研究家、政治家と行政官、豊洲市場をはじめとする流通・加工・貿易関係者が読んでいただけることに強く期待したい。問題を把握・理解しかつ、適切な行動をとり、有効な対策を立てるうえで、読者に少しでも貢献できるとしたら幸甚である。

ところで二〇一九年四月から鹿島平和研究所で「北太平洋海洋生態系と海洋秩序・外交安全保障体制に関する研究会」を設置して、問題と課題のさらなる摘出と深化とその解決策に取り組んでいる。七月には中間論点・提言をまとめ発表した。(ネットで公開) これも本書をより良くより深く理解するために、適切であるのでご参照されたい。

■謝辞（敬称略）

本書の出版に際しては、多くの方々のお世話になった。まず、本書は、公益財団法人東京財団政策研究所の研究プロジェクトに基づいており、これがなければ本書は実現していない。同研究所に厚くお礼を申しあげる。

とくに、東京財団政策研究所の平沼光研究員には本研究に長期間にわたり、水産業プロジェクトの運営にかかわり、数々のご指導をいただいた。

株式会社福島漁業福島哲男代表取締役会長と株式会社酢屋商店野崎哲代表取締役からは、日本の大型まき網漁業に関しての経営情報をご提供いただいた。これによって日本初のIQによる経済・経営分析が可能になった。御礼を申し上げたい。

また、海外では、米国ＮＯＡＡのKelly Denit 持続的漁業部長、同部 Lindsay Fullenkamp 女史、Wendy Morrison 女史、ニュージーランド在京大使館 Peter Kell 次席大使（現・在フィリピン大使）、Riko Kell女史、ニュージーランド第一次産業省 Jack Lee 上席政策アナリスト、ニュージーランド第一次産業省オタゴ事務所 Allen Frazer 氏、ニュージーランド環境省 Veckey Addison 女史とGrant Bryden 氏、Otago 大学法学部 Nicola Wheen 准教授、在京豪大使館 Richard Court 大使、Tom Krijnen 参事官、Nadia Bouhafs 参事官、Bryan Jeffriess 豪ミナミマグロ生産者協会会長、Jonas Woolford 南豪アワビ生産者協会会長、西豪州第一次産業省地域開発省 Heather Brayford 次長、Laura Orme 漁業管理官、Sean Sloan 南豪州第一次産業・地域開発省漁業・養殖局長、同省 Belinda McGrath-Steer 女史、Adam Main 氏、豪グレートバリアリーフ海洋公園管理局 Donna Audas 研究員、Blaise Kuemlangan 国連食糧農業機関（FAO）法務局開発法オフィス主席、ＦＡＯ農業消費者保護局植物生産保護部 Abram J.Bicksler 農業担当官、Sasha Koo-Oshima 土地・水上席専門官、ＦＡＯ漁業・養殖業局 Manuel Barange 漁業・養殖業部長、Rebecca Metzner 資源管理課長、渡辺浩幹、ＦＡＯ林業局 Elaine Springgay 林業担当官、経済協力開発機構（OECD）Roger Martini 上席漁業政策アナリスト、James Innes 貿易農業局政策アナリスト並びに Frank Jesus 海洋経済上席参事官、国連教育・科学・文化機関（UNESCO）本部の水資源管理部 Giuseppe Arduino 生態水文学・水質・水教育セクション主席、Alice Aureli 地下水システムセクション主席、Anil Mishara 水文系・水不足問題プログラムスペシャリスト、Abou Amani 水文系・水不足問題セクション主席、国連世界水アセスメント計画（WWAP）ペルージャ研究所 Stefan Uhlenbrook 所長、韓国釜慶大学校金炳浩教授、韓国海洋研究所（KMI）金永大研究員にも多くのご支援を頂いた。感謝申し上げる。

二〇二〇年八月　小松正之

【参考文献】

一般社団法人漁業情報サービスセンター（二〇一九）『TAC（漁獲可能量）を知る！未来の漁業のために』、水産庁

伊藤朋恭（二〇〇七）『地球温暖化懐疑論と環境情報』、大妻女子大学紀要－社会情報系－、社会情報学研究：（16）pp・一四九～一五九

宇津木早苗（二〇〇五）『河川事業は海をどう変えたか』、生物研究社

宇津木早苗（二〇一五）『森川海の水系　形成と切断の脅威』、恒星社厚生閣

宇津木早苗・山本民次・清野聡子 共編（二〇〇八）『川と海　流域圏の科学』

大西学・東村玲子（二〇一八）『北部太平洋まき網漁業における試験的個別割当制度に関する一考察』、『政策科学』二五巻三号、pp・七九～九八

大矢雅彦（二〇〇六）『河道変遷の地理学』、古今書院

鋸谷茂・大内正伸（二〇〇三）『図解これならできる山づくり－人工林再生の新しいやり方』、農山漁村文化協会

落合明・田中克（一九九八）『新版魚類額（下）改訂版』、恒星社厚生閣

恩田裕一 編（二〇〇八）『人工林荒廃と水・土砂流出の実態』、岩波書店

片野學（二〇一〇）『雑草が大地を救い食べ物を育てる』、めばえ社

金炳浩（一九九二）『高度成長以降の韓国沿岸漁場利用制度の変貌：日・韓漁業権制度の比較研究を中心に』、長崎大学博士論文

栗原康 編（一九八八）『河口・沿岸域の生態系とエコテクノロジー』、東海大学出版会

広域漁業調整委員会（二〇一九）『第30回太平洋広域漁業調整委員会議事録資料2（北部太平洋大中型まき網漁業における試験的なサバIQ管理について）』、（国研）水産研究・教育機構中央水産研究所

国土交通省河川局河川環境課（二〇〇七）『正常流量検討の手引き（案）』、国土交通省

小松正之（二〇一六）『世界と日本の漁業管理－政策・経営と改革』、成山堂書店

小松正之（二〇一七）『実例でわかる漁業法と漁業権の課題』、成山堂書店

小松正之・望月賢二・Bill Court・堀口昭蔵（二〇一六）『森と川と海の正しい関係　気仙川・広田湾総合基本調査報告書』（一般社）生態系総合研究所

小松正之・望月賢二・Bill Court・堀口昭蔵（二〇一七）『二〇一六年度気仙川・広田湾総合基本調査報告書』（一般社）生態系総合研究所

小松正之・望月賢二・Bill Court・堀口昭蔵（二〇一八）『気仙川・広田湾プロジェクト森川海と人　二〇一七年度気仙川・広田湾総合基本調査報告書』（一般社）生態系総合研究所

小松正之・望月賢二・Bill Court・堀口昭蔵（二〇一九）『広田湾・気仙川総合基本調査事業報告書　二〇一八年度』、（一般社）生態系総合研究所

小路淳・杉本亮・富永修（編）（二〇一七）『地下水・湧水を介した陸－海のつながりと人間社会』、恒星社厚生閣

佐藤洋一郎（一九九九）『森と田んぼの危機（クライシス）　植物遺伝学の視点』、朝日選書六三七、朝日新聞社

佐藤洋一郎（二〇〇五）『森と里の危機（クライシス）　暮らし多様化への提言』、朝日選書七八六、朝日新聞社

椹木亨（一九八二）『漂砂と海岸浸食』、森北出版

水産研究・教育機構（二〇一五）『日本系サケ地域個体群の増殖と生物特性1』、水産総合研究センター研究報告、第三九号

水産研究・教育機構（二〇一八）『平成29年度国際漁業資源の現況60　サケ（シロザケ）日本系』、http://kokushi.fra.go.jp/H29/H29_60.pdf

水産庁（二〇一九）『平成三〇年度 水産白書』

水産庁五〇年史編集委員会（一九九八）『水産庁五〇年史』、水産庁五〇年史刊行委員会」

水産庁資源あり方検討会（二〇一四）『資源のあり方検討会取りまとめ』

水産庁管理課（二〇一七）『IQ方式の試験（サバ類）に関する中間評価』

全国漁業協同組合連合会水産業協同組合制度史編纂委員会編（一九七一）『水産業協同組合制度史1』、水産庁

大臣官房統計部（二〇一九）『漁業養殖業生産統計年報』、農林水産省

高橋裕（一九七一）『国土の変貌と水害　岩波新書（青版）七九三』、岩波書店

寶田康弘・馬奈木俊介（共編著）（二〇一〇）『資源経済学への招待：ケーススタディとしての水産業』、ミネルヴァ書房

タットマン，コンラッド（黒澤玲子訳）（二〇一八）『日本人はどのように自然と関わってきたのか　日本列島誕生から現代まで』、築地書館

田渕俊雄（一九九九）「硝酸性窒素地下水汚染対策の啓発について」、農業土木学会誌、六七（一）：五九～六七

長崎福三（一九九八）『システムとしての森－川－海　魚付林の視点から－』、人間選書二一八　農山漁村文化協会

中村太士（二〇一一）『川の蛇行復元　水利・物質循環・生態系からの評価』、技報堂出版
朴九秉（一九九一）「漁業権制度と沿岸漁場所有利用形態」益田庄三編著『日韓漁村の比較研究―社会・経済・文化を中心に―』第二部経済編、第一章、pp・二二三～二六四、行路社
林司宣（二〇〇八）『現代海洋法の生成と課題』、信山社
益田庄三編著（一九九一）『日韓漁村の比較研究―社会・経済・文化を中心に』、行路社
地球温暖化関係の解説 http://www.data.jma.go.jp/cpdinfo/chishiki_ondanka/index.html 等
榧根勇（一九九二）『地下水の世界』、ＮＨＫブックス、日本放送出版協会
榧根勇（二〇一三）『地下水と地形の科学 水文学入門』、講談社
向井宏（二〇一二）『森と海を結ぶ川 ―沿岸域再生のために―』、京都大学学術出版会
望月賢二（二〇一〇）「東京湾再生計画」小松正之・尾上一明・望月賢二『東京湾再生計画―よみがえれ江戸前の魚たち―』、雄山閣
望月賢二（二〇一八）『日本の水産資源の現状 ―何が問題なのか―』、東京財団政策研究所
森田健太郎（二〇一六）『トピックス　ロシアにおけるサケ資源の動向』、SALMON 情報（一〇）
薮崎志穂（二〇一〇）『日本の地下水・湧水等の硝酸態窒素濃度とその特徴』、地球環境Ｖｏｌ・五、No・二 pp・一二一～一三一
山本智之（二〇一五）『海洋大変異 日本の魚食文化に迫る危機』、朝日新聞出版
山下博由・李善愛（二〇一四）『干潟の自然と文化』、東海大学出版会
山下洋（監修）（二〇〇七）『森里海連環学　森から海までの総合的管理を目指して』、京都大学学術出版会
山下洋・田中克（編）（二〇〇八）『森川海のつながりと河口・沿岸域の生物生産、水産学シリーズ〔一五七〕』、恒星社厚生閣
Arneson University of Iceland 〝A Review of International Experience with ITQ, 2002〟 OECD.
Australian Fisheries Management Authority (AFMA) 〝Annual Report 2016-17〟 ,Australian Government
Australian Government 〝1991 Fisheries Management Act〟
Australian Government 〝1992 Fisheries Management Act〟
Cho, Jung Hee（二〇一九）〝Korea's Practice on Law & Policy in the International Context〟
日韓漁業研究者ワークショップ（二〇一九年二月二三日北海道大学東京オフィスにて開催）配布資料
Department of Agriculture and Water Resources, ABARES 〝Fishery status reports 2017〟 Australian Government
Department of Australia of Primary Industry and Energy 〝New Directions for Commonwealth Fisheries Management in the 1990's〟 Australian Government Publishing Service, Canberra, December 1989.
Emily Menashes and Kelly Devit 〝Catch Share Programs: Introduction to Initial Location, Transferability and Accumulated Limits〟 NOAA Fisheries, March 2013.
FAO（2017）〝Status of the World Fisheries and Agriculture〟
Government of Iceland 〝Statistics Iceland〟
Jeju Special Self-Governing Province 〝2018 Fisheries Statistics〟
Kelly Look and Stefan Leslie 〝New Zealand's Quota Management System: A History of the First 20 years〟 Motu Economic and Public Policy Research, April 2001.
Korea Maritime Institute 〝2017 Fisheries Statistics〟
Lee, Kwang Nam（2019）〝Fisheries Policy and Related Laws in Korea〟
日韓漁業研究者ワークショップ（二〇一九年二月二三日北海道大学東京オフィスにて開催）配布資料
NOAA 〝Trends in Catch Share Program〟
Norwegian Ministry of Trade Industries and Fisheries, 〝2018 Statistics and Policy〟
United Nations（1995）〝The Law of the Sea Conservation and Utilization of the Living Resources of the Exclusive Economic Zone, Legislative History of Articles 61 and 62 of the United Nations〟 United Nations: New York mended Through January 12, 2007, May 2007 Second Printing.

編著者紹介

小松正之（こまつ　まさゆき）

1953 年岩手県生まれ。東京財団上席研究員、一般社団法人生態系総合研究所代表理事、アジア成長研究所客員教授。FAO 水産委員会議長、インド洋マグロ委員会議長、在イタリア日本大使館一等書記官、内閣府規制改革委員会専門委員を歴任。日本経済調査協議会「第二次水産業改革委員会」主査、及び鹿島平和研究所「北太平洋海洋生態系と海洋秩序・外交安全保障体制に関する研究会」主査を務める。
著書に『宮本常一とクジラ』『豊かな東京湾』『東京湾再生計画』『日本人とくじら 歴史と文化 増補版』『地球環境 陸・海の生態系と人の将来』（雄山閣）など多数。

望月賢二（もちづき　けんじ）

1946 年生まれ。千葉県環境調整検討委員会委員、市川二期・京葉港二期計画に関わる補足調査専門委員会委員長、三番瀬再生計画検討会議専門委員、東京都葛西臨海水族園運営委員、浦安市環境審議会委員などを歴任。著書に『日本産魚類大図鑑』（東海大学出版会・分担執筆）、『日本の希少淡水魚の現状と系統保存』（緑書房・分担執筆）、『東京湾再生計画』（雄山閣・分担執筆）など多数。

寶多康弘（たからだ　やすひろ）

南山大学経済学部教授。大阪大学大学院（博士（経済学））。経済産業研究所（RIETI）ファカルティフェロー、University of British Columbia 客員教授等を歴任。著書に『資源経済学への招待：ケーススタディとしての水産業』（ミネルヴァ書房・共編著）；“Trade and the Environment”, in Routledge Handbook of Environmental Economics in Asia, Routledge（共著）；“Shared Renewable Resources: Gains from Trade and Trade Policy”, Review of International Economics 21（共著）など多数。

有薗 眞琴（ありぞの まこと）

1950 年生まれ。山口県庁技術吏員、水産庁出向（技術開発専門官）、山口県水産振興課長、山口県水産研究センター所長、独立行政法人 水産大学校監事、日本経済調査協議会「第二次水産業改革委員会」委員。

2020年８月25日　初版発行　《検印省略》

地球環境　陸・海の生態系と人の将来

世界の水産資源管理（せかいのすいさんしげんかんり）

編　者　小松正之

著　者　小松正之 望月賢二 寶多康弘 有薗眞琴

発行者　宮田哲男

発行所　株式会社 雄山閣

〒102-0071　東京都千代田区富士見 2-6-9

ＴＥＬ　03-3262-3231 / ＦＡＸ　03-3262-6938

ＵＲＬ　http://www.yuzankaku.co.jp

e-mail　info@yuzankaku.co.jp

振　替：00130-5-1685

印刷／製本　株式会社ティーケー出版印刷

ISBN978-4-639-02724-9
C3030
N.D.C.660　288p　21cm